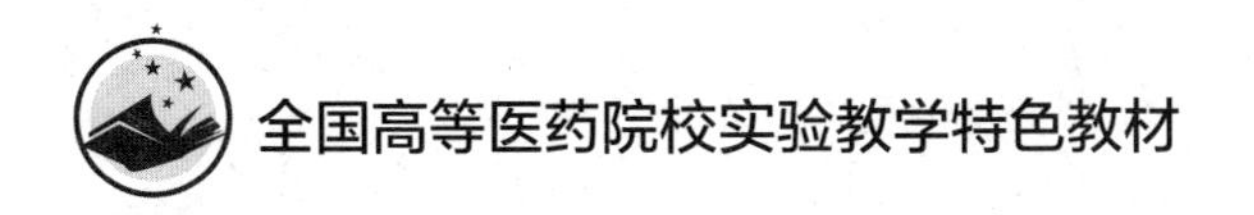

有机化学实验

主　编　刘环宇　詹海莺

副主编　刘文杰　刘　想

编　者（以姓氏笔画为序）

史　蕾（广东第二师范学院）

朱泽琛（海南大学）

刘长相（江西农业大学）

刘环宇（广东药科大学）

余　跃（广东药科大学）

林凯文（电子科技大学中山学院）

祝宝福（广东药科大学）

詹海莺（广东药科大学）

司利平（佛山科学技术学院）

刘　想（广东药科大学）

刘文杰（广东药科大学）

李建晓（华南理工大学）

张　红（广东药科大学）

单绍军（广东药科大学）

陶红旗（南方科技大学）

廖礼豪（中山大学）

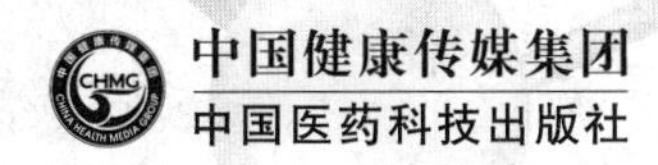

中国健康传媒集团

中国医药科技出版社

内容提要

本书为“全国高等医药院校实验教学特色教材”之一。全书内容主要包括有机化学实验安全及基本知识、有机化学实验基本操作技术、有机合成实验、精细有机化学品合成实验，书末附有附录。在实验技术和实验内容上力求能够反映有机化学的最新研究成果和满足培养创新型人才的需要。在内容选择方面，注重内容的新颖性、综合性和趣味性。在章节安排上，将有机合成实验、精细有机化学品合成实验各自单独编排，便于相关专业开设精细有机化学品合成实验和有机合成实验参考。

本书可作为高等院校化学、化工、材料、生物、药学、食品、环境和制药等相关专业的有机化学实验教材，也可作为高等院校化学、化工、药学和材料各专业高年级本科生和研究生的有机合成化学、中高级有机化学、高等有机化学、药物合成反应、精细有机化学品等课程的实验教学用书，还可作为医药、农药等精细有机化工相关科研人员的参考资料。

图书在版编目（CIP）数据

有机化学实验 / 刘环宇，詹海莺主编. —北京：中国医药科技出版社，2021.8
全国高等医药院校实验教学特色教材
ISBN 978-7-5214-2653-3

Ⅰ. ①有… Ⅱ. ①刘… ②詹… Ⅲ. ①有机化学–化学实验–医学院校–教材
Ⅳ. ①O62-33

中国版本图书馆 CIP 数据核字（2021）第 144392 号

美术编辑 陈君杞
版式设计 易维鑫

出版 **中国健康传媒集团** | 中国医药科技出版社
地址 北京市海淀区文慧园北路甲 22 号
邮编 100082
电话 发行：010-62227427 邮购：010-62236938
网址 www.cmstp.com
规格 787×1092mm 1/16
印张 12
字数 342 千字
版次 2021 年 8 月第 1 版
印次 2021 年 8 月第 1 次印刷
印刷 北京市密东印刷有限公司
经销 全国各地新华书店
书号 ISBN 978-7-5214-2653-3
定价 42.00 元

获取新书信息、投稿、为图书纠错，请扫码联系我们。

前言

随着有机化学和有机化学相关实验技术的不断发展，有机化学实验的教学内容、实验方法和实验手段要求不断更新。在长期钻研实验课程教学体系、改革实验教学内容的基础上，根据创新型人才培养的要求，编写了本教材。

全书共有 4 章，第一章为有机化学实验安全及基本知识，包括有机化学实验室使用规则，有机化学实验室安全知识，有机化学实验室常用玻璃仪器，有机化学实验室常用仪器设备，有机化学实验预习、记录和实验报告，有机化合物的使用与保存，化学化工文献查阅，分子模型和化学绘图软件。第二章为有机化学实验基本操作技术，包括回流、加热和冷却，搅拌和混合，反应混合物的分离与提纯，干燥与干燥剂选用，熔点测定，萃取、乳化和盐析效应，提取操作，有机反应动力学研究，现代有机合成技术等各种基本操作技术，重点介绍了相关反应仪器装置与应用操作。第三章为有机合成实验，包括各类有机化合物的合成实验。第四章为精细有机化学品合成实验，包括香料、医药中间体与原料药、防腐剂、杀菌剂、建筑胶水、金属缓蚀剂、荧光增白剂、表面活性剂、增塑剂、抗氧化剂、水质稳定剂、染料等的合成实验。最后还有附录，内容包括常用化学元素相对原子质量、常用酸碱溶液的相对密度和浓度常用有机溶剂的沸点和密度、不同温度下水的饱和蒸气压、常用有机溶剂的性质和纯化、文献中有机化合物中英文名称对照等。

全书共涉及 61 个实验。其中技术训练实验 16 个，有机合成实验 27 个，精细有机化学品合成实验 18 个。每个实验列有实验目的、实验提要、反应式或实验原理、仪器与试剂、实验步骤、附注与注意事项、思考题等内容。

本书在实验技术和实验内容上，力求能够更好地反映有机化学的最新研究成果和满足培养创新型人才的需要，有助于培养学生综合应用有机化学知识和实验技能解决实际问题的能力。在内容选择方面，注重内容的新颖性、综合性和趣味性。在章节安排上，将有机合成实验、精细有机化学品合成实验各自单独编排，便于相关专业开设精细有机化学品合成实验和有机合成实验参考。

本书可作为高等院校化学、化工、材料、生物、药学、食品、环境和制药等相关专业的有机化学实验教材，也可作为高等院校化学、化工、药学和材料类各专业高年级本科生和研究生的有机合成化学、中高级有机化学、高等有机化学、药物合成反应、精细有机化学品等课程的实验教学用书，还可作为医药、农药等精细有机化工相关科研人员的参考资料。

本书由刘环宇、詹海莺担任主编，刘文杰、刘想担任副主编，参加编写的还有祝宝福、余跃、张红、单绍军、陶红旗、史蕾、廖礼豪、李建晓、刘长相、朱泽琛、林凯文、司利平、丁莹、易运红、吕君亮、吴冬凡等教师，徐健、甘翔、丁锦颜、李植涛、王温馨和卫雨菲等硕士研究生也参与了部分编写工作。编写本书过程中参考了国内外大量文献资料，在此谨向所有著作者致以衷心地谢意。

有机化学相关实验技术内容丰富、发展迅速，因编者水平所限，书中难免存在不妥之处，恳请读者批评指正，以便修改完善。

编　者

2021 年 5 月

目录

第一章　有机化学实验安全及基本知识 ······ 1

第一节　有机化学实验室使用规则 ······ 1
第二节　有机化学实验室安全知识 ······ 2
第三节　有机化学实验室常用玻璃仪器 ······ 6
第四节　有机化学实验室常用仪器设备 ······ 10
第五节　有机化学实验预习、记录和实验报告 ······ 12
第六节　有机化合物的使用与保存 ······ 15
第七节　化学化工文献查阅 ······ 17
实验一　文献实验 ······ 21
第八节　分子模型和化学绘图软件 ······ 22
实验二　分子模型实验 ······ 22
实验三　ChemOffice 实验 ······ 24

第二章　有机化学实验基本操作技术 ······ 27

第一节　有机化学实验基本操作 ······ 27
实验四　回流、加热和冷却 ······ 27
实验五　搅拌和混合 ······ 31
第二节　反应混合物的分离与提纯 ······ 33
实验六　重结晶和抽气过滤 ······ 33
实验七　升华 ······ 39
实验八　常压蒸馏和沸点测定 ······ 40
实验九　水蒸气蒸馏 ······ 44
实验十　减压蒸馏 ······ 47
实验十一　分馏 ······ 52
实验十二　色谱分离与分析 ······ 54

第三节 干燥与干燥剂选用……59
第四节 熔点测定……63
实验十三 熔点测定与温度计校正……63
第五节 萃取、乳化和盐析效应……67
第六节 提取操作……72
实验十四 从茶叶中提取咖啡因……72
实验十五 从菠菜中提取叶绿素……74
第七节 有机反应动力学研究……76
实验十六 叔丁基氯水解反应速率测定……76
第八节 现代有机合成技术……78

第三章 有机合成实验……89

实验十七 环己烯的合成……89
实验十八 正溴丁烷的合成……91
实验十九 正丁醚的合成……93
实验二十 环己酮的合成……95
实验二十一 呋喃甲醇和呋喃甲酸的合成……98
实验二十二 乙酸乙酯的合成……99
实验二十三 乙酸正丁酯的合成……102
实验二十四 乙酸异戊酯的合成……103
实验二十五 乙酰水杨酸的合成……105
实验二十六 2-甲基-2-己醇的合成……109
实验二十七 己二酸的合成……112
实验二十八 乙酸对硝基苄酯的合成……114
实验二十九 苯氧乙酸的合成……115
实验三十 苦杏仁酸的合成……116
实验三十一 *α*-溴代苯乙酮的合成……117
实验三十二 6-苯基咪唑并［2, 1-*b*］噻唑的合成……118
实验三十三 6-苯基噻唑并[3,2-*b*]-1,2,4-三氮唑的合成……119
实验三十四 2-苯基中氮茚的合成……120
实验三十五 2-苯基咪唑并［1,2-*a*］吡啶的合成……121
实验三十六 环戊二烯与顺丁烯二酸酐的环加成……122
实验三十七 5,10,15,20-四苯基卟啉的合成……123
实验三十八 5,10,15,20-四苯基卟啉锌的合成……125
实验三十九 离子液体1-甲基-3-丁基咪唑溴盐的合成……127
实验四十 氯化胆碱–尿素低共熔溶剂的合成……128

实验四十一　无溶剂反应 …… 129
实验四十二　以氯苄为原料经苯甲醛六步合成二苯基乙酸 …… 130
实验四十三　以环己醇为原料经环戊酮五步合成环戊胺 …… 135

第四章　精细有机化学品合成实验 …… 140

实验四十四　β-萘乙醚的制备 …… 140
实验四十五　香兰素的制备 …… 141
实验四十六　肉桂酸的制备 …… 144
实验四十七　香豆素的制备 …… 146
实验四十八　医药中间体与原料药——苯佐卡因的制备 …… 147
实验四十九　医药中间体与原料药——5-丁基巴比妥酸的制备 …… 149
实验五十　食品防腐剂——苯甲酸的制备 …… 153
实验五十一　防腐剂——对羟基苯甲酸正丁酯的制备 …… 154
实验五十二　杀菌剂——2,6-二氯-4-硝基苯胺的制备 …… 155
实验五十三　杀菌剂——三溴水杨酰苯胺的制备 …… 156
实验五十四　建筑胶水工艺 …… 157
实验五十五　金属缓蚀剂——苯并三唑的制备 …… 158
实验五十六　荧光增白剂——EBF 的制备 …… 159
实验五十七　表面活性剂——月桂醇硫酸钠的制备 …… 160
实验五十八　增塑剂——邻苯二甲酸二丁酯的制备 …… 161
实验五十九　抗氧化剂——BHT 的制备及含量测定 …… 163
实验六十　水质稳定剂——聚丙烯酸钠的制备 …… 165
实验六十一　染料——酸性纯天蓝 A 的制备 …… 166

附录 …… 168

附录一　常用化学元素的相对原子质量 …… 168
附录二　常用酸碱溶液的相对密度和浓度 …… 169
附录三　常用有机溶剂的沸点和相对密度 …… 173
附录四　不同温度下水的饱和蒸气压 …… 174
附录五　常用有机溶剂的性质及纯化 …… 175
附录六　文献中有机化合物中英文名称对照 …… 179

第一章 有机化学实验安全及基本知识

有机化学实验是有机化学课程教学中不可缺少的重要环节，是有机合成化学、精细化学品化学、绿色化学等专业课程的基础。它是以使学生掌握有机化学实验基本操作技术为主，且使学生掌握重要有机化合物的合成方法、加深对有机化合物化学性质的理解。通过观察实验现象，加深对有机化学基本知识和有机化学反应的理解，培养学生良好的实验素养和实验习惯、实事求是和严谨的科学态度，以及写出合格实验报告和初步查阅文献的能力，为将来解决生产实践和科学研究中所涉及的化学问题奠定良好的基础。通过综合设计性实验，加强综合能力和综合素质的培养，旨在提高学生动手解决问题的能力。

第一节　有机化学实验室使用规则

为了保证有机化学实验教学正常、高效、安全的开展，培养学生良好的实验习惯和严谨的科学态度，达到预期的实验教学目的，学生必须严格遵守以下实验室规则。

1. 必须遵守实验室的各项规章制度，听从指导教师的教学安排。

2. 认真做好实验前的准备工作。包括实验内容的预习，通过预习明确实验目的和注意事项，了解基本原理和基本操作，熟悉仪器的使用方法，以及思考实验中可能出现的问题。查阅资料认真完成预习报告。

3. 不得穿拖鞋、背心等进入实验室，必须穿好实验服，尤其女同学不能穿高跟鞋、短裙等，且务必将长发扎好。绝对禁止在实验室内吸烟、饮食或把食品带入实验室。严禁在实验室追逐打闹。严禁在实验室进行和教学无关的活动。

4. 实验开始前检查清点实验仪器、药品，如发现缺少或损坏，请及时向实验老师申请补领。实验过程中如有仪器破损，及时联系实验老师。

5. 进入实验室后，开启门窗及通风设备，确保实验通风效果良好；并熟悉实验室中灭火器材、急救药箱的放置地点和使用方法，不得随意触动安全报警装置。

6. 严格按照老师指导操作实验。集中精神，细致观察，真实、准确地记录实验现象和数据。如若发生意外，要保持冷静，及时通知老师。

7. 保持实验室和实验桌面的整洁。实验仪器放置合理，暂时不使用的器材，不要放在桌面上；火柴梗、废纸、塞芯和玻璃碎片等固体废弃物应投入废物桶内，不得乱丢；废酸、废碱及其他溶剂应分别倒入指定的容器中统一处理，严禁倒入水槽中，以免腐蚀和堵塞水槽及下水道。

8. 爱护公共仪器和试剂，应在指定的地点使用或用完后放回原来的位置。要节约水、电和药品。严禁将药品任意混合，更不能品尝。

9. 要轮流值日，值日生应打扫实验室，清理水槽，把废物容器倒净。离开实验室时，应关闭水、电和门窗。

第二节　有机化学实验室安全知识

有机化合物具有易燃、易挥发的特点，如实验室常用的乙醚、丙酮、乙醇、甲苯等；有毒药品，如甲醇、胺、硝基苯、氰化物等；有腐蚀性的药品，如液溴、浓硫酸、烧碱、氯磺酸等；易燃易爆的气体，如氢气；此外，所用的仪器大部分为玻璃制品。在实验过程中，如果药品、仪器使用不当，或粗心大意，就会造成不同程度的事故，如割伤、烧伤，火灾、中毒或爆炸等。因此，实验者必须意识到化学实验室是有潜在危险的场所，实验时应严格遵守操作规程，加强安全措施，为防止事故的发生，实验者必须熟悉实验室的安全规则及掌握常见事故的处理方法。

一、有机化学实验室的安全守则

1. 实验室禁止吸烟、饮食、大声喧哗、追逐打闹。

2. 实验开始前应检查仪器是否完整无损，装置是否正确，在征得指导教师同意之后，方可进行实验。

3. 实验开始后，不得擅自离开岗位或玩弄与实验无关的电子产品如手机、游戏机等，应随时注意反应进行的情况，以免发生意外。

4. 使用易燃药品时应该远离火源；使用易挥发的药品时要在通风柜内量取；需要加热时应根据实验要求选用水浴、油浴或电热套等方式进行加热。

5. 灼热的器皿应放在石棉网上，不可以直接放在桌面，也不可以与低温物体接触以免破裂；更不要用手接触，以免烫伤。

6. 当进行有可能发生危险的实验时，要根据实验情况采取必要的安全措施，如戴防护眼镜、面罩或橡皮手套等，但不能戴隐形眼镜。

7. 实验室内存放的仪器、药品不得私自触摸、玩弄，以免发生意外。取用试剂时不能直接用手接触，取用有毒、有恶臭味的药品，应该在通风柜内进行操作。

8. 浓酸、浓碱等具有强腐蚀性的药品，切勿溅到皮肤上。

9. 实验中所产生的废液、废物要倒入指定位置，严禁倒入水槽中。

10. 熟悉安全用具如灭火器、砂箱以及急救药箱的放置地点和使用方法，并妥善爱护。安全用具和急救药品不准移作他用。

二、有机化学实验室常见事故的预防和急救

有机化学实验室常见的事故有火灾、中毒、爆炸、灼伤、触电及漏水等。

（一）防火与急救

有机化学实验中使用的有机试剂大多数是易燃品，着火是有机实验室常见事故之一。火灾预防的基本原则如下。

1. 有机实验室应尽可能避免使用明火。

2. 易燃药品必须远离火源。

3. 禁止将易燃液体放在烧杯或敞口仪器中直火加热。

4. 加热尽量在水浴中进行，严禁在密闭的容器中加热液体，否则，会造成爆炸引起火灾。

5. 实验室内不得存放大量易燃物品，且不要使用易漏气的仪器存放，以免挥发到空气中，当附近有露置的易燃溶剂时，切勿点火。

6. 严禁将易燃性液体倒入水槽。

7. 当处理大量的可燃性液体时，应在通风橱中或在指定地方进行，室内应无火源。

8. 需要使用明火时，要注意先将易燃的物质搬开，不得把燃着或者带有火星的火柴梗或纸条等乱抛乱掷或丢入废物缸中。

9. 回流或蒸馏实验时，瓶内液量不能超过瓶容积的2/3，且必须加入沸石，防止暴沸，以免溶剂溅出时着火。

10. 使用金属钠、钾等药品时，应注意避免与水接触。

（二）火灾的处理

一旦实验室发生了火灾，千万不可惊慌失措，应保持沉着冷静，并立即果断采取相应措施，以减少事故带来的损失。

1. 首先要切断电源、关闭煤气，熄灭附近所有火源，移走火焰周围的可燃物质，防止火势蔓延。

2. 灭火时要根据着火的特点和实际情况，选用不同的灭火方式。

3. 实验者进入实验室时必须了解常用的灭火器及认真学习其使用方法。

常用灭火器主要包括有二氧化碳灭火器、泡沫灭火器、干粉型灭火器等。下面以二氧化碳灭火器、泡沫灭火器为例介绍其使用方法。

（1）二氧化碳灭火器　灭火时将灭火器提到或扛到火场，在距燃烧物5m左右，放下灭火器拔出保险销，一手握住喇叭筒根部的手柄，另一只手紧握启闭阀的压把。对没有喷射软管的二氧化碳灭火器，应把喇叭筒往上扳70°～90°。使用时，手不能直接接触喇叭筒外壁或金属连线管，防止手被冻伤。如果可燃液体在容器内燃烧时，使用者应将喇叭筒提起。从容器的一侧上部向燃烧的容器中喷射。但不能使二氧化碳射流直接冲击可燃液面，以防止将可燃液体冲出容器而扩大火势，造成灭火困难。

（2）泡沫灭火器　适用于扑救一般B类火灾，如油制品、油脂等火灾，也可适用于A类火灾，但不能扑救B类火灾中的水溶性可燃、易燃液体的火灾，如醇、酯、醚、酮等物质火灾；也不能扑救带电设备及C类和D类火灾。使用方法：当距离着火点10m左右时，即可将筒体颠倒过来，一只手紧握提环，另一只手扶住筒体的底圈，将射流对准燃烧物。

4. 有机化学实验室灭火，常采用使燃着的物质隔绝空气的办法，通常不能用水。否则，反而会引起更大的火灾。具体情况如下：

（1）油类着火　要用沙子或二氧化碳灭火器灭火，也可以撒固体碳酸氢钠粉末。

（2）电器着火　用二氧化碳剂灭火，因为灭火剂不导电，不会使人触电。绝不能使用水或泡沫灭火器。

（3）衣物着火　切勿奔跑，就地躺倒，滚动将火压熄，邻近人员可用淋湿的毛毯或被褥覆盖其身上使之隔绝空气而灭火。

（4）地面或桌面着火　如火势不大可用淋湿的抹布灭火；反应瓶内着火，可用石棉布盖上瓶口，使瓶内缺氧灭火。

总之，当失火时，应根据起火的原因和火场周围的情况，果断采取不同的方法灭火。无论使用哪一种灭火器材，都应从火的四周开始向中心扑灭，必要时拨打 119 电话通报火警。

（三）爆炸的预防与处理

有机实验中常使用的乙醚、丙酮、一氧化碳、过氧化物、高氯酸盐、三硝基甲苯等都是易发生爆炸的药品。为了防止爆炸事故的发生，应注意以下几个方面。

1. 保持有机化学实验室良好的通风效果，防止可燃性气体或蒸气散失在室内空气中。

2. 易爆炸药品，使用时应轻拿轻放，远离热源。

3. 减压蒸馏各部分仪器要具有一定的耐压能力，不能使用锥形瓶、平底烧瓶或薄壁试管等，只允许用圆底瓶或梨形瓶。

4. 醚类化合物，如乙醚、二氧六环、四氢呋喃等，久置后会产生一定量的过氧化物，在对这些物质进行蒸馏时，过氧化物被浓缩，达到一定浓度时就有可能会发生爆炸。

5. 多硝基化合物、叠氮化物在高温或受撞击时会自行爆炸，要小心取用。

6. 在进行高压反应时，一定要使用特制的高压反应釜，禁止用普通的玻璃仪器进行高压反应。

7. 爆炸事故的发生率远低于着火事故，若一旦发生会造成非常严重的后果。因此，对于一些存在有潜在爆炸可能的实验室，应该安装专门的防爆设施，操作人员必须戴上防爆面罩。尽量避免一个人单独在实验室做实验，万一发生事故时无人救援。如果发生爆炸事故，受伤人员应立即撤离现场，并迅速采取相应措施清理现场，以免引起着火、中毒等其他事故。

（四）防毒与中毒处理

有机化学实验中所使用的化学药品，除葡萄糖、果糖等少数外，其他一般都有毒性。其毒性有大有小，对人体的危害程度也不一样。中毒事故主要是通过呼吸道、消化道和皮肤进入人体而引起。如 HF 进入人体后，将会损伤牙齿、骨骼、造血和神经系统；烃、醇、醚等有机物对人体有不同程度的麻醉作用；三氧化二砷、氰化物、氯化高汞等是剧毒品，摄入少量就会致死。所以，进入有机实验室的人员，应该清楚了解预防中毒的一些基本措施。

1. 取用药品时尽量戴上手套，防止药品沾到手上，尤其有毒的药品；称量任何药品都应该使用实验室专门的称量工具，不能用手直接取用；一旦皮肤直接接触了药品，通常应立即用水清洗，切勿用有机溶剂清洗。

2. 做完实验后，应先洗手然后再进食。禁止品尝任何实验药品。

3. 试剂取用完后，应该立即盖上试剂瓶盖，以防止其蒸气大量挥发，保持良好的通风，使空气中有毒气体的浓度降到最低。

4. 使用有毒物质时，应在通风橱中进行或加气体吸收装置，并戴好防护用具。尽可能避免蒸气外逸，以防造成污染。

5. 水银温度计损坏后，应及时报告老师，收集撒落的水银，并用硫黄或三氯化铁溶液清洗。

6. 若有毒物溅入口中，立即用手指伸入咽部，促使呕吐，然后立即就医。

7. 剧毒药品应妥善保管，不许乱放，实验中所用的剧毒物质应有专人负责收发，并向使用毒物者提出必须遵守的操作规程。实验后有毒残渣必须作妥善而有效的处理，不准乱丢。

8. 如果一旦发生中毒事故，应根据实际情况分别处理。若实验人员出现头昏、恶心等轻微中毒症状时，应该立即停止试验，到空气新鲜的地方做深呼吸，待正常后，再开始实验；若实验者中毒晕倒，应将其转移到空气新鲜处平卧休息，严重者应及时就医。

（五）防触电

进入实验室后，首先要了解实验室电源总闸的位置，并掌握其使用方法。使用电器时，应防止人体与电器导电部分直接接触，不能用湿手或用手握湿的物体接触电插头。为了防止触电，装置和设备的金属外壳等都应连接地线，实验后应切断电源，再将连接电源插头拔下。万一发生触电事故，千万不能用手直接与触电者接触，应立即切断电源或用非导电物使触电者脱离电源，然后对触电者实施人工呼吸并立即送往医院。

（六）防灼伤

皮肤接触高温、低温或腐蚀性物质如强酸、强碱、液氮、强氧化剂、溴、钠、钾、苯酚、醋酸等后都会灼伤。为避免灼伤，在接触使用这些物质时，最好戴好橡胶手套和防护眼镜；在倾倒、转移、称量药品时要小心，应注意不要让皮肤与之接触，尤其防止溅入眼中；开启易挥发性药品的瓶盖时，必须先充分冷却后再开启，瓶口应指向无人处，以免由于液体喷溅而造成伤害。一旦发生灼伤事故，应按下列要求处理：

1. 被酸灼伤时，立刻用大量水冲洗，然后用 1%碳酸氢钠溶液进行冲洗，再用水进行冲洗，涂上软膏。

2. 被碱灼伤时，立刻用大量水冲洗，然后用 1%的硼酸溶液或 1%稀醋酸溶液进行冲洗，再用水进行冲洗，涂上软膏。

3. 被溴灼伤时，应立刻用大量水冲洗，再用酒精擦洗或用硫代硫酸钠溶液洗至伤处呈白色，然后涂上甘油或鱼肝油软膏加以按摩。

4. 轻微烫伤可在患处涂以玉树油或鞣酸软膏。

5. 以上任一物质一旦溅入眼睛中，应立即用大量水冲洗。

6. 上述方法仅为暂时减轻疼痛的措施。如伤势较重，应尽快就医。

（七）防割伤

有机实验中常使用玻璃仪器，容易发生割伤事故。事故发生一般有以下几种情况：装配仪器时用力过猛或装配不当；在向橡皮塞中插入玻璃管、温度计时，塞孔小，而着力点离塞子太远；仪器口径不合而勉强连接。防止割伤应注意以下几点：

1. 使用玻璃仪器时，不能对其过度施加压力。

2. 连接塞子与玻璃管或温度计时，着力点要离塞子近些。

3. 新割断的玻璃管断口锋利，使用时要先将断口处用火烧到熔化，使其成圆滑状。

若不慎发生割伤事故，受伤后要仔细检查伤口是否有玻璃碎片，如有，应先把伤口处的玻璃碎片取出，再用水冲洗伤口，涂抹红药水并用纱布包扎。若伤势严重如割破静（动）脉血管，流血不止，应在伤口上部约 10cm 处用纱布扎紧并用手压住，减慢出血，并随即到医院就诊。

（八）防水

实验室溢水事故经常发生，为防止大量溢水，应在实验开始前，仔细检查实验中所用的通水设备是否漏水，连接处是否紧密；废纸、玻璃碎片、木屑、沸石等不能丢入水槽中，以免堵塞下水槽或下水道；有机溶剂废液切勿倒入水槽，以免腐蚀下水道造成漏水；实验完成后，必须关闭水源。如有溢水事故发生，应先停水，并报告老师，请专业人员进行维修后再进行实验。

第三节　有机化学实验室常用玻璃仪器

一、有机化学实验室常用普通玻璃仪器。

图 1-1 为有机化学实验室常用的普通玻璃仪器示意图。

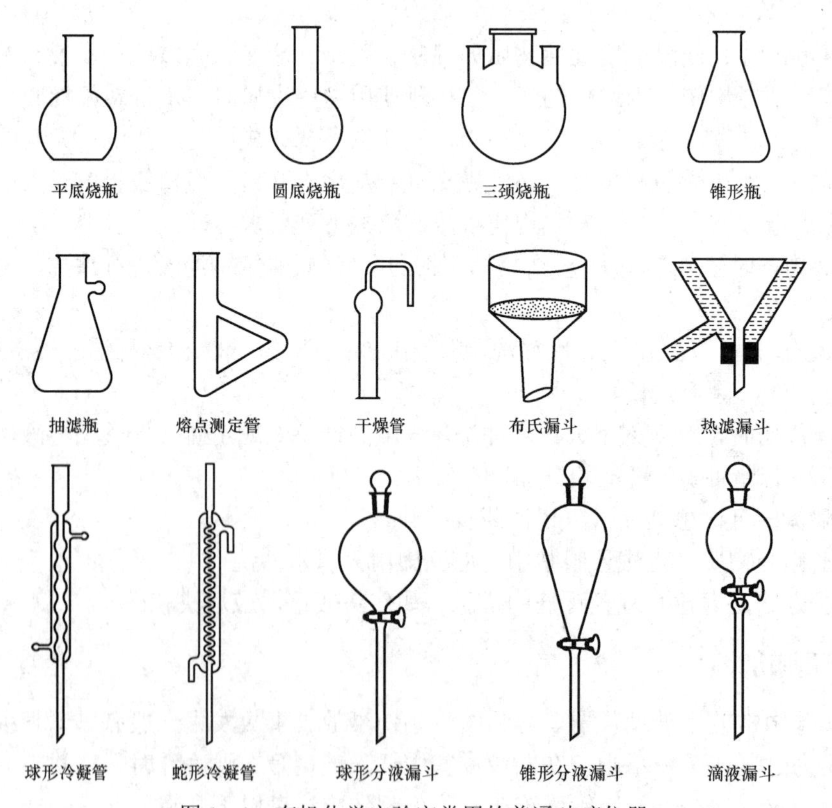

图 1-1　有机化学实验室常用的普通玻璃仪器

二、有机化学实验室常用标准磨口玻璃仪器

标准磨口玻璃仪器是指具有标准口的玻璃仪器。这些仪器的口塞尺寸标准化、系统化，内外磨口之间能相互紧密连接，同类规格的接口，均可任意互换，各部件能组装成各种配套仪器。使用标准接口玻璃仪器无需再用软木塞或橡胶塞，可节省大量钻孔和配塞的时间，又能避免反应或产物被塞子沾污；装配容易、分拆方便，磨口性能良好，可达较高真空度，对蒸馏尤其减压蒸馏有利，对于毒物或挥发性液体的实验较为安全。

标准磨口玻璃仪器，均按国际通用的技术标准制造。标准磨口玻璃仪器口径的大小通常用数字编号来表示，该数字是指磨口最大端直径的毫米数。常用的规格有 10，12，14，16，19，24，29，34，40 等。有的标准磨口玻璃仪器有两个数字，如 19/30，19 表示磨口大端的直径为 19mm，30 表示磨口的长度为 30mm（图 1－2）。

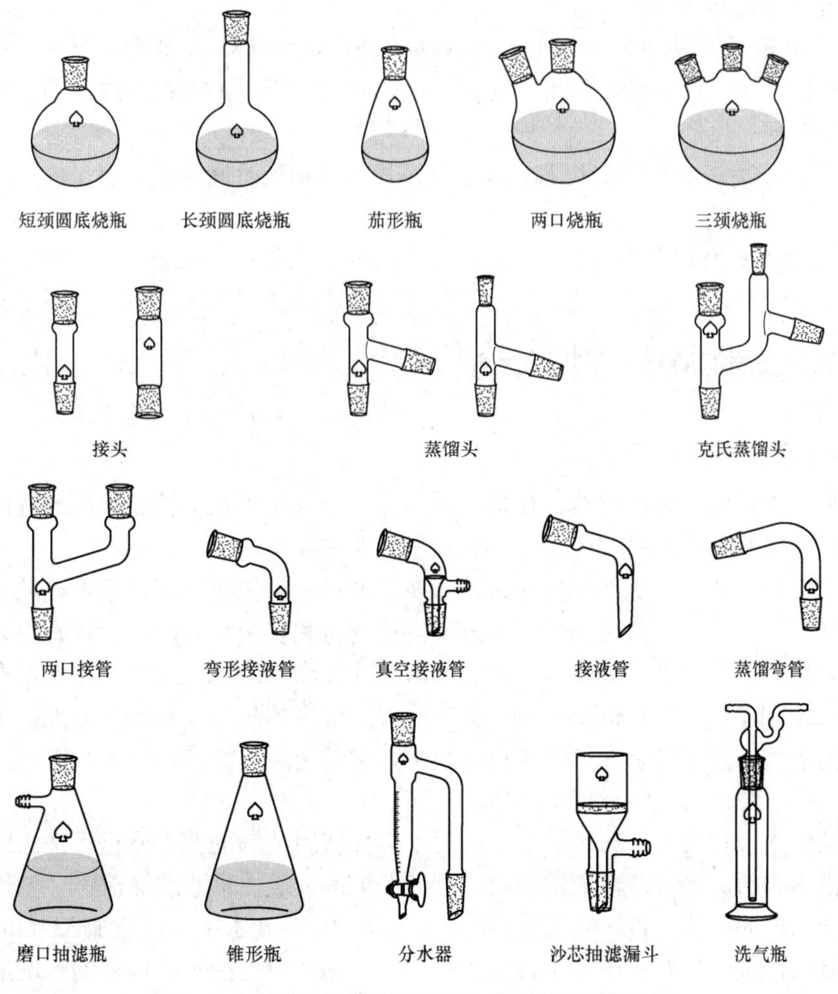

图 1－2　有机化学实验室常用的标准磨口玻璃仪器

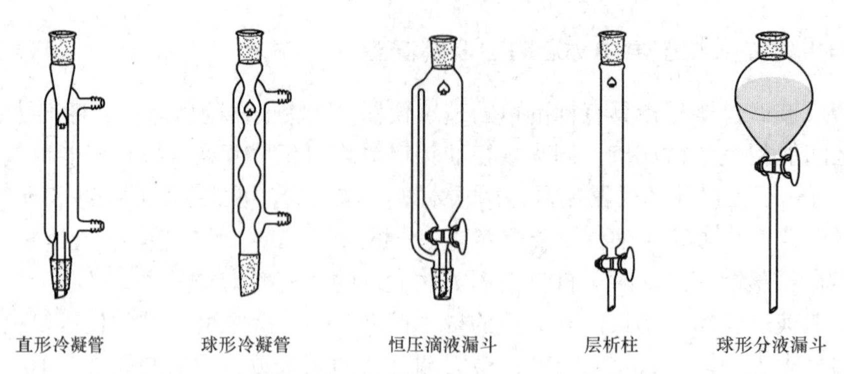

图 1-2　有机化学实验室常用的标准磨口玻璃仪器（续）

使用标准磨口玻璃仪器的注意事项：

1. 标准磨口应保持清洁，若粘有固体杂物，使用前用软布或纸巾擦干净，否则会使磨口对接不紧，导致漏气。

2. 安装仪器要正确、整齐、稳妥，连接时要轻微地对旋，不要用力过猛，但不能装得太紧，只要达到润滑密闭要求即可。装置应上下或左右看起来呈直线或在同一平面内，不能歪斜，以免损坏仪器。

3. 实验完毕后，所有磨口仪器必须拆卸洗净，否则长时间放置，磨口的连接处常会粘牢，难以拆分。

4. 一般用途的磨口无需在磨口塞表面涂凡士林，以免污染反应物或产物。若反应中有强碱，应涂润滑剂，以免碱腐蚀磨口粘得太紧而无法拆开。

三、玻璃仪器的清洗、干燥和保养

（一）清洗

有机实验中常用到玻璃仪器，仪器干净与否，会直接影响实验结果的准确性。所以为了确保得到准确的实验数据，务必将所有仪器清洗干净。

一般的玻璃仪器，如烧杯、烧瓶、锥形瓶、试管和量筒等，可以用毛刷从外到里用水刷洗，这样可刷洗掉水可溶性物质、部分不溶性物质和灰尘；若有油污等有机物，可用去污粉、肥皂粉或洗涤剂进行洗涤。用蘸有去污粉或洗涤剂的毛刷擦洗，然后用自来水冲洗干净，最后用蒸馏水或去离子水润洗内壁 2～3 次。洗净的玻璃仪器内壁应能被水均匀地润湿而无水的条纹，且不挂水珠。在有机实验中，常使用磨口的玻璃仪器，不宜用去污粉，而改用洗涤剂，洗刷时应注意保护磨口。

有些反应残余物用去污粉不易洗净，通常需要使用特制的洗涤液进行洗涤。有机化学实验室通常用到的洗涤液有铬酸洗涤液、碱性洗涤液、酸性草酸洗涤液。

铬酸洗涤液的配制：将研细的重铬酸钾 20g 溶于 40ml 水中，慢慢加入 360ml 浓硫酸。这种酸液氧化性很强，对有机污垢破坏力很强。倾去器皿内的水，慢慢倒入洗液，转动器皿，使洗液充分浸润不干净的器壁，数分钟后把洗液倒回洗液瓶中，用自来水冲洗。若壁上粘有少量炭化残渣，可加入少量洗液，浸泡一段时间后在小火上加热，直至冒出气泡，炭化残渣可被除去。但当洗液颜色变绿，表示失效应该弃去，不能倒回洗液瓶中用于去除器壁残留油污。

碱性洗涤液的配制：10%氢氧化钠水溶液或乙醇溶液。水溶液加热（可煮沸）使用，其去油效果较好。碱-乙醇洗液不需要加热。

（二）干燥

在有机化学实验过程中，通常需要使用干燥的玻璃仪器，故要养成在每次实验后马上把玻璃仪器洗净和倒置使之干燥的习惯，以便下次实验时使用。干燥玻璃仪器的方法主要有以下几种。

1. 晾干　晾干是指把已洗净的仪器在干燥架上自然干燥，这是最常用和简单的方法。但必须注意，若玻璃仪器洗得不够干净时，水珠便不易流下，干燥就会较为缓慢。

2. 吹干　仪器洗涤后，将仪器内残留水珠甩尽，然后把仪器套到气流干燥器的多孔金属管上，注意调节热空气温度。使用气流干燥器进行干燥时间不宜过长，否则易损坏干燥器。

3. 烘干　通常用带有鼓风机的烘箱，其温度可保持在100～120℃。把玻璃仪器顺序放入烘箱内，放入烘箱中干燥的玻璃仪器，尽量不要带有水珠，且仪器口应向上，然后设定好温度，恒温约30分钟，直到水气消失，待烘箱内的温度降至室温时才能取出。若为带有磨砂口玻璃塞的仪器，必须取出活塞才能烘干。

4. 溶剂干燥　有时仪器洗涤后需立即使用，可使用溶剂干燥法。首先将水尽量沥干后，加入少量乙醇振摇洗涤一次，然后再用少量丙酮洗涤一次，最后用吹风机吹干。此法适用于体积比较小的仪器，否则会造成大量的溶剂浪费。

（三）保养

实验室的玻璃仪器容易损坏，实验者必须掌握玻璃仪器的常规保养方法。玻璃仪器容易碎，应该轻拿轻放，严格按仪器的要求使用；玻璃仪器中除烧杯、烧瓶和试管外，其他一般都不能直接用火加热；不耐压的锥形瓶、平底烧瓶，不能在减压蒸馏时用作接收瓶；磨口仪器在烘干时一定要拆分开。以下具体介绍几种常用仪器保养方法。

1. 温度计　温度计水银球部位的玻璃很薄容易破损，使用时应小心，特别注意：温度计不能当搅拌棒使用；测量温度也不能超过其最大量程；温度计不能长时间放在高温的溶剂中，否则，会使水银球变形，读数不准。温度计用后要让它慢慢冷却，切不可立即用水冲洗，否则会破裂或水银柱断裂。应悬挂在铁架上，待冷却后把它洗净抹干，放回温度计盒内，盒底要垫上一小块棉花。

2. 蒸馏烧瓶　蒸馏烧瓶的支管容易折断，在使用或放置时都要特别注意保护蒸馏烧瓶的支管。

3. 冷凝管　冷凝管通水后变得很重，在安装冷凝管时应该用夹子固定，以免翻倒。洗刷冷凝管时要用特制的长毛刷，如用洗涤液或有机溶液洗涤时，则用软木塞塞住一端，不用时，应直立放置，使之易干。

4. 滴液漏斗和分液漏斗　使用滴液漏斗和分液漏斗前必须检查：玻璃塞和活塞是否有

棉线绑住，且观察其是否漏水，若有漏水现象，脱下活塞，擦净活塞及活塞孔道的内壁，然后用玻璃棒沾取少量凡士林，在活塞两边抹上一圈凡士林，注意不要抹在活塞的孔中，插上活塞，逆时针旋转至透明。烘干滴液漏斗和分液漏斗时，必须将活塞取下；滴液漏斗和分液漏斗用过后应刷洗干净，玻璃塞和活塞上垫上纸片，避免粘住。

第四节　有机化学实验室常用仪器设备

一、电子天平

电子天平采用了现代电子控制技术，利用电磁力平衡原理实现称重。即测量物体时采用电磁力与被测物体重力相平衡的原理实现测量，当称盘上加上或除去被称物时，天平则产生不平衡状态，此时可以通过位置检测器检测到线圈在磁钢中的瞬间位移，经过电磁力自动补偿电路使其电流变化以数字方式显示被测物体重量。使用方法如下：

1. 开机　按下启动按钮 Rezero on，瞬时显示所用的内容符号后依次出现软件版本号和 0.0000g，开始热机，时间通常为 5 分钟。

2. 关机　按 Mode off 直到显示屏指示 off，然后松开此键实现关机。

3. 称量　复按 Mode off 选择所需要的单位，然后按 Rezero on，调至零点，然后在天平的称量盘上添加称量的样品，从显示屏上读数。

4. 去皮　在称量容器内的样品时，可通过去皮功能，将称量盘上的容器质量从总质量中除去，将空的容器放在称量盘上，按 Rezero on 置零，然后在容器中加入所要称量的样品，天平显示所称样品的净质量，质量保持到再次按下 Rezero on。

电子天平是一种比较精密的仪器，使用时要注意保养和维护（图 1-3）。

图 1-3　电子天平

1. 将天平置于稳定的工作台上，避免振动、气流及阳光照射，防止腐蚀性气体的侵蚀。

2. 称量易挥发和具有腐蚀性的物品时，要盛放在密闭的容器中，以免腐蚀和损坏电子天平。

3. 经常对电子天平进行自校或定期外校，保证其处于最佳状态。

4. 随时保持天平机壳和称量台的清洁，以保证测量的准确性。

5. 较长时间不使用的天平，应每隔一定时间通一次电，以保证电子元器件的干燥。

6. 如果电子天平出现故障应及时检修，不可带“病”工作。

二、磁力搅拌器

磁力搅拌器的结构很简单，由一根以玻璃或塑料密封的软铁（叫磁棒）和一个可旋转的磁铁组成，见图 1-4。在非磁性台板下垂直安装一根轴（垂直安装的马达），轴端有一个水平安装的永久磁铁，当马达旋转时两磁极绕平行于台板的平面旋转；当台板上放置一个非磁性

物质制成的容器（如烧杯）、容器内放入被塑料等材料密封的小条形磁铁（搅拌子）时，小磁铁就在台板下旋转的磁场作用下跟随旋转，并将容器内容物搅拌；实际使用的磁力搅拌器还附属有定时电路，可以设定搅拌时间、转速控制电路及显示电路。

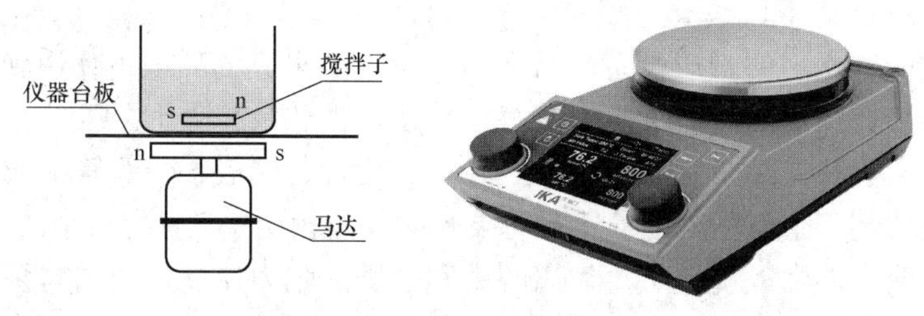

图 1-4　磁力搅拌器

三、旋转蒸发仪

旋转蒸发仪由电机带动可旋转的蒸发器（圆底烧瓶）、冷凝器和接收器组成（图 1-5），其工作原理是通过电子控制，使烧瓶在最适合速度下，恒速旋转以增大蒸发面积；通过真空泵使蒸发烧瓶处于负压状态，蒸发烧瓶在旋转同时置于水浴锅中恒温加热，瓶内溶液在负压下在旋转烧瓶内进行加热扩散蒸发。旋转蒸发器系统可以密封减压至 400～600mmHg；用加热浴加热蒸馏瓶中的溶剂，加热温度可接近该溶剂的沸点；同时还可进行旋转，速度为 50～160r/min，使溶剂形成薄膜，增大蒸发面积。此外，在高效冷却器作用下，可将热蒸气迅速液化，加快蒸发速率。

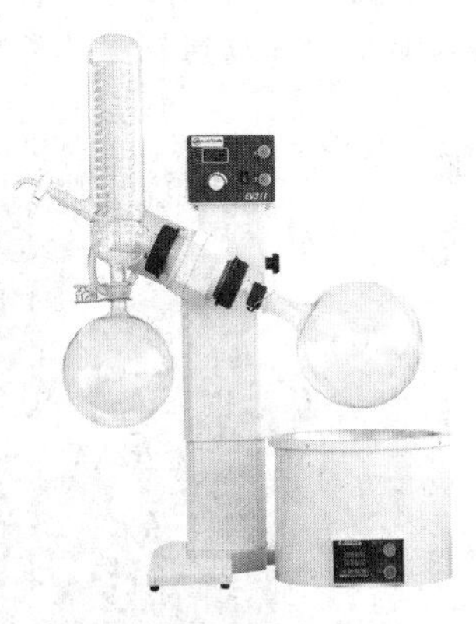

图 1-5　旋转蒸发仪

具体的操作过程：首先开启冷凝水，一般接自来水，冷凝水温度越低效果越好，上端口装抽真空接头，以接真空泵皮管抽真空；然后手动控制升降机，调节适合的高度；开机前先将调速旋钮左旋到最小，按下电源开关指示灯亮，然后慢慢往右旋至所需要的转速，一般大蒸发瓶用中、低转速，黏度大的溶液用较低转速，烧瓶溶液量一般以不超过 50%为宜；在旋蒸接近结束时，应先关闭旋转开关，然后打开通气阀门，使旋蒸仪内外气压一致，取下蒸发器。

四、循环水多用真空泵

循环水多用真空泵广泛应用于蒸发、蒸馏、结晶、过滤、减压及升华等操作中，其泵体中装有适量的水作为工作液。当叶轮按图中顺时针方向旋转时，水被叶轮抛向四周，由于离心力的作用，水形成了一个取决于泵腔形状的近似于等厚度的封闭圆环。循环水多用真空泵水环的下部分内表面恰好与叶轮轮毂相切，水环的上部内表面刚好与叶片顶端相切。此时叶轮轮毂与水环之间形成一个月牙空间，而这一空间又被叶轮分成和叶片数目相等的若干个小腔。如果以叶轮的下部零为起点，那么叶轮在旋转前 180° 时，小腔面积由小变大，且与端面上的吸气口相通，此时气体被吸入，当吸气结束时小腔则与吸气口隔绝；当叶轮继续旋转时，小腔由大变小，使气体被压缩；当小腔与排气口相通时，气体便被排出泵外（图 1-6）。

五、油泵

油泵也是实验室常用的减压设备，常在对真空度要求高的环境下使用（图 1-7）。其性能取决于泵的结构和油的好坏。常用的有机械泵、扩散泵和吸附泵等，有机实验室一般使用旋片式油泵。旋片式油泵主要由泵体、转子、旋片、端盖、弹簧等组成。在旋片式油泵的腔内偏心地安装一个转子，转子外圆与泵腔内表面相切（二者有很小的间隙），转子槽内装有带弹簧的两个旋片。旋转时，靠离心力和弹簧的张力使旋片顶端与泵腔的内壁保持接触，转子旋转带动旋片沿泵腔内壁滑动。旋片在泵腔中连续运转，使泵腔被旋片分成两个不同的容积呈周期性的扩大和缩小，气体从进气嘴进入，被压缩后经过排气阀排出泵体外，由泵的连续运转，将系统内的压力减小，达到连续抽气的目的。

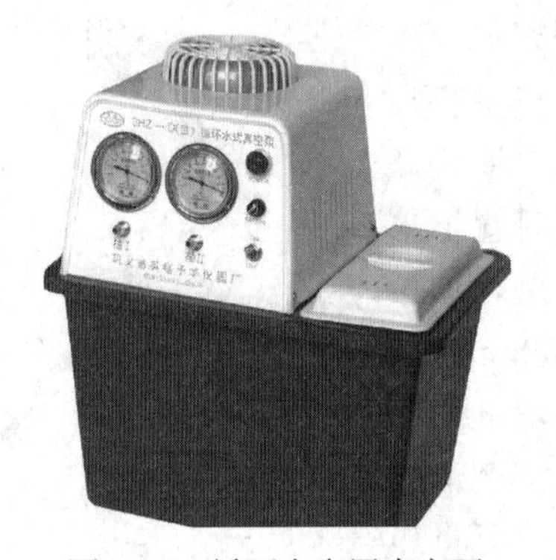

图 1-6　循环水多用真空泵

图 1-7　油泵

使用时应该注意：

1. 定期检查、换油，经常加脂，电动油桶泵高速运转，润滑脂易于挥发，故必须使轴承处的润滑能保持清洁，并注意添换。

2. 注意电动抽油泵应放于干燥、清洁和没有腐蚀性气体的环境中保存。

3. 经常检查电源插座是否有接触不良，绝缘电阻是否正常，换向器与电刷接触是否良好，电枢绕级扩定子绕组是否是有适中断路现象，轴承及转动零件是否损坏等等。

第五节　有机化学实验预习、记录和实验报告

一、实验预习

预习是有机化学实验的重要环节，是保证实验成功的前提条件，为了做好实验、避免事故，在实验前必须对所要做的实验有尽可能全面和深入的认识。这些认识包括实验目的要求，实验原理（化学反应原理和操作原理），实验所用试剂及产物的物理、化学性质及规格用量，实验所用的仪器装置，实验的操作程序和操作要领，实验中可能出现的现象和事故。为此，

需要认真阅读实验的有关章节（含理论部分、操作部分），查阅适当的手册，做好预习笔记。在操作步骤的每一步后面都需留出适当的空白，以供实验时作记录用。

二、实验记录

实验记录是指在研究过程中，应用实验、观察、调查或资料分析等方法，根据实际情况直接记录或统计形成的各种数据、文字、图表、声像等原始资料。实验记录通常应包括实验名称、实验目的、实验设计或方案、实验时间、实验材料、实验方法、实验过程、观察指标、实验结果和结果分析等内容。实验记录是科学研究的第一手资料，记录的准确性会直接影响实验结果的正确与否，因此，应该准备专门的“实验原始记录本”，在实验过程中应认真操作，仔细观察，勤于思索，同时应将观察到的实验现象及测得的各种数据准确、无误、真实、客观地记录下来，务必养成良好的科学素养和实事求是的科学精神。由于是边实验边记录，可能时间仓促，故记录应简明准确、字迹清晰，实验结束后学生应将实验记录和产物交给老师签字确认。

三、实验报告

实验报告是将实验操作、实验现象及所得各种数据综合归纳、分析提高的过程，如实地把实验的全过程和实验结果用文字形式记录下来的书面材料，是把直接的感性认识提高到理性概念的必要步骤，要求数据准确、文字简练、书写工整，要对实验现象进行讨论，必须认真对待。实验报告主要包括以下几个部分：实验目的；实验原理；主、副反应的方程式；实验仪器与试剂；实验装置图；实验步骤及现象；产率的计算；实验讨论；思考题等。

有机化学实验报告的基本格式以正溴丁烷的合成为例。

实验X　正溴丁烷的合成

一、实验目的

1. 掌握从正丁醇制备正溴丁烷的原理及方法。
2. 熟悉回流和气体吸收装置的使用。
3. 掌握分液漏斗的使用。

二、反应式

$$NaBr + H_2SO_4 \longrightarrow HBr + NaHSO_4$$

$$n\text{-}C_4H_9OH + HBr \longrightarrow n\text{-}C_4H_9Br + H_2O$$

副反应

$$n\text{-}C_4H_9OH \xrightarrow[\triangle]{H_2SO_4} (n\text{-}C_4H_9)_2O + H_2O$$

$$n\text{-}C_4H_9OH \xrightarrow[\triangle]{H_2SO_4} CH_3CH_2CH{=}CH_2 + H_2O$$

$$2HBr + H_2SO_4 \longrightarrow Br_2 + SO_2 + 2H_2O$$

三、主要试剂及产物的物理常数

名称	分子量	性状	折光率	密度	熔点（℃）	沸点（℃）	溶解度（g/100ml）		
							水	醇	醚
正丁醇	74.12	无色透明液体	1.3993^{20}	0.8098	−89.5	117.2	7.920	∞	∞
正溴丁烷	137.03		1.4401^{20}	1.2758	−112.4	101.6	不溶	∞	∞

四、主要试剂规格及用量

正丁醇 CP 7.5g（9.3ml，0.10mol）；溴化钠 CP 120.5g（0.12mol）；浓硫酸 AR 26.7g（14.5ml，0.27mol）；饱和 $NaHCO_3$ 水溶液（10ml）；无水氯化钙 AR（适量）。

五、实验装置图（一定要用铅笔和尺子等工具画好图）

参照回流加尾气吸收装置。

六、实验步骤与现象

时间	步骤	现象
9:10	（1）在 100ml 圆底烧瓶中加入 10ml 水，并缓慢滴加 14.5ml 浓硫酸，在冰水或冷水浴下摇匀冷却	放热，烧瓶烫手
	（2）冷却后加入正丁醇 9.3ml 和研细的溴化钠 12.5g，摇匀并加入沸石 1～2 粒	不分层，有少量溴化钠未溶解，瓶内有白雾出现（HBr）
9:30	（3）在瓶口安装冷凝管，冷凝管顶部安装气体吸收装置，开启冷凝水，隔石棉网小火加热回流 1 小时	沸腾 HBr 气体增多，并从冷凝管上升，NaBr 完全溶解；瓶中液体由一层变为三层，上层开始极薄，中层为橙黄色，随着反应进行，上层越来越厚，中层越来越薄，最后消失。上层颜色由淡黄色变为橙黄色
	（4）稍冷，改成蒸馏装置，加沸石 1 颗，蒸出正溴丁烷	馏出液为乳白色油状物，分层，反应瓶中上层越来越少最后消失，最后馏出液变清（说明正溴丁烷全部蒸出），冷却后，蒸馏瓶内析出结晶（$NaHSO_4$）
	（5）粗产物用 15ml 水洗	产物在下层，呈乳浊状
	在干燥分液漏斗中用	
	5ml 浓 H_2SO_4 洗	产物在上层，硫酸在下层，呈棕黄色
	10ml 水洗	产物在下层
	10ml 饱和 $NaHCO_3$ 洗	两层交界处有絮状物产生又呈乳浊状
	10ml 水洗	产物在下层
	（6）将粗产物转入 25ml 锥形瓶中，加 1～2g $CaCl_2$ 干燥	开始浑浊，摇后变澄清
	（7）粗产品滤入 50ml 蒸馏瓶中，加沸石蒸馏，收集 99～103℃馏分	98℃开始有馏出液（3～4 滴），温度很快升至 99℃，并稳定于 101～102℃，最后升至 103℃，温度下降，停止蒸馏
	（8）产物称重	无色液体，瓶重 20.2g，共重 28.3g，产物重 8.1g

七、产率的计算

$$
\begin{array}{ccccccccc}
n\text{-}C_4H_9OH & + & NaBr & + & H_2SO_4 & \longrightarrow & n\text{-}C_4H_9Br & + NaHSO_4 + & H_2O \\
1mol & & 1mol & & 1mol & & 1mol & & \\
0.1mol & & 0.12mol & & 0.27mol & & 0.1mol & &
\end{array}
$$

$$正溴丁烷的理论产量=0.1\times137=13.7\text{g}$$

$$百分产率=\frac{实际产量}{理论产量}\times100\%=\frac{8.1\ \text{g}}{13.7\text{g}}\times100\%=59.1\%$$

八、讨论

1. 在回流过程中，瓶中液体出现三层，上层为正溴丁烷，中层可能为硫酸氢正丁酯，随着反应的进行，中层消失表明丁醇已转化为正溴丁烷。上、中层液体为橙黄色，可能是由于混有少量溴所致，溴是由硫酸氧化溴化氢而产生的。

2. 反应后的粗产物中，含有未反应的正丁醇及副产物正丁醚等。用浓硫酸洗可除去这些杂质。因为醇、醚能与浓 H_2SO_4 作用生成𬭩盐而溶于浓 H_2SO_4 中，而正溴丁烷不溶。

第六节　有机化合物的使用与保存

危险化学品是指具有易燃、易爆、有毒、有腐蚀性等特性，会对人（包括生物）、设备、环境造成伤害和侵害的化学品。在有机化学实验室常常接触一些危险化学品，为了避免或减少危险药品对人体的伤害，培养学生的安全意识和规范操作。根据常用的一些化学药品的危险性，大体可分为易燃、易爆和有毒三类，现分述如下：

一、易燃化学药品

可燃性气体：氢气、乙胺、氯乙烷、乙烯、煤气、氧气、硫化氢、甲烷、氯甲烷、二氧化硫等。

易燃性液体：乙醚、乙醛、二硫化碳、石油醚、苯、甲苯、二甲苯、丙酮、乙酸乙酯、甲醇、乙醇等。

易燃固体：红磷、三硫化二磷、萘、铝粉等。黄磷为能自燃固体。

使用易燃化学品的注意事项：

1. 使用时要移走火源，且所有操作要在通风柜内进行。

2. 准备好灭火器，以备不时之需。

3. 使用金属钠、钾时，要确保周围没有敞口的低级卤代烃和水，避免误投入其中而引发事故。

4. 取用试剂如叔丁基锂、三烷基硼等时，操作要快，有时使用注射器取用时针尖会着火。

二、易爆化学药品

气体混合物的反应速率随成分而异，当反应速率达到一定限度时，即会引起爆炸。实验室常用的醚类化合物如乙醚、四氢呋喃等易产生过氧化物而发生爆炸；另外乙醚沸点很低极易挥发，其蒸气能与空气或氧混合，形成爆炸混合物。

一般说来，易爆物质大多含有以下结构或官能团：

—O—O—，如臭氧、过氧化物。

—NO_2，如硝基化合物（三硝基甲苯、苦味酸盐）。

—N═O，如亚硝基化合物。

—N═N—，如重氮及叠氮化合物。

—O—Cl，如氯酸盐、高氯酸盐。

此外易爆化学药品防爆还必须注意以下几点：

1. 进行潜在爆炸性实验时，应该在具有防爆装置的条件下进行，同时要做好个人防护，需戴面罩或防护眼镜。

2. 实验完后易爆药品所产生的残渣必须在指定位置回收并妥善处理，不得随意乱扔。

3. 部分易爆药品需保存在水中，如苦味酸、过氧化苯甲酰等。

三、有毒化学药品

有机化学实验室日常接触的化学药品，大多都是有毒的，根据其毒性可以分为剧毒物质、致癌物质、高毒物质、中毒物质、低毒物质。

常见的剧毒物质有二甲亚砜、氰化钠、氢氟酸、氢氰酸、汞、光气、有机磷化物、有机砷化物、有机氟化物、有机硼化物、羰基镍、砷酸盐、丙烯酰胺等。

常见的致癌物质有亚硝基类化合物、甲烷磺酸甲酯（或乙酯）、重氮甲烷、硫酸二甲酯、氯乙烯、溴乙烯、氟乙烯、氘代试剂等。

常见的高毒物质有四氯化碳、三氯甲烷、氯气、溴水、乙腈、丙烯腈、肼、苯肼、丙烯醛、乙烯酮、对苯二酚、苯胺、氯化氢、硫化氢、溴苯、氯苯等。

常见的中毒物质有甲醇、甲醛、硫酸、硝酸、烯丙醇、糠醛、环氧乙烷、二硫化碳、甲苯、二甲苯、三硝基甲苯、三氟化硼、多聚甲醛、三氯乙醛、四氢呋喃、吡啶、吡咯烷、二甲胺、三苯基磷等。

常见的低毒物质有正丁醇、乙二醇、三氯化铝、丙烯酸、苯乙烯、邻苯二甲酸、苯酚、氢氧化钾、乙醚、丙酮、丙烯酸乙酯、环己烷、环己酮等。

有机化学实验室药品涉及面广、毒性大，所以在使用时必须十分谨慎，不当的使用或接触，会引起急性或慢性中毒，影响健康。只要掌握使用毒物的规则和防护措施，使用有毒药品也不会中毒，并不可怕。

严禁将有毒化学药品带出实验室。有毒化学药品通常由下列途径侵入人体：①由呼吸道侵入：故有毒实验必须在通风橱内进行，并保持室内空气流畅，不要长期呆在实验室，要到空气新鲜的地方进行适当休息。②由皮肤黏膜侵入：在进行有毒实验时，必须戴好手套、防护眼镜等，以免药品直接接触皮肤造成中毒，尤其手或皮肤有伤口时更须特别小心。③由消化道侵入：有机化学实验室的任何药品不得品尝，严禁在实验室饮食或把食品带到实验室，实验结束后必须先洗手后进食。

几种常见有毒试剂的使用方法：

1. 乙酸（浓） 必须非常小心地在通风橱进行有关操作，吸入或皮肤吸收会受到伤害。使用时最好要戴手套和护目镜。

2. 乙腈 是非常易挥发和特别易燃的，它是一种刺激物和化学窒息剂。严重中毒的病人可按氰化物中毒方式处理。操作时要戴合适的手套和安全眼镜。只能在通风橱中使用，

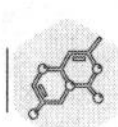

应远离热、火花和明火。

3. 氯仿　对皮肤、眼睛、黏膜和呼吸道有刺激作用。它是一种致癌剂，可损害肝和肾，而且很易挥发，为了避免吸入挥发的气体，操作时应戴合适的手套和眼镜，始终在通风橱里进行。

4. *N*, *N*-二甲基甲酰胺　对眼睛、皮肤和黏膜有刺激作用。若吸入、咽下或皮肤吸收会发挥其毒性效应，经常吸入可引起肝脾损伤。操作时需要戴合适的手套和安全眼镜并在通风橱内进行。

5. 硫酸二甲酯　是一种强毒和致癌剂。为了避免吸入其挥发的蒸气。操作时应戴合适的手套和安全眼镜，只能在通风橱里进行。对含有硫酸二甲酯溶液的处理方法是将其慢慢倒入氢氧化钠或氢氧化铵溶液中并在通风橱内放置过夜。

6. 二甲基亚砜　可因吸入、咽下或皮肤吸收而危害健康。使用时要戴手套和眼镜，在通风橱内进行操作。

四、化学试剂等级

我国生产的化学试剂，按其纯度一般分为四级：优级纯、分析纯、化学纯和实验试剂。

1. 优级纯（GR：guaranteed reagent）　又称一级品或保证试剂，主要成分含量高达99.8%，杂质含量最低，适合于重要精密的分析工作和科学研究工作，亦可作基准物质用，我国产品使用绿色标签作为标志。

2. 分析纯（AR）又称二级试剂，纯度很高，略次于优级纯，主要成分含量高达99.7%，适合于重要分析及一般科学研究工作，我国产品使用红色标签作为标志。

3. 化学纯（CP）　又称三级试剂，纯度较高，主要成分含量≥99.5%，存在有干扰杂质，适用于化学实验和合成制备，我国产品使用蓝色标签作为标志。

4. 实验试剂（LR：laboratory reagent）　又称四级试剂，杂质含量较高，纯度较低，为分析工作常用辅助试剂。

第七节　化学化工文献查阅

化学化工文献是前人在化学方面的科学研究、生产实践等的记录和总结。查阅化学化工文献是科学研究的一个重要组成部分，是培养综合研究能力的一个重要环节，是每个学生应具备的基本功之一。

一、化学化工类图书

（一）工具书

1.《化工辞典》（第5版）　该书被称为“化工界的新华字典”，1969年第1版正式出版，是一本综合性化工工具书，主要解释化学工业中的原料、材料、中间体、产品、生产方法、化工过程、化工机械和化工仪表自动化等方面词目以及有关的化学基本术语词目。

2. *The Merck Index*　该书被称为是“化学品、药品、生物试剂百科全书”，1889年首次出版，现已发行到第 14 版。该书收录了一万多种化合物的性质、制法和用途，4500 多个结构式及 42000 条化学产品和药物的命名。化合物按字母名称的顺序排列，冠有流水号，依次列出可供选用的化学名称、药物编码、商品名、化学式、相对分子质量、文献、结构式、物理数据、标题化合物的衍生物的普通名称和商品名。在 Organic Name Reactions 部分中，对在国外文献资料中以人名来称呼的反应作了简单的介绍。一般是用方程式来表明反应的原料和产物及主要反应条件，并指出最初发表论文的著作者和出处。该书已经成为介绍有机化合物数据的经典图书，*CRC*，*Aldrich* 等图书都引用该书中的化合物编号。

3. *Dictionary of Organic Compounds* 该书初版于 1937 年出版。1965 年出版第 4 版后，每年出版一本补编，至 1979 年共出补编 15 本，然后将第 4 版与所有 15 本补编合并，于 1982 年出版了第 5 版，1996 年出版了第 6 版。该书收集 6.1 万多个基本有机化合物、有应用价值的化合物、实验室常用试剂和溶剂、重要天然产物和生化物质等，按化合物英文名称的字母顺序排列。内容主要包括有机化合物的名称、别名、组成、分子式、结构式、CAS 登录号、性状、物理常数及化学性质等。

4. *Beilstein's Handbuch der Organischen Chemie* 该书习惯上简称“*Beilstein*”，最早由德国的 F.K.Beilstein 经过 20 年的收集，于 1883 年出版，是目前有机化合物收集得最全面、最完整的大型系列工具书。该书早期用德文出版，从第 5 版开始出现英文版，内容主要介绍化合物的结构、理化性质、衍生物的性质、鉴定分析方法、提取分离或制备方法及原始文献。它所报道化合物的制备方法比原始文献还详细，并更正了一些原作者的错误。

5. *Lange's Handbook of Chemistry* 该书于 1934 年出版，从第 1 版至第 10 版由 Lange，N.A.主编。该书是一部资料齐全、数据详实、使用方便、供化学及相关科学工作者使用的单卷式化学数据手册，是由两代作者花费了半个多世纪的心血搜集、编纂而成的，在国际上享有盛誉，一直受到各国化学工作者的重视和欢迎。本书已翻译为中文，名为《兰氏化学手册》，1991 年出版。2005 年为纪念该书发行 70 周年，由 James Speight 主编发行第 16 版，该书收集了超过 4000 多个有机物和 1400 多个无机物的性质。

（二）有机合成方面的专业参考书

1. *Organic Synthesis* 该书最初由 R.Adams 和 H.Gilman 主编，后由 A.H.Blatt 担任主编。于 1921 年开始出版，每年一卷。该书主要介绍各种有机化合物和一些无机试剂的制备方法。该书每十卷合订一本，卷末附有分子式、反应类型、化合物类型、主题等索引。在 1976 年还出版了合订本 1～5 集（即 1～49 卷）的累积索引，可供阅读时查考。54 卷、59 卷、64 卷的卷末附有包括本卷在内的前 5 卷的作者和主题累积索引；每卷末也有本卷的作者和主题索引。该书第 3 版于 2011 年出版；新版本中的文献涉及 6000 多部杂志、书刊，新增文献达 950 多篇；更新、增加了 600 多个新的反应。

2. *Organic Reactions* 该书由 Adams R.主编，1951 年开始出版，2012 年由 Scott E.Denmark，Dale Boger 和 Andre B.Charette 共同主编出版第 77 卷。本书主要介绍有机化学中有理论价值和实际意义的反应。每个反应都是由有一定经验的编者撰写。书中对有机反应的机制、应用范围、反应条件等都作了详尽的讨论。并用图表指出针对该反应曾进行的研究工作。卷末有以前各卷的作者索引和章节及题目索引。

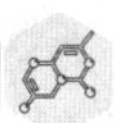

3. *Reagents for Organic Synthesis* 该书以收集有机试剂和催化剂为主，书中收集面很广。第一卷于 1967 年出版，对 1966 年以前的著名有机试剂均做了介绍。每个试剂按英文名称的字母顺序排列并对入选的每个试剂均作了详细介绍，包括化学结构、相对分子质量、物理常数、制备和纯化方法、合成方面的应用等。

4. *Synthetic Method of Organic Chemistry* 该书由 Alan F.Finch 主编，是一本年鉴。主要收录各种碳-碳键和碳-杂键的形成反应及一般的官能团转化。2013 年已经出版至第 81 卷，卷末附有主题索引和分子式索引。

（三）有机化学实验参考书

1. *Organic Experiments*（Fieser L.F.，Heath and Company，1983） 该书在 1935 年出版，当时中文译名为《有机化学实验》，1941 年出版第 2 版，1955 年出版第 3 版，1957 年出版第 3 版修订本。从 1964 年起改为《有机实验》（*Organic Experiments*），和前者相比，它增加了不少新的反应和技术，例如，Wittig 反应、苯炔反应、卡宾反应、催化氢化、催化氧化、高温及低温下的二烯合成、薄层色谱和利用笼包络合物的分离等。该书第 3 版已有中文译本。

2. 有机化学实验（兰州大学化学系有机化学教研室编，第 4 版，高等教育出版社，2017） 该书为全国综合性大学、师范院校、工科院校化学专业、应用化学专业及相关专业本科生和研究生的实验教材，全书共分为有机化学实验的一般知识、有机化学实验基本操作、有机化合物的制备与反应、有机化合物的鉴定和附录等五个部分。

3. 有机化学实验（申东升主编，第 1 版，中国医药科技出版社，2014） 该书为全国医药类院校有机化学实验教材，全书共分为有机化学实验基本知识、基本技术、基本有机合成实验、精细有机化学品合成实验、天然有机物提取实验、有机化合物的性质实验和附录七个部分。

二、常用期刊论文

1. *Journal of the American Chemical Society* 简称为 *J.Am.Chem.Soc.*，是 1879 年开始出版的综合性期刊，发表所有化学领域的高水平研究论文，是世界上最有影响力的综合性刊物之一，每年出版 51 卷，可发表 3000 多篇化学相关学术论文，2019 年影响因子 14.612。

2. *Chemical Reviews* 简称为 *Chem.Rev.*，始于 1924 年，主要刊载化学领域中的专题及发展近况的评论，内容涉及无机化学、有机化学、物理化学等各方面的研究成果与发展概况，每年可发表 176 篇化学相关综述性文章，2019 年影响因子 52.760。

3. *Angewandte Chemie*（International Edition） 简称为 *Angew.Chem.*，该刊物由德国化学会于 1888 年创办，从 1962 年起出版英文国际版。刊登所有化学学科的高水平研究论文和综述性文章，是目前化学学科中最具影响力的期刊之一，每年可发表 2200 多篇化学相关学术论文，2019 年影响因子 12.959。

4. *Chemical Society Reviews* 简称为 *Chem.Soc.Rev.*，该刊前身为 *Quarterly Reviews*，自 1972 年改为现名，刊载化学方面的评述性文章，每年发表近 400 篇综述性论文，2019 年影响因子 42.846。

5. 有机化学 中国化学会主办，1981年创刊，刊登有机化学方面的重要研究成果等，可发表综述、全文、通讯等。2019年影响因子1.344。

6. 中国科学 中国科学院主办，于1951年创刊，原为英文版，自1972年开始出版中文和英文两种版本，刊登我国各个自然科学领域中有水平的研究成果。中国科学分为A、B两辑，B辑主要包括化学、生命科学、地学方面的学术论文。2019年影响因子6.356。

7. 化学学报 中国化学会主办，1933年创刊，主要刊登化学方面有创造性的、高水平的和有重要意义的学术论文。2019年影响因子2.759。

三、网络资源

通过互联网数据库检索各类化学信息与资源，已经成为化学工作者的首选；以下介绍几种常用的化学数据库。

1. 美国化学会数据库（http://pubs.acs.org） 美国化学会（ACS）是一个化学领域的专业组织，成立于1876年。多年来ACS一直致力于为全球化学研究机构、企业、个人提供高品质的文献资讯及服务，成为全球影响力最大的数据库之一，倍受化学工作者的青睐；ACS现有163000位来自化学界各个分支的会员，且每年举行两次涵盖化学各方向的年会，还有许多规模稍小的专业研讨会。美国化学会拥有许多期刊，其中《美国化学会志》（*Journal of the American Chemical Society*）1879年创办，已有140多年的历史。

2. 英国皇家化学会数据库（http://pubs.rsc.org） 英国皇家化学学会（Royal Society of Chemistry，RSC），成立于1841年，是一个国际权威的学术机构，是化学信息的一个主要传播机构和出版商，其出版的期刊及资料库一向是化学领域的核心期刊和权威性的资料库。每年组织几百个化学会议。该协会为拥有约4.5万名化学研究人员、教师、工业家组成的专业学术团体。

3. John Wiley数据库（http://www.interscience.wiley.com） John Wiley & Sons（约翰威立父子）出版公司始于1807年，是全球知名的出版机构，拥有世界第二大期刊出版商的美誉，以质量和学术地位见长，出版超过400种的期刊，被SCI收录的核心刊达200种以上，电子期刊（全文）覆盖生命科学、医学、数学、物理、化学等14个领域。

4. Elsevier（ScienceDirect）数据库（http://www.sciencedirect.com） 荷兰爱思唯尔（Elsevier）出版集团是一家经营科学、技术和医学信息产品及出版服务的世界一流出版集团，已有180多年的历史，是世界上公认的高质量学术期刊。ScienceDirect Online系统是Elsevier公司的核心产品，是全学科的全文数据库。该数据库覆盖了化工、化学、经济学与金融学、环境科学、材料科学、数学、物理学与天文学、心理学等领域。

5. 中国知网（http://www.cnki.net） 中国知网是全球领先的数字出版平台，是一家致力于为海内外各行各业提供知识与情报服务的专业网站。该数据库收录1994年至今的5300余种核心与专业特色刊物的全文，目前中国知网服务的读者超过4000万，是全球倍受推崇的知识服务品牌。

6. 美国化学文摘网络版——SciFinder Scholar 数据库 据报道目前世界上每年发表的化学、化工文献达几十万篇，如何将如此大量、分散的、各种文字的文献加以收集、摘录、分类、整理，使其便于查阅，是一项十分重要的工作，美国化学文摘就是处理这种工

作的杂志。SciFinder Scholar 是美国化学学会所属的化学文摘服务社 CAS（Chemical Abstract Service）出版的化学资料电子数据库学术版。《化学文摘》（CA）是涉及学科领域最广、收集文献类型最全、提供检索途径最多、部卷也最为庞大的一部著名的世界性检索工具。CA 报道了世界上 150 多个国家、56 种文字出版的 20000 多种科技期刊、科技报告、会议论文、学位论文、资料汇编、技术报告、新书及视听资料，摘录了世界范围约 98%的化学化工文献，所报道的内容几乎涉及化学家感兴趣的所有领域。CA 网络版 SciFinder Scholar，整合了 Medline 医学数据库、欧洲和美国等 30 几家专利机构的全文专利资料、以及化学文摘 1907 年至今的所有内容。涵盖的学科包括应用化学、化学工程、普通化学、物理、生物学、生命科学、医学、聚合体学、材料学、地质学、食品科学和农学等诸多领域。

实验一 文献实验

【实验目的】

1. 通过检索实验，加深对课堂所学检索知识的巩固，对图书馆订购的重要中外文数据库有形象而直观的认识。

2. 熟练有关中外文数据库的检索方法。

3. 掌握科技论文撰写基本技能。

4. 了解科技文献检索的一般方法。

【实验提要】

科技论文撰写是人类社会生产实践的反映，科技论文撰写源于科学技术活动和生产实践，同时又能动地反作用于科学技术活动和生产实践，成为推动科学技术发展的一个重要因素。科技论文主要功能包括：科研记录、资料保存、科研成果总结、信心交流，促进科研工作的完成，是科学研究的重要手段。此外，科技论文是科技人员交流学术思想和科研成果的工具，也是对自我科研能力进行的一种综合性训练。因此，科技论文撰写在人才培养上有着重要的意义。

【实验步骤】

为了使具有学习余力的学生进一步提高操作技能，灵活、正确地运用在基本操作和基本有机合成中所学到的基本知识和技能。在完成实验教学大纲规定的实验内容基础上，在实验室开放管理的情况下，进行条件允许的创新性实验、综合性实验。在教师指导下进行合成路线的设计，进一步培养学生的独立工作能力，具体做法如下：

1. 课题的选择 能结合教师的科研课题进行，所选的题目也可以是实验方法的改进。所合成的化合物步骤不宜太多，最好在一般的工具书、参考书上能找到而且步骤具体。若为文摘应能找到原文。所选的合成方法应原料易得，实验室条件具备，学生通过努力能得到结果。

2. 文献的查阅 学生对于如何查阅文献资料接触较少，更不会通过文献资料的查阅，比较优劣，确定合成路线。教师应向学生介绍有机化学文献的概况，并详细指导学生如何查阅文献，要求学生在查阅文献时，摘录有关化合物的制备方法和有关的物理常数。

3. 方案的确定 指导学生对所查阅的文献资料进行归纳整理，根据实验室的条件、合成路线的长短和难易、收率的高低，进行比较，并确定合成方案。

4. 方案的实施 要求学生精心操作，做好原始记录，随时与教师联系，以解决实验中出现的问题。要求实验结果达到或接近文献收率。若有可能，应将结果重复一次，以确认结果的可靠性和准确性。

5. 论文的撰写 实验报告以小论文形式，简明扼要写出本课题的目的意义、文献回顾，本研究的独创或改进之处，实验步骤及结果讨论，以及体会、改进建议、参考文献。

【附注与注意事项】

1. 实验前要认真复习课堂所学知识，重点复习计算机检索技术、各种中外文数据库的使用方法、网络学术信息资源查询等内容。

2. 检索实验中应按照检索实验步骤，逐步进行实验，认真做好检索记录，完成各项检索实验，将老师在课堂上讲的内容在上机实验过程中深化。实验后须整理检索实验记录，按要求写出实验报告。

3. 论文撰写要求：所写报告步骤合理、内容正确、项目完整、格式规范，并按规定的时间和方式上交。

4. 写出自拟课题的中、英文名称。

5. 利用中国知网的专业检索方式在文摘字段检索期刊论文，用截图方式记录检索过程，并截取被引频次最高的 2 篇文献的文摘记录片段。

第八节　分子模型和化学绘图软件

实验二　分子模型实验

【实验目的】

1. 通过有机分子的球棒模型加深对有机分子立体结构的理解。

2. 了解球棒模型建造的技巧。

【实验提要】

分子模型可以直观地表现分子的空间结构，包括键长、键角、空间构象，还可以旋转键，建造不同的空间构型，观察分子的稳定性。建造有机化合物的分子模型不仅对理解与掌握有机化合物的结构有很大帮助，而且可以进一步明确有机化合物分子中各原子的空间配置的概念，对了解有机化合物结构与性质之间的关系有重要的意义。

通常采用的分子模型是克库勒（kekule）分子模型，构成这种分子模型时，常利用各种颜色的球代表各种原子，例如黑球代表碳原子、白球代表氢原子、红球代表氧原子等；各种球（原子）之间用木棒相连。因为在各种球上根据它们所代表的原子与其他原子成

键时的键角加以钻孔，所以当各种原子相连时便能把有机物分子中原子在空间的位置表示出来。

【实验步骤】

1. 构成甲烷和二氯甲烷的球棒模型。它们有对称中心吗？有对称面吗？各有多少？

2. 构成乙烷分子的两种构象：重叠式和交叉式，画出它们的纽曼投影式。乙烷分子的交叉构象有对称中心吗？有对称面吗？如有，各有多少？乙烷分子的重叠构象有对称中心吗？有对称面吗？如有，各有多少？

3. 构成正丁烷的构象。首先使所有 C—C 键都成重叠构象（C2—C3 键为全重叠构象），沿 C2—C3 键轴观察：画出其纽曼投影式，此时分子有对称面或对称中心吗？如有，有几个？

再使所有 C—C 键都成交叉式构象（C2—C3 键为对位交叉构象）。沿 C2—C3 键轴观察：画出其纽曼投影式，此时分子有对称面或对称中心吗？如有，有几个？比较这两种现象，哪一种更稳定？

4. 构成环己烷分子的船式和椅式两种构象。

首先，观察椅式环己烷：

a. 六个碳原子是否在同一平面上？

b. 相邻碳原子之间的构象是交叉型还是重叠型？

c. 画出它的立体透视图，标出哪些是平伏键（e 键），哪些是直立键（a 键）。

d. 将此椅式构象翻转为另一椅式构象，观察原来的 e 键是否都变为 a 键，原来的 a 键是否变为 e 键。

其次，观察船式环己烷：

a. 画出其立体透视图，把碳环编号。

b. 分别指出相邻碳原子之间属什么构象。

船式和椅式两种构象，哪种稳定，为什么？

5. 构成 1, 2-二氯环己烷椅式构象。

a. 先使两个 C—Cl 键都成 e 键，此时分子是否有对称面？

b. 再把此种椅式翻转为另一椅式，此时 C—Cl 键变为 a 键，观察此分子有否对称面？并注意氯原子对于假想的分子平面的相对位置是否改变。

c. 再使两个 C—Cl 键，一个为 a 键，一个为 e 键，此时分子是否有对称面？

6. 构成乳酸分子的对映体分子模型，两模型能重合吗？调换任一模型两基团的位置，所得的两模型能重合吗？它们是否具有对称因素？

7. 组成一对外消旋酒石酸及内消旋酒石酸的分子模型，表面看来有对映关系的两个内消旋酒石酸能否重合？分别写出它们的费歇尔投影式，用 *R*、*S* 构型标示法标明手性碳原子的构型；它们是否有对称中心？是否有对称面？有几个？

8. 组成顺-2-和反-2-丁烯的分子模型，体会产生顺反异构现象的原因，它们是否有对称中心？是否有对称面？有几个？它们能否重合？并写出它们的投影式。

【思考题】

（以表格形式完成以上作业）

化合物	结构式	对称中心	对称面	旋光性	回答问题

实验三　ChemOffice 实验

【实验目的】

1. 了解 ChemOffice 软件的功能和用途。
2. 熟练掌握绘图操作方法。

【实验提要】

ChemOffice 是由美国剑桥公司研究和开发的一款化学综合性专业应用软件，主要由 ChemDraw 化学结构绘图、ChemFinder 化学信息搜索整合系统和 Chem3D 分子模型及仿真三个模块组成。ChemDraw 模块主要功能是进行化学结构绘图，有多重论文期刊制定的分子式格式。可以预测一些化合物的 ^{1}H NMR 和 ^{13}C NMR 谱。可自主设计实验方案、实验装置图。Chem3D 通常用来计算分子轨道的形状、显示分子轨道。进行键角、键长、分子间距离等基本计算。ChemFinder 可以通过化学信息搜索，建立数据库。ChemOffice 目前是世界上最优秀、最重要和最权威的桌面化学办公应用软件，具有强大的应用功能，为化学工作者提供了便捷的化学辅助系统。

【画图练习】

1. 绘制简单化学结构式。

2. 绘制鱼藤酮（一种农药）的化学结构式。

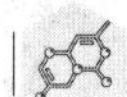

3. 绘制反应中间体（箭头用红色）。

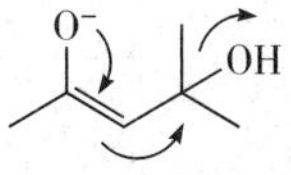

4. 绘制 Fischer 投影式。

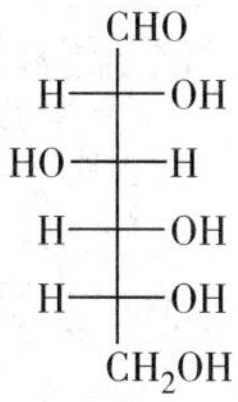

CHO
H—|—OH
HO—|—H
H—|—OH
H—|—OH
CH_2OH

5. 绘制透视图并加边框。

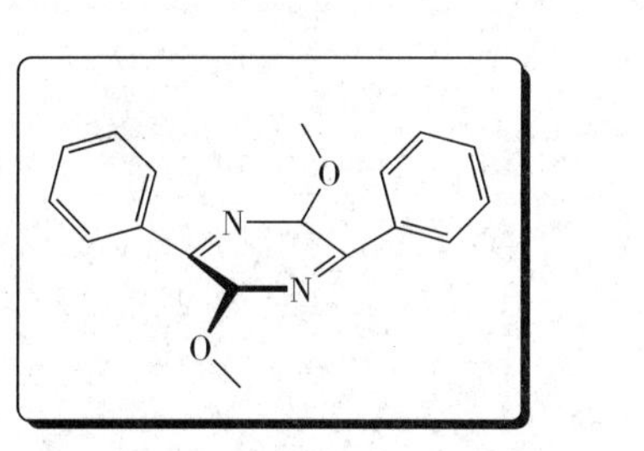

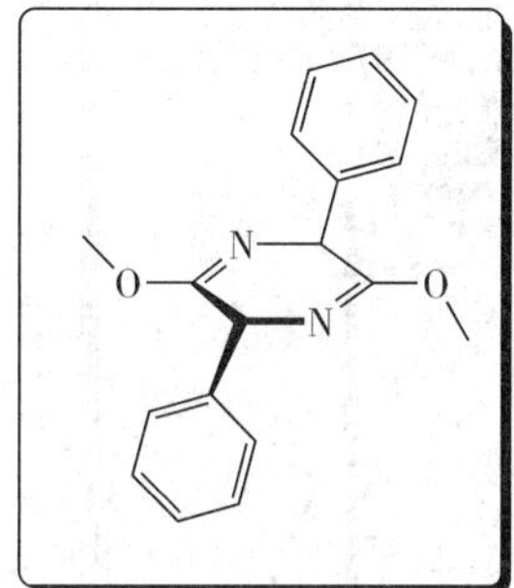

6. 绘制立体化学结构式。

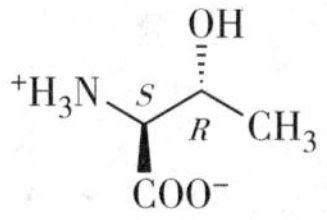

(2*S*, 3*R*)-苏氨酸分子的锲型式

7. 绘制丙氨酸的对映异构体。

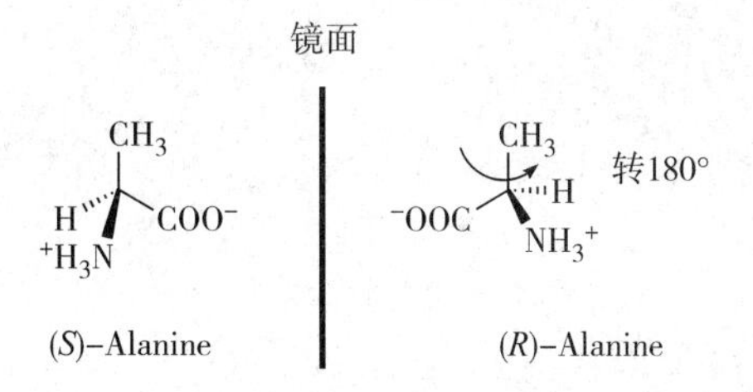

丙氨酸的两个对映异构体

8. 绘制反应式。

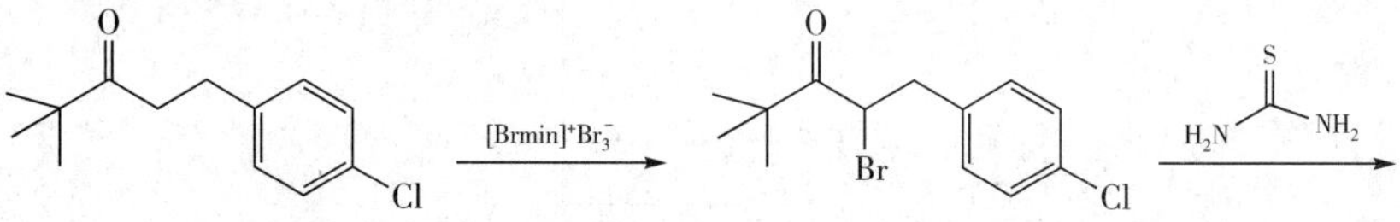

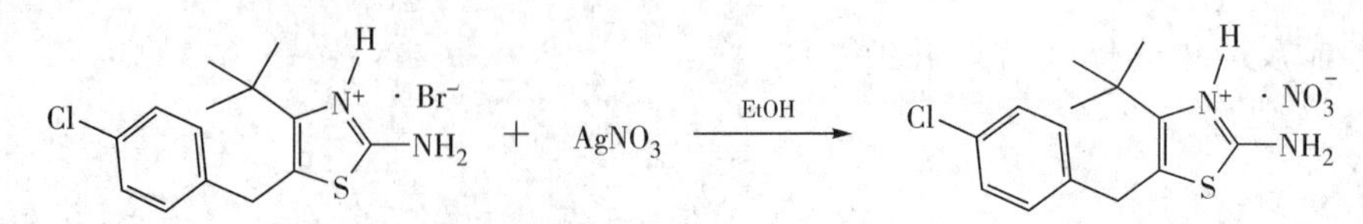

9. 利用 ChemDraw 画出下面化合物的结构，给出该化合物的 IUPAC 命名，求出化合物分子式、分子量和元素含量，并预测该化合物熔点、沸点以及氢谱和碳谱。

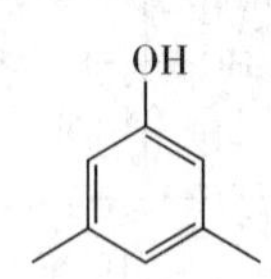

10. 绘制简单的反应装置。

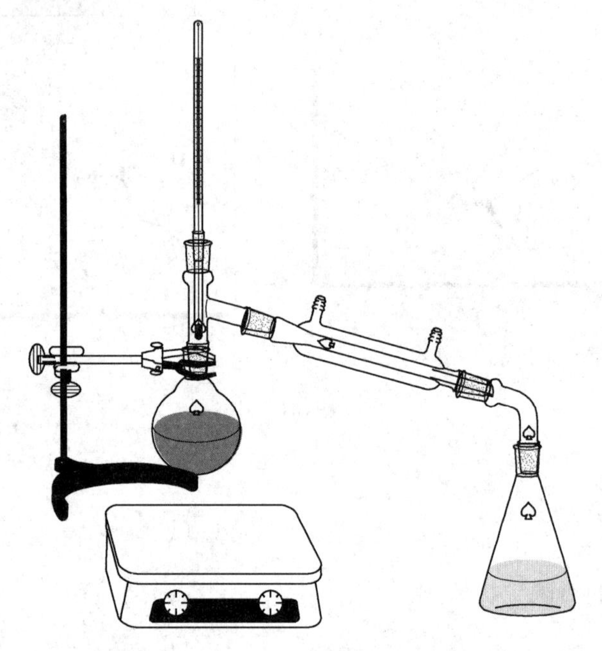

11. 绘制 TLC 图形。

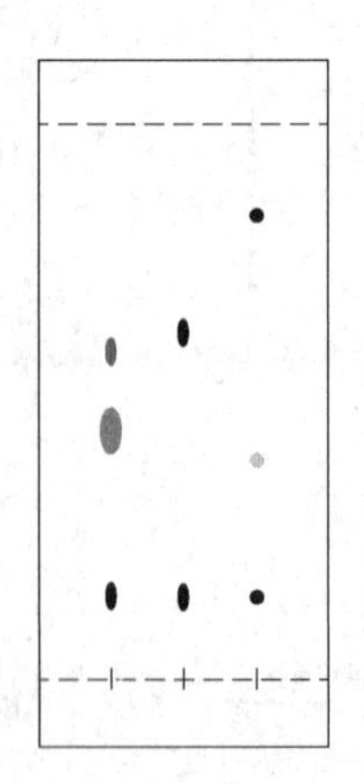

第二章
有机化学实验基本操作技术

第一节　有机化学实验基本操作

实验四　回流、加热和冷却

【实验目的】

1. 了解回流、加热和冷却的意义与原理。
2. 熟悉回流、加热和冷却的各种方法。

【实验提要】

温度是进行有机化学反应极为重要的条件之一，有些反应在常温下无法进行，因此需要加热，而另一些反应则由于反应过分激烈或产物在常温下不稳定，或反应物溶剂等易挥发，需要在较低的温度下进行。在重结晶操作过程中，为了防止溶剂挥发需要回流操作，为了快速析出晶体、提高回收率也需要冷却操作。总之，回流、加热和冷却操作是需要掌握的最基本的操作技能。

1. 回流　回流是指在装有冷凝器的反应装置中，上升的反应物或溶剂蒸气遇冷凝结成液体返回反应瓶中，从而防止物料气化而损失，保持较长时间稳定沸腾而完成反应，或使物料充分接触的一种实验操作。有机合成或重结晶等操作时，为防止溶剂、反应物或生成物挥发损失，保证反应顺利进行，需要回流装置。

2. 加热　加热是指热源将热能传给较冷物质而使其变热的过程。在进行分离、纯化或合成反应等操作时，经常需要将反应物料进行加热。实验中常用的热源有酒精灯、电炉、电热套等。在有机实验中，除了某些试管反应和测熔点时用小火加热提勒管外，一般不直接加热，绝对禁止用明火直接加热易燃的溶剂或反应物。为了保证加热均匀和安全，一般使用热浴间接加热，作为间接加热的传热介质有空气、水、有机液体、浓硫酸、熔融的无机盐或金属等。

3. 冷却　冷却是指使物质温度降低的过程。低温条件下进行的化学反应和重结晶等分离提纯操作中，需采用一定的冷却剂进行冷却操作。

（1）某些反应要在特定的低温下进行，如烯烃的臭氧化-还原反应在－80～0℃进行，重氮化反应一般在 0～5℃进行。

（2）沸点很低的有机物，冷却时可减少损失。

（3）要加速结晶的析出。

（4）高真空蒸馏装置中的冷阱。

【仪器与试剂】

仪器：加热装置；冷却装置。

试剂：植物油；液体石蜡；液体多聚乙二醇；硅油；浓硫酸；冰盐；干冰等。

【实验步骤】

1. 回流装置　常用的回流冷凝装置如图 2－1 所示，其中图 2－1A 是一般的回流装置。若需要防潮，则可在冷凝管顶端装一个氯化钙干燥管，如图 2－1B 所示。图 2－1C 是用于有氯化氢、溴化氢、二氧化硫等有毒或有刺激性气体产生或逸出的反应，根据逸出的具体情况和气体的性质，可选用气体吸收的合适装置。图 2－2 是回流冷凝滴加装置，其中图 2－2A 是用于边加料边进行回流的装置，图 2－2B 是用于边加料边同时测定反应瓶内温度的回流装置。图 2－3 是带分水器的回流装置，用于酯化和醚化等有水生成的反应。

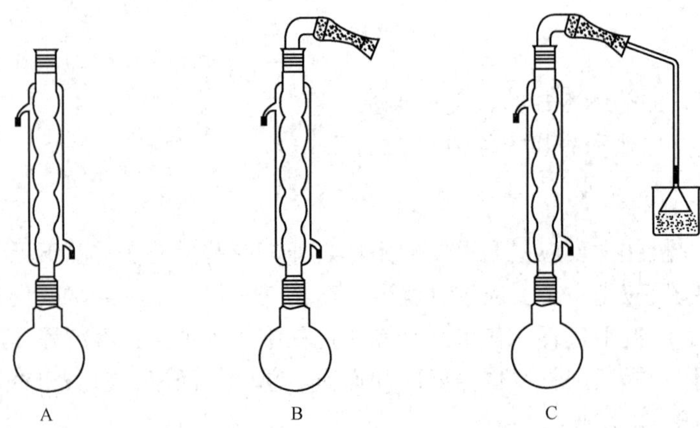

图 2－1　简单回流冷凝装置

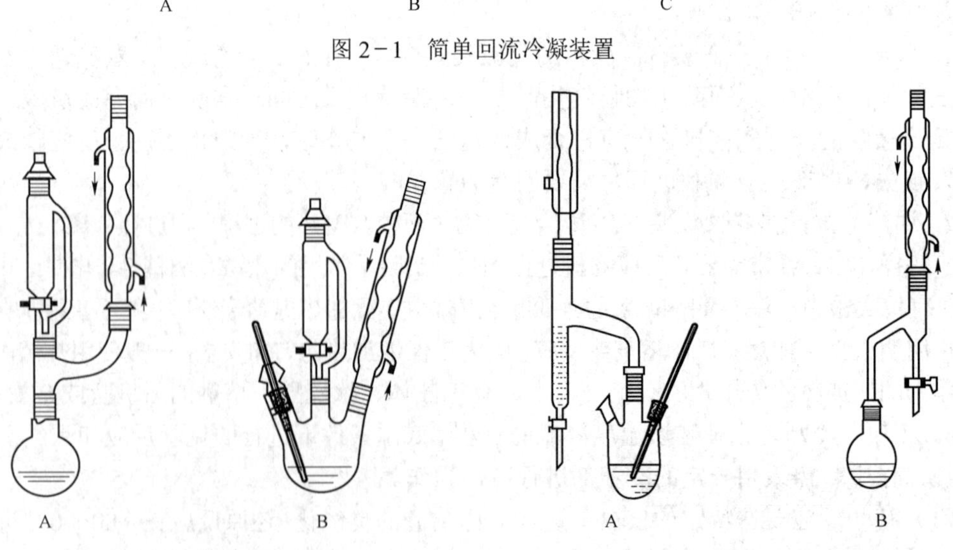

图 2－2　回流冷凝滴加装置

图 2－3　带分水器的回流装置

回流装置中应根据瓶内液体的沸腾温度，选用不同长度的球形冷凝管。回流温度高可选用较短的球形冷凝管，当沸点高于140℃时可采用空气冷凝管，这是因为沸点高于140℃的液体，与环境温度差别大，室温就足够使之迅速冷凝液化。

冷凝水的连接方式如图2－2和图2－3所示，下端进水，上端出水。水不能开得太大，否则，连接的胶管容易从冷凝管上脱落下来，引起溢水等实验事故。为防止溢水事故的发生，一是要求实验人员不得离开实验室，二是胶管与冷凝管连接要尽可能牢固，必要时用细铁丝或细铜丝扎紧胶管与冷凝管连接处。

2. 加热装置　热源的选择要根据加热温度、升温速度和实验操作规程来确定。

（1）水浴　当加热温度低于100℃时，最好使用水浴加热，将容器浸入水中，水的液面要高于容器内液面，但切勿使容器接触水浴底部，调节火焰，把水温控制在所需要的温度范围内。如果需要加热接近100℃，可用沸水浴、蒸汽浴或选用适当无机盐类的饱和水溶液作为热浴液。市售电热单孔或多孔恒温水浴，使用较方便。

（2）空气浴　是利用热空气间接加热，对于沸点在80℃以上的液体均可采用。实验室中常用的有石棉网上加热和电热套加热。

把容器放在石棉网上加热，是常用的空气浴，适用于高沸点且不易燃烧的受热物质。为使受热较均匀，加热时，必须用石棉网将反应器与热源隔开，且石棉网与反应器间应留一间隙。但即使这样做，受热仍很不均匀，因此这种加热方式，不能用于回流低沸点、易燃的液体或减压蒸馏。

电热套是一种较好的空气浴，它是由玻璃纤维包裹着电热丝织成碗状半圆形加热器，与调压器连接后组成了控温装置，还可调节温度，使用较方便，又无明火，较安全，因此可用于加热和蒸馏易燃有机物（但最好用水浴或油浴）。电热套一般可加热至400℃，主要用于回流加热。常压或减压蒸馏以不用为宜，因为蒸馏过程中，随着容器内物质的减少，会使容器壁过热而引起蒸馏物的碳化，但可选用适当大小的电热套，随时调节变压器，使电热套的温度逐渐减小，可减少或避免碳化。

（3）油浴　在进行100～250℃加热时，可用油浴，油浴所能达到的温度取决于所用油的种类。实验室中常用的油有植物油、液体石蜡、液体多聚乙二醇、耐高温硅油等。油浴的优点在于容器内物质受热均匀，与电子继电器和电接点温度计配套使用时，温度容易自动控制，且不易挥发。

甘油和邻苯二甲酸二丁酯适用于加热至140～150℃，温度过高易分解。

植物油（豆油、棉籽油、菜油和蓖麻油），可加热至160～170℃，有的达200～220℃。但长期加热使用或温度过高时易分解，可在其中加入质量分数为1%对苯二酚以增加其稳定性。

石蜡可加热到220℃左右，其优点是在室温时为固体，保存方便。

液体石蜡可加热到200℃左右，温度再高并不分解，但挥发较快，气味较重，会污染空气，且容易燃烧。是实验室最常用的油浴。

硅油及真空泵油，均可加热到250℃左右，比较稳定，透明度高，但价格较贵。高温硅油长时间加热之后，若加热时有冒烟现象，则要及时更换硅油。

液体多聚乙二醇，可加热到180～200℃，是很理想的加热溶液。加热时无蒸气逸出，遇水不会暴沸或喷溅。多聚乙二醇溶于水，烧瓶的洗涤也很方便。

油浴除用电热套、封闭电炉加热外，也可用放在油浴中的电热丝连接调压器加热，还可与可升温的电磁搅拌器连用，既可加热，又可搅拌，方便安全。

（4）酸浴　常用酸浴为浓硫酸，可热至250～270℃。当加热至300℃左右则分解，冒出白烟。若添加硫酸钾，则加热温度可达320～360℃。

（5）沙浴　要求加热温度较高时，可采用沙浴，温度可达350℃左右。把反应容器半埋沙中加热。加热沸点在80℃以上液体时均可采用，更适用于加热温度在220℃以上的操作。

沙浴传热差，温度分布不均匀，且难以控制，故实验室中较少使用。

3. 冷却装置　根据不同的要求，可选用适当的冷却剂进行冷却。冷却的方法很多，最简单的方法是把盛有反应物的容器浸入冷水中冷却。若低于室温时，可用碎冰和水的混合物，可冷至0～5℃。当水对反应无影响时，甚至可把冰块投入反应器中进行冷却。如果要把反应混合物冷至0℃以下，可用细小的碎冰和某些无机盐按一定比例混合作为冷冻剂，见表2-1。

例如，把食盐均匀撒在碎冰上搅拌后（重量比为1:3），可冷至-18～-5℃。

若无冰时，可用某些盐类溶于水吸热作为冷却剂使用。如1份NH_4Cl和1份$NaNO_3$溶于1～2份水中可从始温10℃冷至-15℃，3份NH_4Cl溶于10份水中可从13℃冷至-15℃，11份$Na_2S_2O_3 \cdot 5H_2O$溶于10份水中可从11℃冷至-8℃，3份$NaNO_3$溶于5份水中可从13℃冷至-13℃。

干冰（固体二氧化碳）可冷到-60℃以下，如将干冰溶于甲醇、丙酮或氯仿等适当溶剂中，可冷至-78℃，但加入时会猛烈起泡。为保持冷却效果，一般把干冰溶剂盛放在保温瓶（也称杜瓦瓶）内，或盛放在广口瓶中，瓶口用布或铝箔覆盖，以降低其挥发速度。

液氮可冷至-188～-196℃，一般只在科研中应用。

如果物质需要在低温下保存较长时间，则可利用冰箱。放入冰箱中的容器必须塞紧，否则水会渗入其中，有时有机物放出的腐蚀性气体会侵蚀冰箱，放出的溶剂甚至会引起爆炸。

表2-1　冰盐冷却剂

盐类	100g碎冰中加入盐的量（g）	达到最低温度（℃）
NH_4Cl	25	–15
$NaNO_3$	50	–18
NaCl	33	–21
$CaCl_2 \cdot 6H_2O$	100	–29
$CaCl_2 \cdot 6H_2O$	143	–55

【附注与注意事项】

1. 回流操作

（1）进行回流前，应选择合适的圆底烧瓶，使液体体积占烧瓶容积的1/3～1/2之间。

（2）加热前，先在烧瓶中放入1～2粒沸石或1粒素烧磁环，以防暴沸。回流停止后重新加热时，须重新放入沸石。若加热后补加沸石，则需先移开热源，待稍冷却后方可加入。

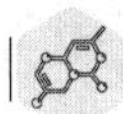

（3）加热的方式，可根据具体情况选用水浴、油浴、电热套、电炉垫上石棉网直接加热。

（4）回流的速度应控制在每秒 1～2 滴，或上升蒸气不超过冷凝管下端两球为宜，不宜过快，否则反应物同生成物形成的蒸气因来不及冷凝，会从冷凝管上端排出，甚至会在冷凝管中造成液封，导致液体冲出冷凝管，引起烫伤甚至火灾等事故。

2. 加热操作

（1）使用水浴时，应注意以下情形：钾、钠等非常活泼的金属参与的反应，绝不能在水浴上进行；蒸馏乙醚、丙酮等低沸点易燃溶剂时，使用预先已经加热的热水浴，不可使用电炉等明火作为热源，但可用电热恒温水浴，或用封闭式电炉加热水浴；水浴过程中适时添加热水。

（2）使用油浴时，应注意以下情形：使用油浴时一定要注意防止着火。发现油浴严重冒烟，应立即停止加热。油浴中要放温度计，以便调节温度，防止温度过高。油浴中油量不能过多。

油浴除甘油和聚乙二醇外，切忌在油浴中溅入水滴，否则会暴沸喷溅，发生烫伤甚至火灾等事故。加热完毕，应先停止加热，然后将烧瓶悬夹在油浴上方，待无油滴滴下，再用废纸擦净烧瓶。

3. 冷却操作　冷却操作中，值得注意的是当温度低于−38℃，不能使用水银温度计，因为水银在该温度下会凝固，须使用有机液体低温温度计。

【思考题】

1. 什么是回流操作？回流操作的作用是什么？

2. 如何选择热源？处理乙醚和二硫化碳等低沸点和极易燃物质时，需要采取哪些安全措施？

3. 物质放入冰箱中冷藏时要注意什么？

实验五　搅拌和混合

【实验目的】

1. 了解搅拌混合操作的意义和各种方法。

2. 熟悉机械搅拌的几种装置。

【实验提要】

搅拌分为磁力搅拌、机械搅拌和气流搅拌等。有些反应不需太剧烈搅拌，或反应液较少，或因机械搅拌装置密封欠妥而漏气，这时可采有磁力搅拌器进行搅拌。这种搅拌的优点在于搅拌稳妥平稳，同时可自动控制加热，不像机械搅拌那样震动较大，搅拌速度有时难以控制等，但不适用过于黏稠的反应体系。

搅拌是指搅动液体使之发生某种方式的循环流动，从而使物料混合均匀或使物理、化学过程加速进行的操作。搅拌常常能使反应温度均匀、缩短反应时间和提高反应产率。此外，搅拌还可以避免反应局部过热、减少副产物的产生。

【仪器与试剂】

仪器：机械搅拌器；磁力搅拌器。

试剂：略。

【实验步骤】

常用的磁力搅拌装置见图2-4。气流搅拌则是将与反应液没有作用的气体通入到反应液底部，靠气体逸出搅动物料，实验室通常用氮气，工业生产中常用空压机向反应液鼓入空气。

常用的机械搅拌装置见图2-5。其中，图2-5A是可以同时进行搅拌、回流和测量反应温度的装置，图2-5B是可以同时进行搅拌、回流和滴加反应物的装置，图2-5C是可以同时进行搅拌、回流、滴加反应物，还可测定反应温度的装置。

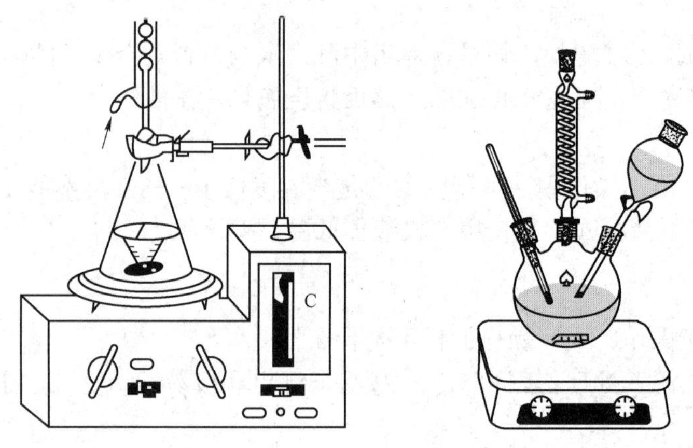

图2-4　磁力搅拌装置

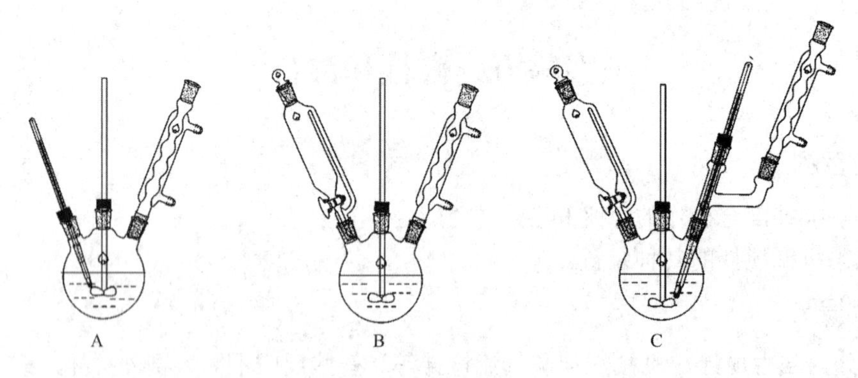

图2-5　机械搅拌装置

为避免有机化合物蒸气或反应中生成的有害气体污染实验室空气，在搅拌装置中要采用合适的密封装置。常见的如图2-6所示。其中，图2-6A为简易密封装置，图2-6B为搅拌接头密封装置，图2-6C为标准磨口密封装置，图2-6D为液体密封装置。液体密封装置中常用水银做密封剂，使用时转速不能太快。

搅拌所用的搅拌棒有各种形状和各种规格的玻璃搅拌棒、不锈钢搅拌棒，以及耐强酸

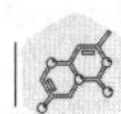

强碱的聚四氟乙烯搅拌棒。

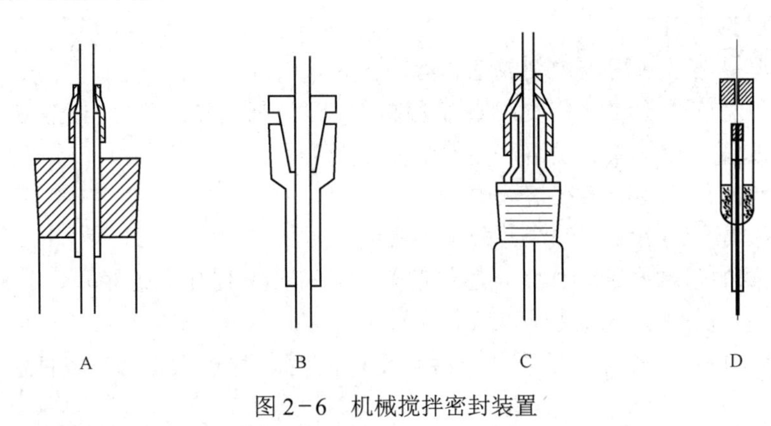

图 2-6　机械搅拌密封装置

【附注与注意事项】

在使用磁力搅拌器或机械搅拌器进行搅拌时，有时需要较高的加热温度，这时可采用油浴的方式进行加热。其装置中需要一个交流调压器、电子继电器、加热圈或加热棒、电接点温度计等仪器，以及耐高温硅油或导热油。值得注意的是，高温加热反应时，一是使用人员不得离开，二是耐高温硅油使用久了会冒烟，若发现冒烟，就必须更换硅油，否则很容易引起火灾。

【思考题】

1. 搅拌有什么意义？
2. 磁力搅拌和机械搅拌各适用于哪些情况？

第二节　反应混合物的分离与提纯

实验六　重结晶和抽气过滤

【实验目的】

1. 了解有机物重结晶提纯的原理和应用。
2. 掌握有机物重结晶提纯的基本步骤和操作方法。

【实验提要】

将欲提纯的物质在较高温度下溶于合适的溶剂中制成饱和溶液，趁热将不溶物滤去，在较低温度下结晶析出，而可溶性杂质留在母液中，这一过程称为重结晶。其原理就是利用物质中各组分在同一溶剂中的溶解性能不同而将杂质除去。

从有机反应中分离出的固体有机化合物往往是不纯的，必须经过重结晶等方法提纯才能得到纯品。根据物质的熔程可判断物质的纯度。

1. 重结晶操作的一般过程

（1）选择适当的溶剂。

（2）将粗产品溶于热溶剂中制成饱和溶液。

（3）趁热过滤除去不溶性杂质，如溶液颜色较深，则应先脱色，再趁热过滤。

（4）将此滤液冷却，或蒸发溶剂，使结晶慢慢析出，而杂质则留在母液中，或者杂质析出，而欲提纯的化合物则溶在溶液中。

（5）抽气过滤分离母液，洗涤并分出结晶或杂质。

2. 溶剂选择的基本原则 作为合适的溶剂，要符合下列几个条件。

（1）与欲提纯的物质不起化学反应。

（2）对欲提纯的有机物质必须具备溶解度在温度高时较大，而在较低温度时则较小的特性。

（3）对杂质的溶解度非常大或非常小，溶解度大者使杂质留在母液中，不与被提纯物一起析出结晶；溶解度小者使杂质在热过滤时被除去。

（4）对欲提纯的物质能生成较整齐的晶体。

（5）溶剂的沸点，不宜太低，也不宜太高。当过低时，溶解度改变不大，操作又不易；当过高时，附着于晶体表面的溶剂不易除去。

在几种溶剂同时可供选择时，则应根据结晶的回收率、操作的难易、易燃性和价格等因素来选择。

常用的重结晶溶剂见表 2-2。

表 2-2　常用的重结晶溶剂

溶剂	沸点（℃）	冰点（℃）	比重	与水的混溶性	易燃性
水	100	0	1.00	+	0
甲醇	64.96	<0	0.79	+	+
95%乙醇	78.1	<0	0.80	+	+ +
冰醋酸	117.9	16.7	1.05	+	+
丙酮	56.2	<0	0.79	+	+ + +
乙醚	34.51	<0	0.71	−	+ + + +
石油醚	30～60	<0	0.64	−	+ + + +
乙酸乙酯	77.06	<0	0.90	−	+ +
苯	80.1	5	0.88	−	+ + + +
氯仿	61.7	<0	1.48	−	0
四氯化碳	76.54	<0	1.59	−	0

【实验步骤】

1. 溶剂的选择 在重结晶时需要知道使用哪一种溶剂最合适，以及欲提纯物质在该溶剂中的溶解情况。一般化合物可以查阅手册或辞典中的溶解度数据或通过试验来决定采用什么溶剂。

选择溶剂时，必须考虑被溶物质的成分与结构。因为溶质往往易溶于结构与其近似的溶剂中。极性物质较易溶于极性溶剂，而难溶于非极性溶剂中。例如含羟基的化合物，在

大多数情况下或多或少地能溶于水中；碳链增长，如高级醇，在水中的溶解度显著降低，但在碳氢化合物中，其溶解度却会增加。

溶剂的最后选择，需用实验方法决定。其方法是，取 0.1g 待结晶的固体粉末于一小试管中，用滴管逐滴加入溶剂，并不断振荡。若加入的溶剂量达 1ml 仍未见全溶，可小心加热混合物至沸腾（必须严防溶剂着火！）。若此物质在 1ml 冷的或温热的溶剂中已全溶，则此溶剂不适用。如果该物质不溶于 1ml 沸腾溶剂中，则继续加热，并分批加入溶剂，每次加 0.5ml 并加热使沸。若加入溶剂量达到 4ml，而物质仍然不能溶解，则必须寻求其他溶剂。如果该物质能溶解在 1～4ml 的沸腾的溶剂中，则将试管进行冷却观察结晶析出情况，如果结晶不能自行析出，可用玻璃摩擦溶液面下的试管壁，或再辅以冰水冷却，以使结晶析出。若结晶仍不能析出，则此溶剂也不适用。如果结晶能正常析出，应注意析出的量，几种溶剂用同法比较后可以选用结晶收率最好的溶剂来进行重结晶。

2. 溶解及趁热过滤　通常将待结晶物质置于锥形瓶中，加入较需要量稍少的适宜溶剂，加热到微微沸腾。溶剂需要量是根据所查的溶解度数据或通过溶解度试验得到的结果，经计算得到。若未完全溶解，再适当补加，要注意判断是否有不溶性杂质存在，以免误加过多的溶剂。要使重结晶得到的产品纯净且回收率高，溶剂的用量是关键。虽然从减少溶解损失来考虑，溶剂应尽可能避免过量；但在热过滤时会引起很大的麻烦和损失，特别是当待结晶物质的溶解度随温度变化很大时更是如此。因而要根据这两方面的损失来权衡溶剂的用量，一般可比需要量多加 20%左右的溶剂。

为了避免溶剂挥发、可燃溶剂着火或有毒溶剂中毒，应在锥形瓶上装置回流冷凝管，添加溶剂可由冷凝管上端加入。根据溶剂的沸点和易燃性，选择适当的热浴加热。当物质全部溶解后，即可趁热过滤。若溶液中含有色杂质，则要加活性炭脱色，这时应移去热源，使溶液冷却后，再加入活性炭，继续煮沸 5～10 分钟，再趁热过滤。

过滤易燃溶液时，附近的火源必须熄灭。为了较快过滤，可选用颈短而粗的玻璃漏斗，这样可避免晶体在颈部析出而造成阻塞。而且在过滤前，应把漏斗放在烘箱中预先烘热，待过滤时将漏斗取出放在铁架上的铁圈中，或放在盛滤液的锥形瓶上，如图 2－7A 为用水作溶剂的一种热过滤装置，盛滤液的锥形瓶用小火加热，产生的热蒸气可使玻璃漏斗保温。但要特别注意，在过滤有易燃溶剂的溶液时，切不可用明火加热。在漏斗中放一折叠滤纸，折叠滤纸向外突出的棱边，应紧贴于漏斗壁上。在过滤即将开始前，先用少量热的溶剂湿润，以免干滤纸吸收溶液中的溶剂使结晶析出而堵塞滤纸孔。过滤时，漏斗上应盖表面皿（凹面向下），以减少溶剂的挥发。盛滤液的容器一般用锥形瓶，只有水溶液才可收集在烧杯中。如过滤进行得很顺利，常只有很少的结晶在滤纸上析出。如果结晶在热溶剂中溶解度很大，则可用少量热溶剂洗下，否则应弃之，以免得不偿失。若结晶较多时必须用刮刀刮下加到原来的瓶中，再加适量的溶剂溶解并过滤。滤毕后，装有滤液的锥形瓶用洁净的木塞或橡皮塞塞住，也可用塑料膜严密遮掩，放置一旁缓慢冷却析晶。

如果溶液稍冷却就会析出结晶，或过滤的溶液量较多，则最好使用热水漏斗，如图 2－7B。热水漏斗要用铁夹固定好并预先将开水或其他热溶剂注入夹套中，再用酒精灯加热保温。在过滤易燃有机溶剂时一定要熄灭火焰！

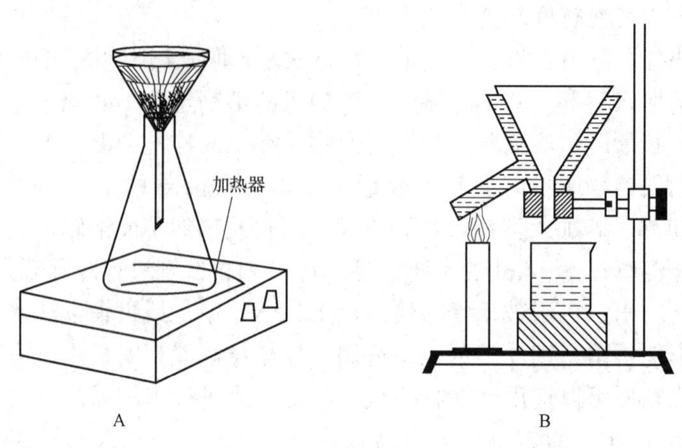

图 2-7　热过滤装置

活性炭的使用：粗制的有机化合物常含有色杂质。在重结晶时杂质虽可溶于沸腾的溶剂中，但当冷却析出结晶时，部分杂质又会被结晶吸收，使得产物有色。有时在溶液中存在某些树脂状物质或不溶性杂质的均匀悬浮体，使得溶液有些浑浊，常常不能用一般的过滤方法除去。如果在溶液中加入少量活性炭，并煮沸 5～10 分钟，要注意活性炭不能加到已沸腾的溶液中，以免溶液暴沸而自容器冲出。活性炭可吸附有色杂质、树脂状物质以及均匀分散的物质。趁热过滤除去活性炭，冷却溶液便能得到较好的结晶。活性炭在水溶液中进行脱色的效果较好，它也可在任何有机溶液中使用，但在烃类非极性溶剂中效果较差。除用活性炭脱色外也可采用柱色谱来除去杂质。

使用活性炭时，必须避免用量太多，因为它也能吸附一部分纯化的物质。所以活性炭的用量应视杂质的多少而定。一般为干燥粗产品重量的 1%～5%，假如这个比例的活性炭不能使溶液完全脱色，则可再用 1%～5%的活性炭重复上述操作。过滤时选用的滤纸要紧密贴在布氏漏斗上，以免活性炭透过滤纸进入溶液中。

折叠滤纸的方法：将选定的圆滤纸（方滤纸可在折好后再剪），按图 2-8A 先一折为二，再沿 2、4 折成四分之一。然后将 1、2 的边沿折至 4、2，2、3 的边沿折至 2、4，分别在 2、5 和 2、6 处产生新的折纹。继续将 1、2 折向 2、6，2、3 折向 2、5，分别得到 2、7 和 2、8 的折纹，见图 2-8B。同样，在 2、3 对 2、6，1，2 对 2、5 分别折出 2、9 和 2、10 的折纹，见图 2-8C。最后在八个等分的每一小格中间以相反方向折成 16 等分，见图 2-8D，结果得到折扇一样的排列。再在 1、2 和 2、3 处各向内折一小折面，展开后即得到折叠滤纸，或称扇形滤纸，见图 2-8E。在折纹集中的圆心处折时切勿重压，否则滤纸的中央在过滤时容易破裂。在使用前，应将折好的滤纸翻转并整理好后再放入漏斗中，这样可避免被手指弄脏的一面接触滤过的滤液。

3. 冷却析晶　将滤液在冷水浴中迅速冷却并剧烈搅动时，只能得到颗粒很小的晶体。小晶体包含杂质较少，但其表面积较大，吸附于其表面的杂质较多。若希望得到均匀而较大的晶体，可将滤液（如在滤液中已析出结晶，可加热使之溶解）在室温或保温下静置使之缓慢冷却析晶。

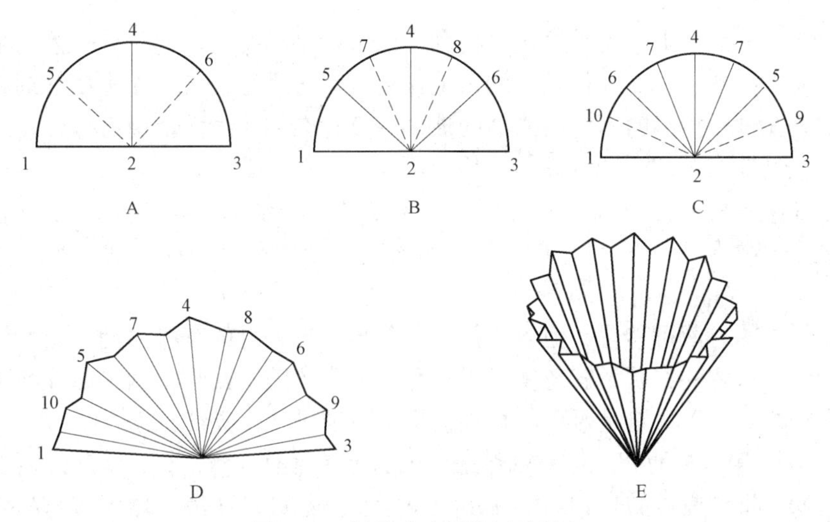

图 2-8　折叠式滤纸的折叠顺序

有时由于滤液中有焦油状物质或胶状物存在，使结晶体不易析出，或有时因形成过饱和溶液也不析出结晶。在这种情况下，可用玻璃摩擦器壁以形成粗糙面，使溶质分子呈定向排列而形成结晶的过程较在平滑面上迅速和容易；或者投入晶种（同一物质的晶体，若无此物质的晶体，可用玻璃蘸一些溶液稍干后即会析出结晶）。供给定型晶核，使晶体迅速形成。

有时被纯化的物质呈油状析出，油状物长时间静置或足够冷却后虽也可以固化，但这样的固体往往含有较多杂质（杂质在油状物中溶解度常较在溶剂中溶解度大；其次，析出的固体中还会包含一部分母液），纯度不高，用溶剂大量稀释，虽可防止油状物生成，但将使产物大量损失。这时可将析出油状物的溶液加热重新溶解，然后慢慢冷却，当油状物析出时便可剧烈搅拌混合物，使油状物在均匀分散的状况下固化，这样包含的母液就大大减少，但最好还是重新选择溶剂，使之能得到晶形的产物。

4. 抽气过滤　为了把结晶从母液中分离出来，必须抽气过滤。一般抽气过滤装置由装有布氏漏斗的过滤瓶、缓冲安全瓶及真空源组成，如图 2-9 所示。抽滤瓶的侧管用耐压橡皮管和安全瓶相连；安全瓶再与水泵等真空源相连。真空源可以是抽气泵、水泵、油泵或其他能产生真空的装置。

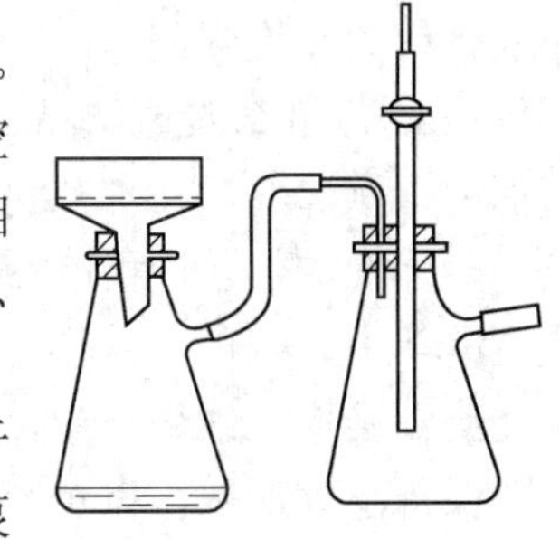

图 2-9　抽滤装置

布氏漏斗中铺的圆形滤纸要剪得比漏斗内径略小，使紧贴于漏斗的底壁。在抽滤前先用少量溶剂把滤纸润湿，然后打开水泵将滤纸吸紧，防止固体在抽滤时自滤纸边沿吸入瓶中。借玻棒之助，将容器中液体和晶体分批倒入漏斗中，并用少量滤液洗出黏附于容器壁上的晶体，关闭水泵前，先将抽滤瓶与水泵间连接的橡皮管拆开，或将安全瓶上的活塞打开接通大气，以免水倒流入吸滤瓶内。

布氏漏斗中的晶体要用溶剂洗涤，以除去存在于结晶表面的母液，否则干燥后结晶仍不纯。用重结晶的同一溶剂进行洗涤，用量应尽量少，以减少溶解损失。洗涤的过程是将抽气暂时停止，在晶体上加少量溶剂，用刮刀或玻棒小心搅动，使所有晶体润湿，注意不要使滤纸松动。静置一会儿，待晶体均匀地被浸湿后再进行抽气，为了使溶剂和结晶更好地分开，最好在进行抽气的同时用清洁的玻璃塞倒置在结晶表面上用力挤压，以尽量抽除溶剂，一般重复洗涤 1～2 次即可。

如重结晶溶剂的沸点较高，在用原溶剂至少洗涤一次后，可用低沸点的溶剂洗涤，使最后的结晶产物易于干燥，但要注意所用溶剂必须能和第一种溶剂互溶而对晶体不溶或微溶。

抽滤后所得的母液可移置其他容器中统一收集。较大量的有机溶剂，一般应用蒸馏法回收。如母液中溶解的物质不容忽视，可将母液适当浓缩。回收得到一部分纯度较低的晶体，测定它的熔点，以决定是否可供直接使用，或需进一步提纯。

5. 结晶的干燥　抽滤和洗涤后的结晶，表面上还附有少量溶剂。因此尚需要用适当的方法进行干燥。重结晶后的产物需要测熔点来检验其纯度。在测定熔点前，晶体必须充分干燥，否则熔点会下降。固体的干燥方法很多，可根据重结晶所用的溶剂及结晶的性质来选择。

（1）空气晾干　将抽干的固体物质转移到表面皿上铺成薄薄的一层，再用一张滤纸覆盖以免灰尘沾污，然后在室温下放置，一般要经过几天后才能彻底干燥。

（2）烘干　一些对热稳定的化合物可以在低于该化合物熔点 15～20℃的温度下进行烘干。实验室中常用红外线灯、烘箱或蒸气浴进行干燥。必须注意的是，由于溶剂的存在，结晶可能在较其熔点低很多的温度时就开始熔融了，因此必须十分注意控制温度并应经常翻动晶体。

（3）滤纸吸干　有时晶体吸附的溶剂在过滤时很难抽干，这时可将晶体放在二、三层滤纸上，上面再用滤纸挤压以吸出溶剂。此法的缺点是晶体上易沾污一些滤纸纤维。

（4）置干燥器中干燥。

判断干燥与否通常采用恒重法，即相隔一定干燥时间的两次称重之差不大于所用天平或台秤的允许误差。

6. 乙酰苯胺重结晶　称取 4g 不纯的乙酰苯胺，放置于 250ml 锥形瓶中，加入 110ml 水和 1 颗沸石，在加热包中或电炉上加热至沸，使乙酰苯胺完全溶解。

停止加热，待稍冷后加入 0.2g 活性炭。再加热至微沸 5～10 分钟。将短颈漏斗置入保温漏斗中，安放在铁环上，将折叠滤纸放入漏斗上，并用少量热水润湿。将上述溶液趁热过滤到锥形瓶或烧杯中，每次倒入漏斗的液体不要太满。过滤过程中，热水漏斗和溶液分别保持小火加热，以免冷却。滤液在室温时缓慢冷却，乙酰苯胺结晶析出。抽气过滤，用玻璃塞挤压晶体，继续抽滤，尽量把母液抽干，然后从吸滤瓶上拔去橡皮管，并关闭水泵，在布氏漏斗上加少量冷水，用玻璃棒均匀翻动，使晶体全部润湿，再打开水泵接上橡皮管抽滤至干，如此重复 2 次，取出晶体，放在表面皿上晾干或烘干，称量，计算回收率。

【思考题】

1. 重结晶要经过哪些步骤？
2. 重结晶如何选择溶剂，应注意什么？

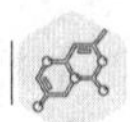

3. 如何证明经重结晶之后的产品是否纯净？

4. 在使用布氏漏斗过滤之后洗涤产品的操作中，要注意哪些问题？如果滤纸大于布氏漏斗底面时，会有什么问题？

5. 如何判断有机物是否干燥完全？

实验七　升　华

【实验目的】

1. 了解升华操作的原理和意义。
2. 熟悉实验室常用的升华方法。

【实验提要】

某些物质在固态时具有相当高的蒸气压，当加热时，不经过液态而直接气化，蒸气受到冷却又直接冷凝成固体，这一过程叫作升华。升华有常压升华、减压升华和低温升华等。

升华是提纯固体有机化合物的重要方法，如咖啡因、樟脑、蒽醌、苯甲酸、糖精等有机物的提纯，以及单质碘、金属镁、金属钐、三氯化钛等无机物的提纯。表 2-3 列出了樟脑和蒽醌的温度和蒸气压关系，它们在熔点之前，蒸气压已相当高，可以进行升华。

表 2-3　樟脑、蒽醌的温度和蒸气压的关系

樟脑（m.p.176℃）		蒽醌（m.p.285℃）	
温度（℃）	蒸气压（Pa）	温度（℃）	蒸气压（Pa）
20	19.9	200	239.4
60	73.2	220	585.2
80	1216.9	230	944.3
100	2666.6	240	1635.9
120	6397.3	250	2660
160	29100.4	270	6995.8

若固态混合物具有不同的挥发度，则可应用升华方法提纯。升华得到的产品一般具有较高的纯度。此法特别适用于纯化易潮解的物质。

升华法只能用于在不太高的温度下有足够大的蒸气压力（在熔点前高于 266.69Pa）的固态物质，因此有一定的局限性。在常压下可升华的有机物较少。

【实验步骤】

图 2-10 是常压下简单的升华装置，在瓷蒸发皿中盛装粉碎了的样品，上面用一个直径小于蒸发皿的漏斗覆盖，漏斗颈用棉花塞住，防止蒸气溢出，两者用一张穿有许多小孔（孔刺向上）的滤纸隔开，以免升华上来的物质再落到蒸发皿内。操作时，可用沙浴或其他热浴加热，小心调节火焰，控制浴温低于被升华物质的熔点，而让其慢慢升华。蒸气通过滤纸小孔，冷却后凝结在滤纸上或漏斗壁上。

若物质具有较高的蒸气压，可采用图 2－11 的装置。

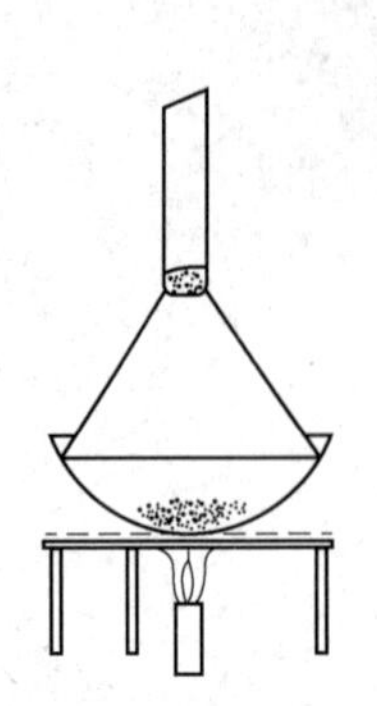

图 2－10　升华少量物质的装置图

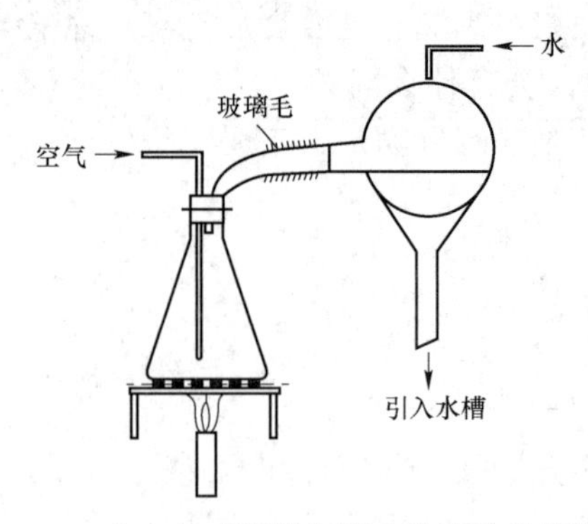

图 2－11　在空气或惰性气流中物质的升华装置

为了加快升华速度，可在减压下进行升华，减压升华法特别适用于常压下其蒸气压不大或受热易分解的物质，图 2－12 用于少量物质的减压升华。通常用油浴加热，并视其具体情况而采用油泵或水泵抽气。

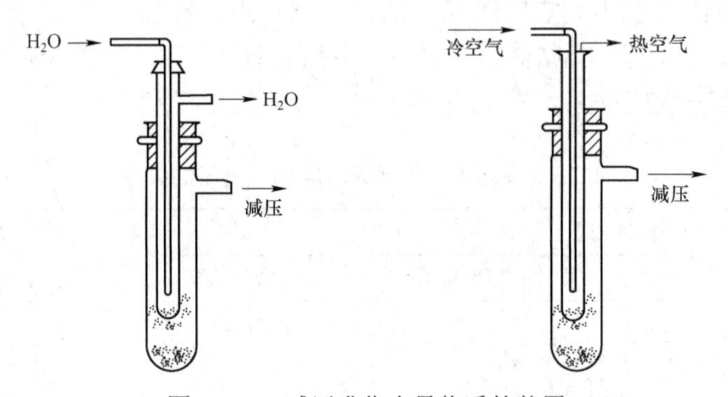

图 2－12　减压升华少量物质的装置

【附注与注意事项】

1. 可在石棉网上铺一层厚约 1cm 的细砂代替沙浴。
2. 用小火加热必须留心观察，当发觉开始升华时，小心调节火焰，让其慢慢升华。

【思考题】

1. 哪些物质适合用升华法提纯？
2. 如何进行减压升华？

实验八　常压蒸馏和沸点测定

【实验目的】

1. 了解沸点测定的意义和常压蒸馏原理。
2. 掌握常量法及微量法测定沸点的方法。

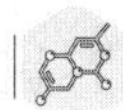

【实验提要】

在一个大气压下，物质的气液相平衡点称为物质的沸点。蒸馏就是将物质变为它的蒸气，然后将蒸气移到别处，使它冷凝变为液体或固体的一种操作过程。蒸馏的原理是利用物质中各组分的沸点差别而将各组分分离。

当液态物质受热时，蒸气压增大，待蒸气压大到和大气压或所给的压力相等时，液体沸腾，即达到沸点。每种纯液态有机化合物在一定压力下具有固定的沸点，常为1～2℃，若有杂质存在，则沸点有时升高、有时降低。利用蒸馏可将沸点相差较大（至少大于30℃）的液态化合物分开。

将沸点差别较大的液体蒸馏时，沸点较低者先蒸出，沸点较高者随后蒸出，不挥发的留在蒸馏器内，即可达到分离和提纯的目的。因此，蒸馏为分离和提纯液态有机化合物常用的方法，是重要的基本操作，必须熟练掌握。在蒸馏沸点比较接近的混合物时，各种物质的蒸气将同时蒸出，只不过低沸点的多一些，故难于达到分离和提纯的目的，此时只能借助于分馏（参见实验十一）。纯液态有机化合物在蒸馏过程中沸点范围（即沸程）很小（0.5～1℃）。蒸馏也可以用来测定沸点，用蒸馏法测定沸点叫常量法，此法蒸馏物用量较大，要10ml以上，若样品较少时，可采用半微量法。

为了消除在蒸馏过程中的过热现象和保证沸腾的平稳状态，常加入素烧瓷片或沸石，或一端封口的毛细管，因为它们都能防止加热时的暴沸现象，故把它叫作止暴剂，或叫作助沸剂。

在加热蒸馏前就应加入止暴剂。当加热后发觉未加止暴剂或原有止暴剂失效时，千万不能匆忙地投入止暴剂。因为当液体在沸腾时投入止暴剂，将会引起止暴剂中的空气猛烈地暴沸，液体容易冲出瓶口，若是易燃的液体，还会引起火灾。所以，应使沸腾的液体冷却至沸点以下后才能加入止暴剂。如蒸馏中途停止，随后需要继续蒸馏，也必须在加热前补添新的止暴剂，方可安全。

【实验步骤】

1. 蒸馏装置及安装　图2－13为常压蒸馏最常用的装置。这些装置由蒸馏瓶、温度计、冷凝管、接液管和锥形瓶组成。

根据蒸馏物的量选择大小合适的蒸馏瓶，一般是使蒸馏物的体积占蒸馏瓶体积的1/3～2/3。温度计通过温度计套管或者通过木塞或橡皮塞插入瓶颈中央，其水银球上限应和蒸馏瓶支管的下限在同一水平线上，如图2－13A的右上角。非磨口蒸馏瓶的支管通过木塞或橡皮塞与冷凝管相连，支管口应伸出木塞或橡皮塞2～3cm。作水冷凝管时，其外套中通水（冷凝管下端的进水口用橡皮管接至自来水龙头，上端的出水口以橡皮管导入水槽），上端的出水口应向上，可保证套管中充满水，使蒸气在冷凝管中冷凝成为液体。冷凝管下端通过木塞或橡皮塞和接收液体的导管（接液管）相连。接液管下端伸入作为接收馏液用的锥形瓶中。接液管和锥形瓶间不可用塞子塞住，而应与外界大气相通。蒸馏瓶置于三脚架或铁圈的石棉网上。

在安装仪器前首先选择合适规格的仪器，配妥各连接处的木塞或橡皮塞。如果选用磨口仪器，则选用口径标号相同的仪器。安装的顺序一般是先从热源处（加热包、煤气灯或

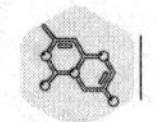

电炉）开始，然后“由下而上，由左到右（或由右到左）”，依次安放三脚架或铁圈（以电炉为热源时可不用）、石棉网（或水浴、油浴）和蒸馏瓶等等。蒸馏瓶用铁夹垂直夹好，安装冷凝管时应先调整它的位置使与蒸馏瓶支管同轴，然后松开冷凝管铁夹，使冷凝管沿此轴移动和蒸馏瓶相连，这样才不致折断蒸馏瓶支管。各铁夹不应夹得太紧或太松，以夹住后稍用力尚能转动为宜。铁夹内要垫以橡皮等软性物质，以免夹破仪器。安装的整个装置要求准确端正，无论从正面或侧面观察，全套仪器中个别仪器的轴线都要在同一平面内。所有的铁夹和铁架都应尽可能整齐地放在仪器的背部。

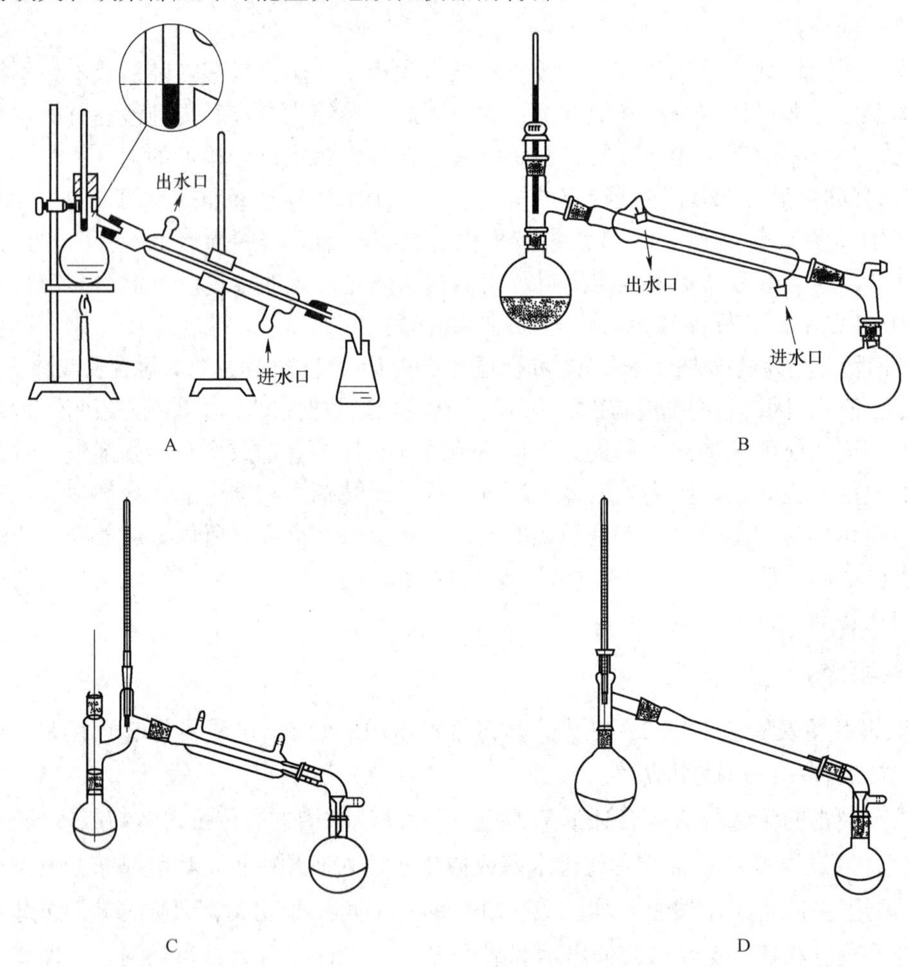

图 2-13　常用蒸馏装置

A. 普通蒸馏装置；B. 标准磨口蒸馏装置；C. 克氏蒸馏头蒸馏装置；D. 空气冷凝蒸馏位置

2. 蒸馏操作　本实验用不纯乙醇 30ml，放在 50ml 圆底烧瓶中蒸馏，并测定沸点。

加料：将待蒸馏液通过玻璃漏斗或直接沿着面对支管口的瓶颈壁小心倒入蒸馏瓶中。要注意不使液体从支管流出。加入 1～2 粒沸石，塞好带温度计的塞子。再一次检查仪器的各部分连接是否紧密和妥善。

加热：用水冷凝管时，先由冷凝管下口缓缓通入冷水，自上口流出引至水槽中，然后

开始加热（选用加热包、水浴、油浴或用石棉网加热，视具体情况而定）。加热时可以看到蒸馏瓶中液体逐渐沸腾，蒸气逐渐上升，温度计读数也略有上升。当蒸气的顶端到达温度计水银球部位时，温度计读数会急剧上升。这时应适当调小火焰或调整加热包或电炉的电压，使加热速度略为下降，蒸气顶端停留在原处使瓶颈上部和温度计受热，让水银球上液滴和蒸气温度达到平衡。然后再稍稍加大火焰，进行蒸馏。控制加热，调节蒸馏速度，通常以 1～2 滴/秒为宜。在整个蒸馏过程中，应使温度计水银球上常有被冷凝的液滴，此时的温度即为液体与蒸气平衡时的温度，温度计的读数就是液体（馏出液）的沸点。蒸馏时加热速度不能过快，否则会在蒸馏瓶的颈部造成过热现象，使一部分液体的蒸气直接受热，这样由温度计读得的沸点会偏高；另一方面，蒸馏也不能进行得太慢，否则由于温度计水银球不能为馏出液的蒸气充分浸润而使温度计上所读得的沸点偏低或不规则。

观察沸点及收集馏液：进行蒸馏前，至少要准备两个接收器，因为在达到需要物质的沸点之前，常有沸点较低的液体先蒸出。这部分馏液称为“前馏分”或“馏头”。前馏分蒸完，温度趋于稳定后，蒸出的就是较纯的物质，这时应更换一个洁净干燥的接收器接收。记下这部分液体开始馏出时和馏出最后一滴时的温度读数，即是该馏分的沸程（沸点范围）。一般液体中或多或少含有一些高沸点杂质，在所需要的馏分蒸出后，若再继续升高加热温度，温度计读数会显著升高；若维持原来加热温度，就不会再有馏出液蒸出，温度会突然下降，这时就应停止蒸馏。即使杂质含量极少，也不要蒸干，以免蒸馏瓶破裂及发生其他意外事故。

蒸馏完毕，应先停火，然后停止通水，拆下仪器。拆除仪器的程序和装配的程序相反，先取下接收器，然后拆下接收管、冷凝管和蒸馏瓶。

液体的沸程常可代表其纯度。纯粹液体的沸程一般不超过 1～2℃。对于合成实验的产品，因大部分是从混合物中采用蒸馏法提纯，由于蒸馏方法的分离能力有限，故在普通的有机化学实验中收集的沸程较大。

【附注与注意事项】

1. 当蒸馏易挥发和易燃的乙醚、二硫化碳等物质时，不能用电炉、酒精灯、煤气灯等明火加热。否则，容易引起火灾，一般的加热操作用加热包。若没有加热包而要用热浴，沸点低于 80℃，用热水浴即可。

2. 蒸发有机溶剂均应用小口接收器，如锥形瓶等。接液管与接收器之间不能用塞子塞住，否则会造成封闭体系，引起爆炸事故。

【思考题】

1. 什么叫沸点，沸点与大气压有什么关系？

2. 在装置中，若把温度计水银球插在液面上或蒸馏烧瓶支管口上方，这样会导致什么问题？

3. 蒸馏时，放入止暴剂为什么能防止暴沸？如果加热后才发觉未加入止暴剂时，应该怎样处理才安全？

4. 加热后有馏液出来时，才发现冷凝管未通水，请问能否马上通水？如果不行，应怎么办？

5. 如果液体具有恒定的沸点，那么能否认为它是单纯物质？

实验九 水蒸气蒸馏

【实验目的】

1. 了解水蒸气蒸馏的原理及其应用。
2. 熟悉水蒸气蒸馏的主要仪器。
3. 掌握水蒸气蒸馏的装置及其操作方法。

【实验提要】

水蒸气蒸馏就是以水作为混合液的一种组分，将在水中基本不溶的物质以其与水的混合态在低于100℃时蒸馏出来的一种操作过程。简称汽馏。

1. 水蒸气蒸馏应用范围

（1）某些沸点较高的有机化合物，在常压蒸馏虽可与副产品分离，但被分离的物质易被破坏，如高温水解。

（2）混合物中含有大量树脂状杂质或不挥发杂质，采用蒸馏、萃取等方法都难以分离。

（3）从较多固体反应物中分离被吸附的液体。

2. 水蒸气蒸馏应用条件

（1）被提纯物质不溶或难溶于水。

（2）在共沸腾下被提纯物质与水不发生化学反应。

（3）在100℃左右时，被提纯物质必须具有一定的蒸气压，一般不小于10mmHg。

3. 水蒸气蒸馏原理

当有机物与水一起共热时，整个系统的蒸气压，根据分压定律，应为各组分蒸气压之和。即

$$P=P_{H_2O}+P_A$$

式中，P为总气压，P_{H_2O}为水蒸气压，P_A为与水不相溶物或难溶物质的蒸气压。

当总蒸气压（P）与大气压力相等时，则液体沸腾。显然，混合物的沸点低于任何一个组分的沸点。即有机物可在比其沸点低得多的温度下，安全地蒸馏分出，见表2-4。

表2-4 某些物质水蒸气蒸馏时的分压

有机物	沸点（℃）	$P_{H_2O（水）}$（mmHg）	$P_{A（有机物）}$（mmHg）	混合物沸点（℃）
乙苯	136.2	557	193.2	92
苯胺	184.4	717.5	42.5	98.4
硝基苯	210.9	738.5	20.1	99.2

伴随水蒸气馏出的有机物和水，两者的重量（W_A和W_{H_2O}）比等于两者的分压（P_A和P_{H_2O}）分别和两者的分子量（M_A和M_{18}）的乘积之比，因此，在馏出液中有机物质同水的

重量比可按下式计算：

$$W_A/W_{H_2O}=M_A\times P_A/18\times P_{H_2O}$$

例如，用水蒸气蒸馏1-辛醇和水的混合物，1-辛醇的沸点为195.0℃，1-辛醇与水的混合物在 99.4℃沸腾，纯水在 99.4℃时的蒸汽压为 744mmHg，在此温度下 1-辛醇的蒸气压为 760－744＝16mmHg，1-辛醇的分子量为130，在馏液中1-辛醇与水的重要比等于

$$W_A/W_{H_2O}=(16\times 130)/(744\times 18)=0.155\text{g/g 水}$$

每蒸出0.155g 1-辛醇，伴随蒸出1g水，即馏液中水占87%，1-辛醇占13%。

水蒸气蒸馏法的优点在于使所需要分离的组分，在较低的温度下从混合物中蒸馏出来，从而避免在常压下蒸馏时所造成的损失，提高分离提纯的效率。同时在操作和装置方面也较减压蒸馏简便，所以水蒸气蒸馏可以应用于分离和提纯有机物。

【实验步骤】

1. 实验装置　水蒸气蒸馏装置包括水蒸气发生器、蒸馏部分、冷凝部分和接收器等四个部分。图2－14所示的装置是实验室常用的水蒸气蒸馏装置。

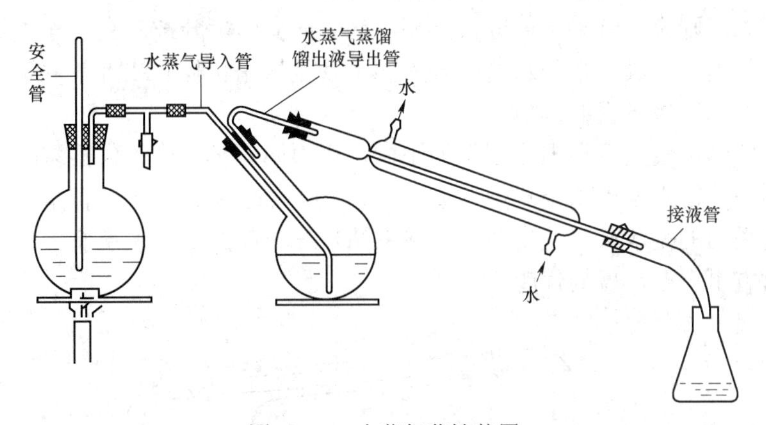

图2－14　水蒸气蒸馏装置

水蒸气发生器一般使用金属制成，如图2－15所示，也可用短颈圆底烧瓶代替。例如，1000ml 短颈圆底烧瓶作为水蒸气发生器，瓶口配一双孔软木塞或橡皮塞，一孔插入长1m、直径约为5mm的玻璃管作为安全管，另一孔插入内径约为8mm的水蒸气导出管。导出管与一个T形管相连，T形管的支管套上短橡皮管，橡皮管上用螺旋夹夹住，T形管的另一端与蒸馏部分的导管相连。这段水蒸气导管应尽可能短些，以减少水蒸气的冷凝。T形管用来除去水蒸气中冷凝下来的水，有时在操作发生不正常的情况时，可使水蒸气发生器与大气相通。

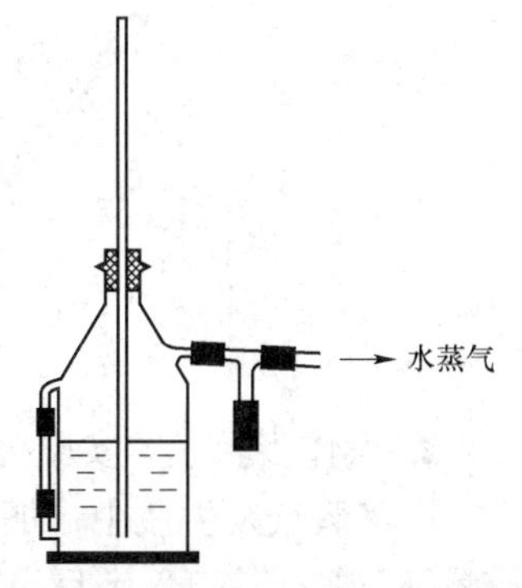

图2－15　金属制水蒸气发生器

蒸馏部分通常采用长颈圆底烧瓶，被蒸馏的液体量不能超过其容积的1/3，斜放在桌面成45°角，这样可以避免由于蒸馏时液体沸腾剧烈引起液体从导气管冲出，以至污染馏液。蒸气管的末端应弯曲，使其垂直并正对烧瓶中央，如图2－16所示。如果不斜放，则必须

采用克氏蒸馏头。

为了减少由于反复移换容器而引起的产物损失，常直接利用原来的反应器（即非长颈圆底烧瓶），按图 2－17 装置，进行水蒸气蒸馏。

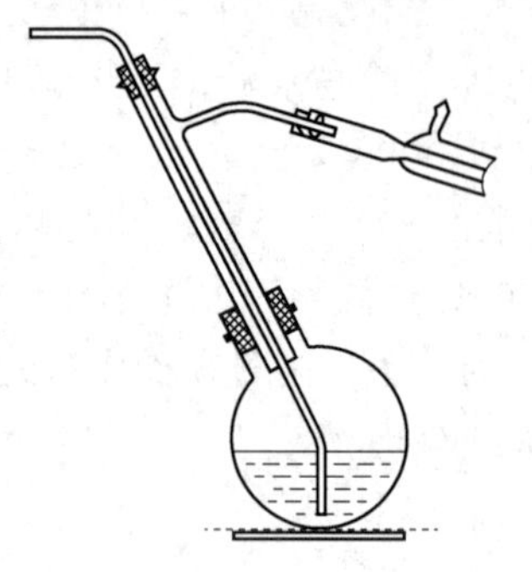

图 2－16　水蒸气蒸馏的蒸馏部分

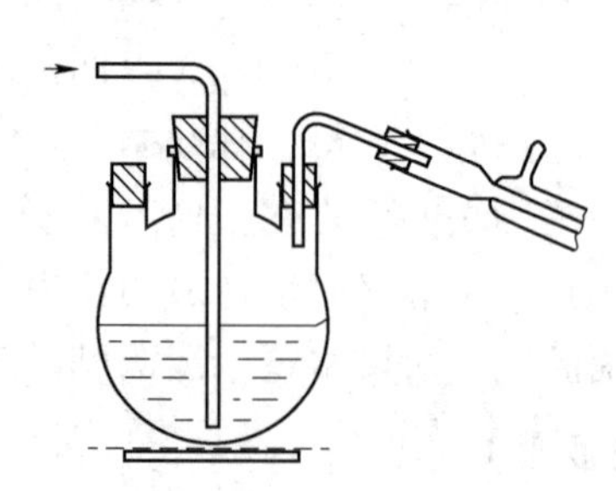

图 2－17　利用原反应容器进行水蒸气蒸馏

通过水蒸气发生器安全管中水面的高低，可以观察到整个水蒸气蒸馏系统是否畅通，若水面上升很高，则说明有某一部分被阻塞，这时应立即旋开螺旋夹，移去热源，拆下装置进行检查和处理。一般多数是水蒸气导入管下管被树脂状物质或者焦油堵塞。否则，就有发生塞子冲出和液体飞溅的危险。

上述水蒸气蒸馏装置可根据处理量的不同，用不同容量规格的仪器装配，但装拆时间长，热利用率低，常常要用两个热源，使用不方便。图 2－18 所示装置是一种改进型的装置。这种装置采用的是水蒸气发生瓶与蒸馏瓶熔接在一起的专用玻璃瓶，使用方便，热利用率高，省时省事，有显著的优越性。

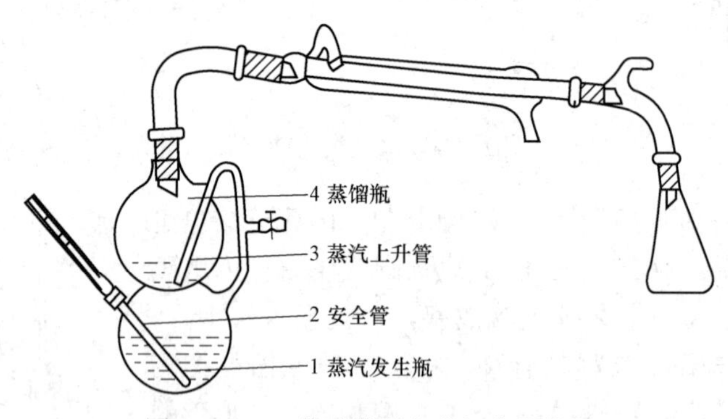

图 2－18　一种改进型水蒸气蒸馏装置

2. 操作步骤　本实验分离不纯冬青油，用量 5ml。

在水蒸气发生瓶中，加入约占容器 3/4 的开水，并加入 1 片素烧瓷。待检查整个装置不漏气（怎样检查？）后，旋开 T 形管的螺旋夹，加热至沸腾。当有大量水蒸气从 T 形管的支管冲出时，立即旋紧螺旋夹，水蒸气便进入蒸馏部分，开始蒸馏。在蒸馏过程中，如果由于水蒸气的冷凝而使烧瓶内液体量增加，以至超过烧瓶容积的 2/3 时，或者水蒸气蒸馏速度较慢时，则将蒸馏部分隔石棉网加热，但要注意瓶内沸腾情况，如果剧烈沸腾，则不应加热，以免发生意外。蒸馏速度为 2～3 滴/秒。

馏出物转移到分液漏斗中，静置，待两层液体完全分清后再分液。

【附注与注意事项】

1. 在蒸馏过程中，必须经常检查安全管中的水位是否正常，有无倒吸现象，蒸馏部分混合物溅飞是否严重。一旦发生不正常，应立即旋开螺旋夹，移去热源，找原因排除故障，当故障排除后，才能继续蒸馏。

2. 当馏出液无明显油珠，澄清透明时，便可停止蒸馏，必须先旋开螺旋夹，然后移开热源，以免发生倒吸现象。

【思考题】

1. 进行水蒸气蒸馏时，水蒸气导入管的末端为什么要插入到接近容器底部？
2. 水蒸气蒸馏可以分离哪些有机化合物？
3. 水蒸气蒸馏装置中，T 形管起什么作用？

实验十　减压蒸馏

【实验目的】

1. 了解物质沸点与压力的关系，掌握减压蒸馏的原理及其应用。
2. 认识减压蒸馏的主要仪器设备，掌握其安装和减压蒸馏的操作方法。

【实验提要】

在低于 1 个大气压下，对混合物进行蒸馏分离的操作叫减压蒸馏。

某些沸点较高的有机化合物在加热还未到沸点时往往发生分解或氧化现象，所以，不能用常压蒸馏。使用减压蒸馏便可避免这种现象的发生。因为蒸馏系统内的压力减少后，其沸点便降低，许多有机化合物的沸点当压力降低到 10～15mmHg 时，可以比其常压下的沸点降低 80～100℃，因此，减压蒸馏对于分离或提纯沸点较高或性质不够稳定的液态有机化合物具有特别重要的意义。所以，减压蒸馏亦是分离提纯液态有机物常用的方法。

在进行减压蒸馏前，应先查阅文献，了解该化合物在所选择的压力下相应的沸点，如果文献中缺乏此数据，可用下述经验规律大致推算，以供参考。当蒸馏在 10～15mmHg 下进行时，压力每相差 1mmHg，沸点相差 1℃。也可以从图 2－19“压力–沸点关系图”中查找，即从某一压力下的沸点便可近似地推算出另一压力下沸点。例如，水杨酸乙酯常压下的沸点为 234℃，减压至 15mmHg 时，沸点为多少度？可在图 2－19 中 B 线上找到 234℃的点，再在 C 线上找到 15mmHg 的点，然后再两点连一直线，该直线与 A 线的交点为 113℃，即水杨酸乙酯在 15mmHg 时的沸点，约为 113℃。

压力–沸点关系还可近似地从克劳修斯–克拉贝龙方程求出：

$$\log P = A + B/T$$

式中，P 为蒸气压，T 为沸点（绝对温度），A，B 为常数。以 $\log P$ 为纵坐标，$1/T$ 为横坐标作图，可以近似地得到一条直线。因此可从二组已知压力和温度推算出 A 与 B 的数值。再将所选择的压力代入上式算出液体的沸点。

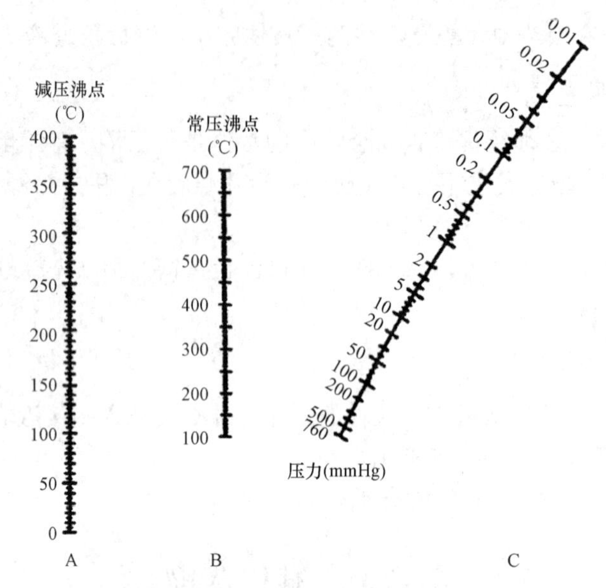

图 2-19　液体在常压下的沸点与减压下的沸点的近似关系图

表 2-5 提供了一些有机化合物在常压和不同压力下的沸点。

表 2-5　几种物质压力-沸点关系表

压力（mmHg） \ 沸点（℃） \ 化合物	水	氯苯	苯甲醛	水杨酸乙酯	甘油	蒽
760	100	132	179	234	290	354
50	38	54	95	139	204	225
30	30	43	84	127	192	207
25	26	39	79	124	188	201
20	22	34.5	75	119	182	194
15	17.5	29	69	113	175	186
10	11	22	62	105	167	175
5	1	10	50	95	156	159

【实验步骤】

1. 减压蒸馏装置　图 2-20A 和 B 是常用的减压蒸馏系统。整个系统可分为蒸馏、抽气减压、保护和测压装置等四部分。

（1）蒸馏部分　减压蒸馏瓶［又称克氏（Claisen）蒸馏瓶］，有两个颈，其目的是为了避免减压蒸馏时瓶内液体由于沸腾而冲入冷凝管中。瓶的一颈中插入温度计，另一颈中插入一根毛细管，长度为恰好使其下端距瓶底 1～2mm。毛细管上端有一段带螺旋夹的橡皮管，螺旋夹用于调节进入空气，使有极少量的空气进入液体呈微少气泡冒出，作为液体沸腾的气化中心，使蒸馏平稳进行，接收器用蒸馏瓶或抽滤瓶。如果用磁力搅拌，则不需毛细管。

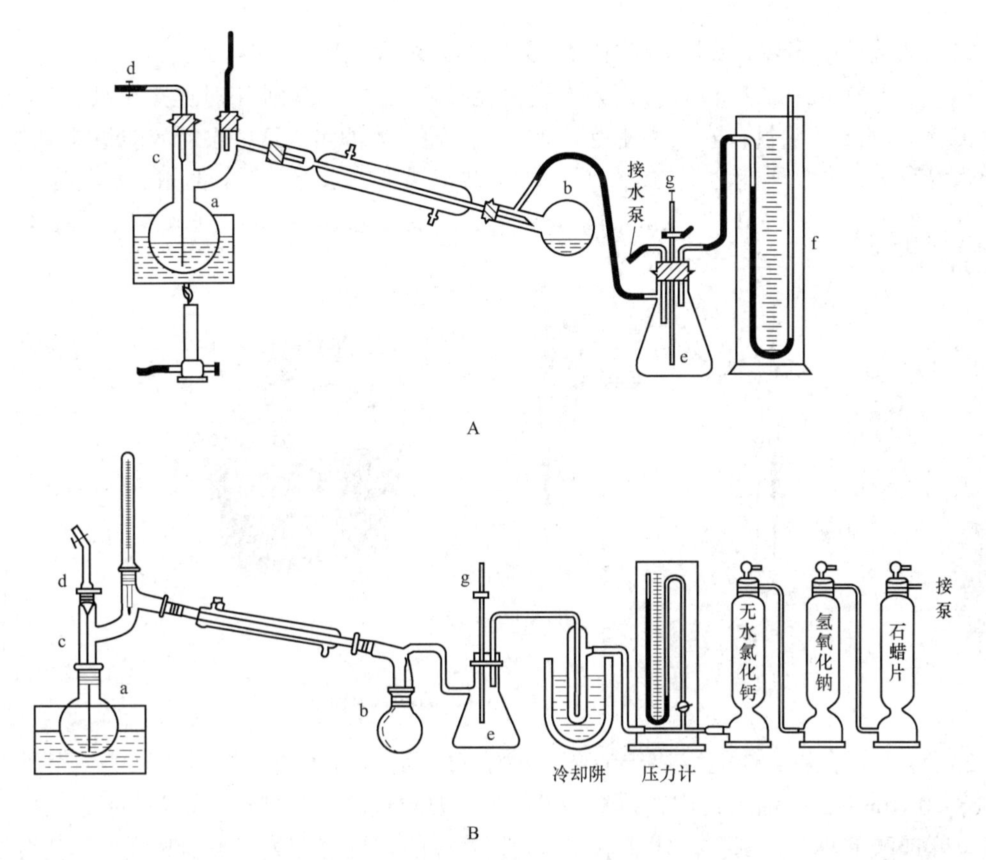

图 2－20　减压蒸馏装置

蒸馏时若要收集不同的馏分而又不中断蒸馏，则可用两尾或多尾接液管，如图 2－21 所示。多尾接液管的几个分支管用橡皮塞和作为接收器的圆底烧瓶（或厚壁试管，但切不可用平底烧瓶或锥形瓶）连接起来。转动多尾接液管，就可使不同的馏分流入指定的接收器中。

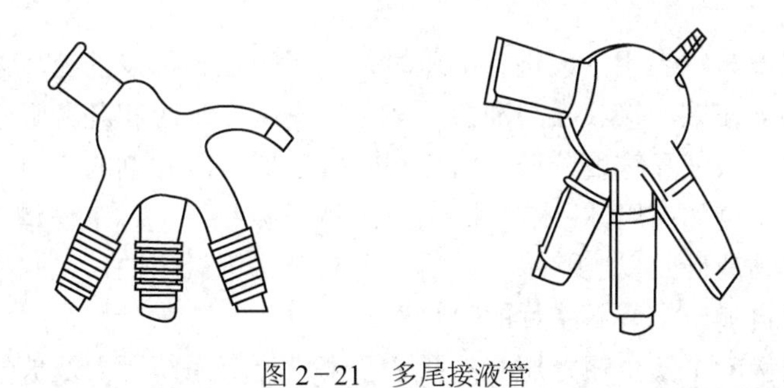

图 2－21　多尾接液管

根据蒸出液体的沸点不同，选用合适的热浴和冷凝管。如果蒸馏的液体量不多而且沸点甚高，或是低熔点的固体，也可不用冷凝管，而将克氏瓶的支管直接插入接收瓶的球形部分中。蒸馏沸点较高的物质时，最好用石棉绳或石棉布包裹蒸馏瓶的两颈，以减少散热。控制热浴的温度比液体的沸点高 20～30℃。

（2）抽气减压部分　实验室通常用水泵或油泵进行减压。

1）水泵　图 2-22A 和 B 分别为玻璃和金属制成的水泵，使用时连接在水龙头上。图 2-22C 是一种多接头循环水泵，使用时加水后接通电源即可。这些泵的效能与其构造、水压及水温有关。水泵所能达到的最低压力为当时室温下的水蒸气压。例如在水温为 6～8℃时，水蒸气压为 1000Pa（7～8mmHg）。在夏天，若水温为 30℃，则水蒸气压为 4200Pa（32mmHg）左右。

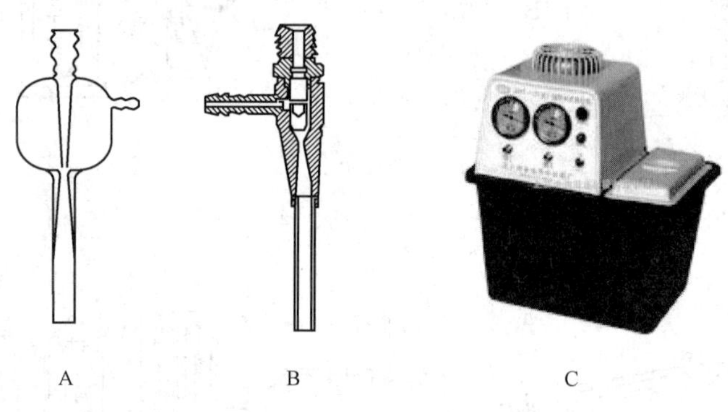

图 2-22　水泵图

A. 玻璃制；B. 金属制；C. 多接头循环水泵

2）油泵　油泵的效能取决于油泵机械结构以及油品质量。好的油泵能抽至真空度 13.3Pa（0.1mmHg）。油泵结构较精密，工作条件要求较严。蒸馏时，如果有挥发性的有机溶剂，水或酸的蒸气，都会损坏油泵。因为挥发性的有机溶剂蒸气被油吸收后，就会增加油的蒸气压，影响真空效能。而酸性蒸气会腐蚀油泵的机件，水蒸气凝结后与油形成浓稠的乳浊液，破坏了油泵的正常工作，因此使用时必须十分注意对油泵的保护。一般使用油泵时，系统的压力常控制在 665～1330Pa（5～10mmHg），因为在沸腾液体的表面上要获得 5mmHg 以下的压力比较困难。这是由于蒸气从瓶内的蒸气面逸出而经过瓶颈和支管（内径为 4～5mm）时，需要有 1～8mmHg 的压力差，如果要获得较低的压力，可选用短颈和支管粗的克氏蒸馏瓶

（3）保护装置部分　当用油泵进行减压时，为了防止易挥发的有机溶剂、酸性物质和水汽进入油泵，必须在馏液接收器与油泵之间顺次安装冷却阱和几种吸收塔，以免污染油泵用油，腐蚀机件，致使真空度降低。将冷却阱置于盛有冷却剂的广口保温瓶中，冷却剂的选择随需要而定，例如可用冰-水、冰-盐、干冰。吸收塔又称干燥塔，通常安装两个，前一个装无水氯化钙或硅胶以脱除水气，后一个装粒状氢氧化钠，以脱除酸气。有时为了吸除烃类气体，可再加一个装石蜡片的吸收塔。

在泵前还应连接一个安全瓶，瓶上的两通活塞供调节系统压力及放气之用。减压蒸馏的整个系统必须保持密封不漏气，所以选用橡皮塞的大小及钻孔都要十分合适。所有橡皮管最好用真空橡皮管。各磨口玻璃塞部位都应仔细地涂好真空脂。

（4）真空度测定部分　实验室通常采用水银压力计来测量减压系统的压力，图 2-23A 为封闭式水银压力计，两臂水银高度之差即为大气压力与系统中压力之差，因此蒸馏系统内的实际压力（真空度）应是大气压力（以 mmHg 表示）减去这一 Hg 差。

图 2-23B 为开口式水银压力计，两臂液面高度之差即为蒸馏系统中的真空度。测定压力时，可将管后木座上的滑动标尺的零点调整到右臂的 Hg 顶端线上，这时左臂的 Hg 顶端线所指示的刻度即为系统的真空度。开口式压力计较笨重，读数方式也较麻烦，但更准确，封闭式压力计比较轻巧、读数方便，但常常因为有残留空气，以致读数不够准确，常需用开口式压力计校正。使用时应避免水或其他污物进入压力计内，否则将严重影响其准确度。

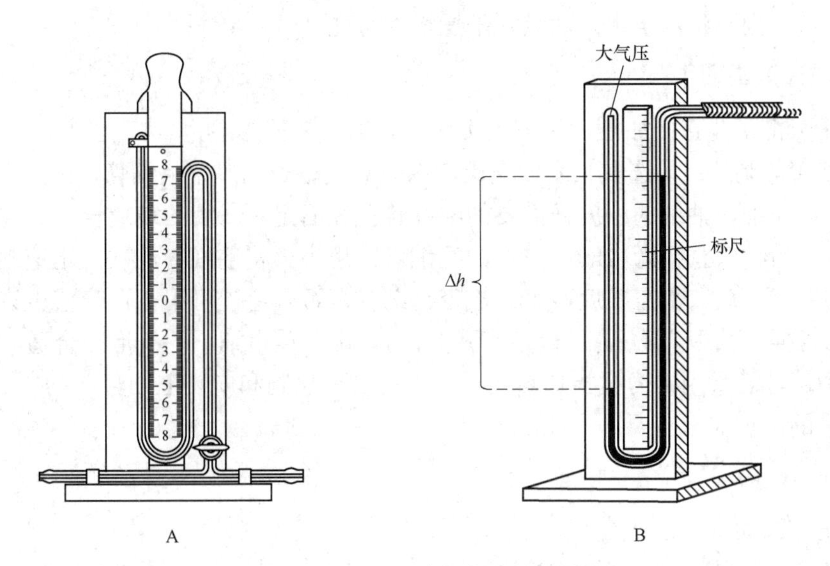

图 2-23 水银压力计

A. 封闭式；B. 开口式

2. 减压蒸馏操作 当被蒸馏物中含有低沸点的物质时，应先进行普通蒸馏，然后用水泵减压蒸去低沸点物，最后再用油泵减压蒸馏。

在克氏蒸馏瓶中，放置待蒸馏的液体（不超过容积的 1/2），按图 2-20 装配好仪器，旋紧毛细管上的螺旋夹，打开安全瓶上的二通活塞，然后开泵抽气（如用水泵，这时应开至最大流量）。逐渐关闭活塞，从压力计上观察系统所能达到的真空度。如果是因为漏气（而不是因为水泵、油泵本身效率的限制）而不能达到所需的真空度，可检查各部分塞子和橡皮管的连接是否紧密等。必要时可用熔融的固体石蜡密封（密封应在解除真空后才能进行）。如果超过所需的真空度，可小心地旋转活塞，使慢慢地引进少量空气以调节至所需的真空度。调节螺旋夹，使液体中有连续平衡的小气泡通过（如无气泡，可能因毛细管已堵塞，应予更换）。开启冷凝水，选用合适的热浴加热蒸馏。加热时，克氏瓶的圆球部位至少应有 2/3 浸入浴液中。在浴中放一温度计，控制浴温比待蒸馏液体的沸点高 20～30℃，使馏出速度为 1～2 滴/秒。在整个蒸馏过程中，应密切注意瓶颈上的温度计和压力的读数。时刻注意蒸馏情况，及时记录压力、沸点等数据。

纯物质的沸点范围一般不超过 1～2℃，假如起始蒸出的馏液比要收集物质的沸点低，则在蒸至接近预期的温度时需要调换接收器。可采用多尾接液管实现这种调换。

如果没有多尾接液管，也可先移去热源，取下热浴，待稍冷后，渐渐打开二通活塞，使系统与大气相通。一定要慢慢地旋开活塞，使压力计中的 Hg 缓缓地回复原状，否则，Hg 急速上升，有冲破压力计的危险。为此，可将活塞的上端拉成毛细管，即可避免。然后松开毛细管上的螺旋夹，防止液体吸入毛细管。切断油泵电源卸下接收瓶，装上另一洁净的接收瓶，再重复前述操作：开泵抽气，调节毛细管空气流量，加热收集所需产物。

蒸馏完毕与蒸馏过程中需要中断时（例如调换毛细管、接收瓶）相同，移去热源，撤去热浴，待稍冷后缓缓解除真空，使系统内外压力平衡后方可关闭油泵。否则，由于系统中的压力较低，则有将油泵中的油吸入干燥塔的可能。

【附注与注意事项】

1. 减压蒸馏不能直接加热，应按照实际情况选择某种热浴。

2. 毛细管的制法：①选取长度较克氏蒸馏瓶高度略长的厚壁毛细管，在其中一端用灯焰加热软化后拉细，抽细的程度视需要的毛细管孔径而定。②用一玻璃管，先将其一端用灯焰加热软化后拉成直径为 2mm 左右的毛细管，用小火将毛细管烧软，迅速地向两面拉伸，使成细发状，截取所需长度而可。检查毛细管是否合适，可用小试管盛少许丙酮或乙醚，将毛细管插入其中，吹入空气，若毛细管口冒出一连串细小的气泡即合适。

3. 蒸馏部分若采用磁力搅拌加热装置，则可省去拉制和安装毛细管。

4. 油泵的保护非常重要，为此，一定要连接保护系统。

【思考题】

1. 减压蒸馏的意义是什么？

2. 安装减压蒸馏装置应注意哪些事项？

3. 使用油泵要注意哪些事项？如何保护油泵？

4. 在减压蒸馏中为什么要有保护吸收装置，各种吸收装置的作用是什么？

实验十一　分　馏

【实验目的】

1. 了解分馏的原理和意义、分馏柱的种类和选用方法。

2. 熟悉实验室常见分馏的操作方法。

【实验提要】

应用分馏柱分离混合物中沸点相近的各组分的操作叫分馏。

分馏在化学工业和实验室中被广泛应用。现在最精密的分馏设备已经能将沸点相差仅 1～2℃的混合物分开。蒸馏和分馏分离混合物的原理相同。实际分馏就是多次蒸馏。

工业上最典型的分馏设备是分馏塔。在实验室中，则使用分馏柱。分馏柱的作用，是使沸腾的混合液的蒸气进入分馏柱时，由于柱外空气的冷却，蒸气中高沸点的组分就被冷却为液体，回流入蒸馏瓶中。因此，上升的蒸气中容易挥发组分的相对量便较多，而冷凝下来的液体含不易挥发组分的相对量也就较多，当冷凝液回流途中遇到上升的蒸气，二者进行热交换，上升蒸气中高沸点的组分又被冷凝，因此又增加了易挥发组分。如此在分馏

柱内反复进行气化、冷凝、回流等程序，当分馏柱的效率相当高且操作正确时，则在分馏柱上部逸出的蒸气接近于纯的易挥发的组分，而向下回流入蒸馏瓶的液体，则接近于难挥发的组分。

【实验步骤】

1. 简单分馏柱的形式　分馏柱的种类很多，一般实验室常用的分馏柱有如图 2-24 所示的几种。其中 2-24B 为韦氏（Vigreux）分馏柱，也叫刺形分馏柱，是最常用的分馏柱。

为了提高分馏柱的分馏效率，在分馏柱中装入具有较大表面积的填充物，填充物之间要保留一定的空隙，这样就可增加回流液体和上升蒸气的接触面。分馏柱底部常放一些玻璃丝以防止填充物下坠入蒸馏烧瓶中，如图 2-24C。分馏柱分馏效率的高低与柱的高度、绝热性能和填充物的类型等有关。

（1）分馏柱的高度　分馏柱越高，蒸气和冷凝液接触的机会越多，效率越高。但不宜过高，以免收集液量少，分馏速度慢。所以，分馏柱要选择适当的高度。

（2）填充物　柱中填料品种和式样很多，效率不同，在填装填料时要遵守适当紧密且均匀的原则。玻璃管填料（长约 20mm）效率较低。用金属丝绕成固定形状，效率较高。

（3）若将柱身裹以石棉绳、玻璃布等保温材料，控制加热速度，可以提高分馏效率。

2. 简单分馏装置和操作　简单分馏装置如图 2-25 所示，柱身用石棉绳保温。

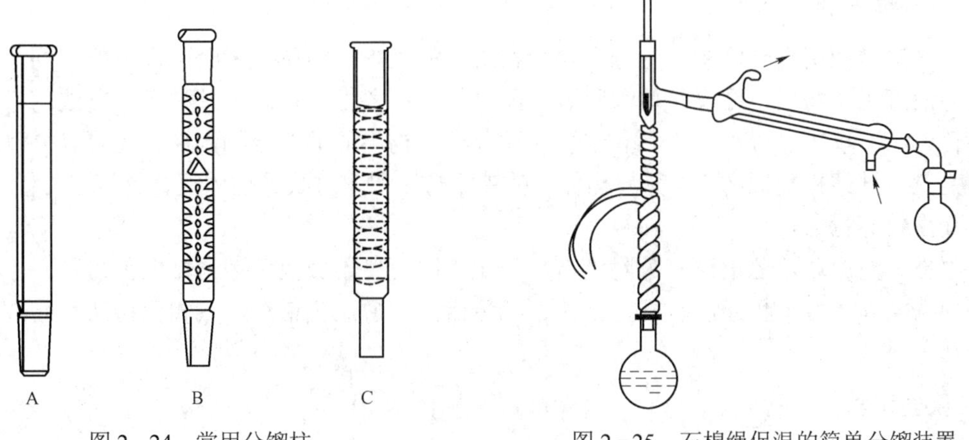

图 2-24　常用分馏柱

图 2-25　石棉绳保温的简单分馏装置

简单分馏操作和蒸馏操作大致相同。将待分馏的混合物放入圆底烧瓶中，加入 1 颗沸石，安装普通分馏柱，插入温度计。分馏柱支管和冷凝管相连。蒸馏液收集在锥形瓶中，柱外用石棉绳包住，这样可以减少柱内热量的散失，减少空气流动和室温的影响。选用合适的热浴加热，液体沸腾后要注意调节浴温，使蒸气慢慢升入分馏柱中，10～15 分钟后，蒸馏组分气体到达柱顶，可用手摸柱壁，如若烫手表示蒸气已到达该处。在有馏出液滴出后，调节浴温使蒸出液体的速度控制在每二至三秒钟一滴，这样可以达到比较好的分馏效果。待低沸点组分蒸完后，再渐渐升高温度。当第二个组分蒸出时会产生沸点的迅速上升。上述情况是假定分馏体系有可能将混合物的组分进行严格分馏，如果不是，一般则有相当大的中间馏分。

【附注与注意事项】

1. 分馏要缓慢进行，要控制好恒定的速度。

2. 要有相当量的液体自柱流回蒸馏瓶中，即要选择合适的回流比。回流比是指在单位时间内，由柱顶冷凝返回柱中液体的量与蒸出物量之比。

3. 要减少分馏柱的热量散失和波动。

【思考题】

1. 分馏和蒸馏在原理和装置上有哪些异同？

2. 是否可以将分馏柱顶上温度计的水银柱的位置插入得靠下些？为什么？

3. 可采取哪些措施提高分馏效果？

实验十二　色谱分离与分析

【实验目的】

1. 掌握色谱法分离的原理和类型。

2. 熟悉纸色谱、柱色谱和薄层色谱的操作方法。

【实验提要】

色谱法是利用混合物中各组分在同一物质中的吸附、溶解或者分配性能的不同，使混合物溶液流经该物质，经反复地吸附或分配等作用将各组分分离的一种操作方法。

色谱法不仅可以分离、检测和定量各种分子结构不同的混合物，而且还可以分离、检测和定量各种结构类似物、同分异构体、对映异构体和非对映异构体混合物等，具有灵敏、准确和高效等特点。

根据分离原理，色谱法有吸附色谱、分配色谱、离子交换色谱与排阻色谱等。

根据操作条件，色谱法有柱色谱法、纸色谱法、薄层色谱法、气相色谱法和高效液相色谱法等。

【实验步骤】

1. 纸色谱法分离氨基酸　纸色谱法是一种用特制的滤纸作固定相（水为支持剂），将含有一定比例的水-有机溶剂（展开剂）作流动相，应用于如糖或氨基酸等强极性化合物的分离鉴定技术。

纸色谱法操作简单、便宜，所得色谱图可长期保存，但展开时间长，一般需要几小时。

圆形纸色谱是纸色谱法的一种。方法是用一张圆滤纸，如新华一号滤纸，将样品点在圆心的位置或距圆心而作的同心圆的圆周上，在滤纸中心插一纸芯，使溶剂沿滤纸芯从圆心向滤纸的四周展开，由于样品组分在固定相和流动相之间的分配不同，使得易溶于流动相中的组分，随着溶剂的展开在滤纸上移动得快一些，而在固定相中溶解度大的组分移动得慢一些，因此得到分离，如图 2-26A 所示。

R_f 值：R_f 值是表示被分离的物质在层析图谱上的相对位置。

 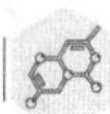

R_f= 原点到层析斑点中心距离/原点到溶剂前沿的距离

原点：为点样点的位置。

溶剂前沿：展开结束时溶剂达到的位置。

层析斑点：展开后，组分所达到的位置。

如图 2-26A，样品中组分一的 R_f= oa/oc，组分二的 R_f= ob/oc。

R_f 值取决于被分离条件物质在两相间的分配系数和两相间的体积比。在同一实验条件下同一物质 R_f 值是一常数。所以 R_f 值也是判断物质的主要物理常数之一。但影响 R_f 的因素很多，因此在进行纸层析的操作过程中，必须严格控制条件，否则 R_f 值不易重现。

在圆形纸层析中层析图谱显色后为弧形色带。R_f 值最大的样品，其弧形色带距原点最远，最小的距原点最近，其余的便按序介于这二者之间。

应注意的是，滤纸本身是纤维素，纤维素分子上有许多羟基，羟基具有吸附水分的作用，纤维素的羟基能与 6%～7%的水以氢键结合，即使把滤纸烘干，也很难把水分除去，所以滤纸外观上是干的，但实际上是含有水的，把干滤纸放在饱和的湿气之中，能吸附 20%左右的水分。

本实验用纸色谱法分离和鉴别甘氨酸、酪氨酸和苯丙氨酸混合物中各组分。准备 4 个洁净的样品瓶，分别移取浓度为 1%溶液的甘氨酸、酪氨酸、苯丙氨酸，及三酸混合样品。

取圆形滤纸一张，直径要比用作层析的培养皿大 2cm 左右。用圆规自滤纸圆心处以 1cm 为半径划一圆（划圆时不可折叠滤纸）。将此圆之圆周分成三等分，并在滤纸边缘上对应地每一等分用铅笔标上谷、酪、苯、混字样。

将滤纸平放在干净而干燥的培养皿上。在圆周上每等分之中部，按所标字样分别用干净毛细管小心点上谷氨酸、酪氨酸、苯丙氨酸和混合氨基酸样品水溶液，如图 2-26B。点样时，毛细管中液体要尽量少些，与纸面接触的时间应尽量短些，勿使滤纸上所成圆点的直径超过 5mm，每一支毛细管只能沾取一种溶液。用电吹风吹干，或在空气中自然晾干。

取一长 2cm、宽 1cm 的同质料的滤纸条，将其一端剪成条状，卷起来即得纸芯，如图 2-26C。然后在圆滤纸的圆心处穿一小孔。孔之大小恰好使纸芯从滤纸无字的一面插入，既不过松，又不过紧，然后剪去纸芯多余部分，使纸芯之上端尽量与纸面相齐，下端以刚好接触皿底为宜。

取下滤纸，将展开溶剂 10ml（皿中央溶液约 2mm）经玻棒慢慢倒入培养皿中。切勿使溶剂沾到培养皿的边沿上面。再将滤纸放置如前。并迅速用同样大小的培养皿严密覆盖于其上，如图 2-26D。当溶剂展开到接近培养皿边缘时，取出滤纸。拨去纸芯，迅速用铅笔划下溶剂“前沿”的位置。再用电吹风吹干或室温阴干。将培养皿中溶剂经漏斗倒回原瓶。为维护温度恒定在展开时不能在皿旁做加热操作。喷雾器装茚三酮溶液至半满。把茚三酮溶液均匀地喷到滤纸上，用电吹风烘干到显出各氨基酸的弧形色带，如图 2-26E。

量出每个斑点中心到原点中心的距离，计算每种氨基酸的 R_f 值。

2. 柱色谱法分离甲基橙与亚甲基蓝　柱色谱法是在玻璃管中填入固定相，以流动相溶剂浸润后在上方倒入待分离的溶液，再滴加流动相，由于待分离物质对固定相的吸附力不同，吸附力大的固着不动或移动缓慢，吸附力小的被流动相溶剂洗下来随流动相向下流动，从而实现分离的一种操作。

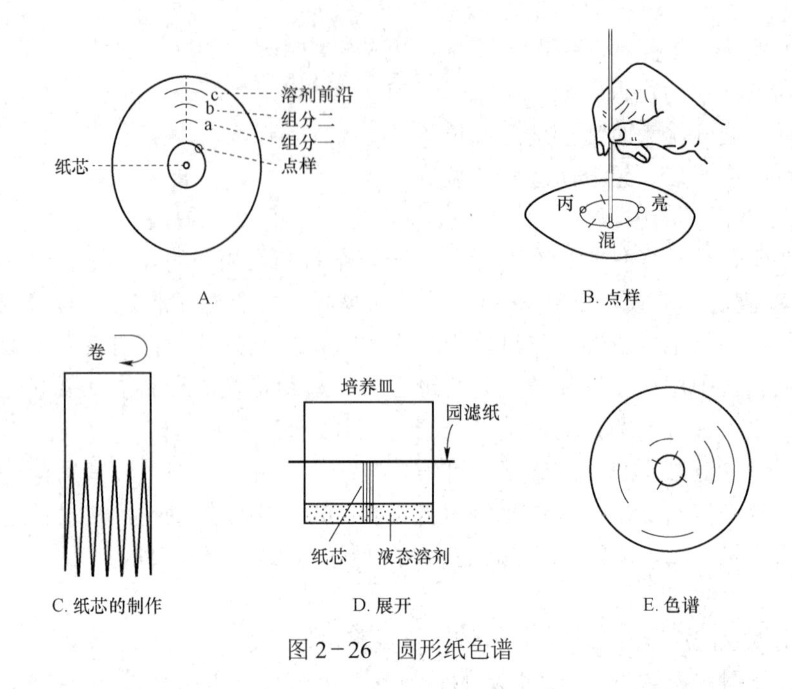

图 2-26　圆形纸色谱

柱色谱法分离混合物应该考虑吸附剂性质、溶剂极性、柱子大小的尺寸、吸附剂用量，以及洗脱速度等因素。

吸附剂的选择一般要根据待分离的化合物的类型而定。例如，酸性氧化铝适合于分离羧酸或氨基酸等酸性化合物；碱性氧化铝适合于分离胺；中性氧化铝则可用于分离中性化合物。硅胶的性能比较温和，属无定形多孔物质，略具酸性，适合于极性较大的物质分离。例如醇、羧酸、酯、酮、胺等。

溶剂的选择一般根据待分离化合物的极性、溶解度等因素而定。有时使用一种单纯溶剂就可使混合物中各组分分离开来；有时则需要采用混合溶剂；有时则使用不同的溶剂交替洗脱。例如，先采用一种非极性溶剂将待分离混合物中的非极性组分从柱中洗脱出来，然后再选用极性溶剂以洗脱具有极性的组分。常用的溶剂有（按极性递增）：石油醚、四氯化碳、甲苯、二氯甲烷、氯仿、乙酸乙酯、丙酮、乙醇、甲醇、水、乙酸等。

色谱柱大小的尺寸以及吸附剂的用量要视待分离样品的量和分离难易程度而定。一般来说，色谱柱的柱长与柱径之比约为 8:1；吸附剂的用量约为待分离样品质量的 30 倍左右。吸附剂装入柱中以后，色谱柱应留有约 1/4 的容量以容纳溶剂。当然，如果样品分离较困难，可以选用更长一些的色谱柱，吸附剂的用量也可适当多一些。

溶剂的流速对柱色谱的分离效果具有显著影响。如果溶剂流速较慢，则样品在色谱柱中保留的时间就长，那么各组分在固定相和流动相之间就能得到充分的吸附或分配作用，从而使混合物，尤其是结构、性质相似的组分得以分离。但是，如果混合物在柱中保留的时间太长，则可能由于各组分在溶剂中的扩散速度大于其流出的速度，从而导致色谱带变宽，且相互重叠影响分离效果。因此，层析时洗脱速度要适中。

层析时各组分随溶剂按一定顺序从色谱柱下端流出，可用容器分别收集。

本实验以柱色谱分离甲基橙与亚甲基蓝的混合物。

取 25cm×1.5cm 色谱柱 1 根，洗净干燥后垂直固定在铁架台上，色谱柱下端置一锥形瓶如图 2-27 所示。如果色谱柱下端没有砂芯横隔，则应取一小团脱脂棉或玻璃棉，用玻璃棒将其推至柱底，然后再铺一层约 1cm 厚的砂。关闭层析底端的活塞，向柱内倒入 95%乙醇至柱高的 3/4 处。通过玻璃漏斗或一匙一匙地向柱内慢慢加入 95%乙醇与中性氧化铝调成的糊状物，同时打开色谱柱下端的活塞，使溶剂慢慢流入锥形瓶。用木棒或带橡皮的玻璃棒敲打柱身下部，使填装紧密，促使吸附剂均匀沉降。添加完毕，在吸附剂上面覆盖约 1cm 厚的砂层。整个添加过程中，应保持溶剂乙醇液面始终高出吸附剂氧化铝层面。

当柱内的溶剂乙醇液面降至吸附剂氧化铝表层时，关闭色谱柱下端活塞。用滴管将预先准备好的 2ml 95%乙醇（内含 1mg 甲基橙和 5mg 亚甲基蓝）样品溶液滴加到柱内吸附剂表层。用滴管取少量乙醇洗涤色谱柱内壁上沾有的样品溶液。然后打开活塞，使溶剂慢慢流出。当溶液液面降至吸附剂层面时，便可再加入 95%乙醇洗脱剂进行洗脱。随着层析的进行，亚甲基蓝的谱带与被牢固吸附的甲基橙谱带分离。继续加入 95%乙醇洗脱剂，使亚甲基蓝的谱带全部从柱子里洗脱下来。待流出液呈无色时，换水作洗脱剂，这时甲基橙向柱子下部移动流出，换瓶接收。分别蒸除溶剂，即得亚甲基蓝和甲基橙。

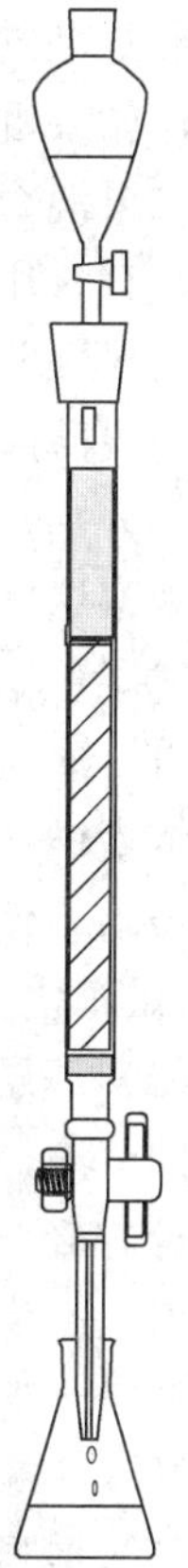

图 2-27　柱色谱装置

3. 薄层色谱法分离对硝基苯胺和邻硝基苯胺　薄层色谱法是以涂布于玻璃板、铝基片或硬质塑料膜等支持板上的支持物为固定相，以合适的溶剂为流动相，对混合样品进行分离、鉴定和定量的一种层析分离技术。它是快速分离和定性分析少量物质的一种很重要的实验技术，在有机合成中，常用于跟踪反应进程和寻找柱层析分离条件。

薄层色谱法分离原理是，利用薄层板上的吸附剂在展开剂中所具有的毛细作用，使样品混合物随展开剂向上爬升。由于各组分在吸附剂上受吸附的程度不同，以及在展开剂中溶解度的差异，使其在爬升过程中得到分离。一种化合物在一定层析条件下，其上升高度与展开剂上升高度之比是一个定值，称为该化合物的比移值，记为 R_f 值。它是用来比较和鉴别不同化合物的重要依据。应该指出，在实际工作中，R_f 值的重现性较差。因此，在鉴定过程中，常将已知物和未知物在同一块薄层板上点样，在相同展开剂中同时展开，通过比较它们的 R_f 值，即可作出判断。

薄层色谱法常用的吸附剂有硅胶和氧化铝，不含黏合剂的硅胶称硅胶 H；掺有黏合剂如煅石膏的硅胶称为硅胶 G；含有荧光物质的硅胶称为硅胶 HF254，可在波长为 254nm 的紫外光下观察荧光，而附着在光亮的荧光薄板上的有机化合物却呈暗色斑点，这样就可以观察到那些无色组分；既含煅石膏又含荧光物质的硅胶称为硅胶 GF254。氧化铝也类似，可分为氧化铝 G、氧化铝 HF254，及氧化铝 GF254。除了煅石膏外，羧甲基纤维素钠也是常用的黏合剂。由于氧化铝的极性较强，对于极性物质具有较强的吸附作用，因而它适合于分离极性较弱的化合物（如烃、醚、卤代烃等）。而硅胶的极性相对较小，它适合于分离极性较大的化合物（如羧酸、醇、胺等）。

展开剂的极性差异对混合物的分离有显著影响。当被分离物各组分极性较强，经过层析后，如果混合物中各组分的斑点全部随溶剂爬升至最前沿，那么该溶剂的极性太强；相反，如果混合物中各组分的斑点完全不随溶剂的展开而移动，则该溶剂的极性太弱。应该指出，有时用单一溶剂不易使混合物分离，这就需要采用混合溶剂作展开剂。这种混合展开剂的极性常介于几种纯溶剂的极性之间。快捷寻找合适的展开剂可以按如下方法操作：先在一块薄展板上点上待分离样品的几个斑点，斑点间留有 1cm 以上的间距。用滴管将不同溶剂分别点在不同的斑点上，这些斑点将随溶剂向周边扩展形成大小不一的同心圆环。通过观察这些圆环的层次间距，即可大致判断溶剂的适宜性。

薄层色谱法有固定相的涂布与活化、点样、展开、显色和对照等几个操作环节。

（1）薄层板固定相的涂布与活化　将 5g 硅胶 G 在搅拌下慢慢加入到 12ml 1%的羧甲基纤维素钠（CMC）水溶液中，调成糊状。然后将糊状浆液倒在已洁净的载玻片上，用手轻轻振动，使涂层均匀平整，大约可铺 8cm×3cm 载玻片 6～8 块。室温下晾干，然后在 110℃烘箱内活化 0.5 小时。

（2）薄层色谱法中的点样　用低沸点溶剂（如乙醚、丙酮或氯仿等）将样品配成 1%左右的溶液，然后用内径小于 1mm 的毛细管点样。点样前，先用铅笔在层析板上距末端 1cm 处轻轻画一横线，然后用毛细管吸取样液在横线上轻轻点样，如果要重新点样，一定要等前一次点样残余的溶剂挥发后再点样，以免点样斑点过大。一般斑点直径不大于 2mm。如果在同一块薄层板上点两个样，两斑点间距应保持 1～1.5cm 为宜。干燥后就可以进行层析展开。

（3）薄层色谱法中的展开　以层析缸作展开器，加入展开剂，其量以液面高度 0.5cm 为宜。在展开器中靠瓶壁放入一张滤纸，使器皿内易于达到气液平衡。滤纸全部被溶剂润湿后，将点过样的薄展板斜置于其中，使点样一端朝下，保持点样斑点在展开剂液面之上，盖上盖子，如图 2-28。当展开剂上升至离薄展板上端约 1cm 处时，将薄展板取出，并用铅笔标出展开剂的前沿位置。待薄层板干燥后，便可观察斑点的位置。如果斑点无颜色，可将薄层板置放在装有几粒碘晶的广口瓶内盖上瓶盖。当薄层板上出现明显的暗棕色斑点后，即可将其取出，并马上用铅笔标出斑点的位置。然后计算各斑点的 R_f 值。

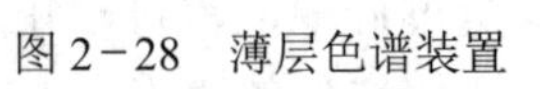

图 2-28　薄层色谱装置

（4）薄层色谱法中的显色　碘薰显色法是观察无色物质斑点的一种有效方法。因为碘可以与除烷烃和卤代烃以外的大多数有机物形成有色配合物。但是，由于碘会升华，当薄层板在空气中放置一段时间后，显色斑点就会消失。因此，薄层板经碘薰显色后，应马上用铅笔将显色斑点圈出。如果薄层板上掺有荧光物质，则可直接在紫外灯下观察，化合物会因吸收紫外光而呈黑色斑点。

本实验用薄层色谱法分析对硝基苯胺和邻硝基苯胺。

样品分别用乙醇溶解；吸附剂用硅胶 G；展开剂用甲苯与乙酸乙酯二元溶剂，体积比为 4:1。R_f 值，对硝基苯胺约为 0.66，邻硝基苯胺约为 0.44。

【附注与注意事项】

1. 纸色谱法可检出微克级的痕迹量氨基酸，由于手指印含有一定量的氨基酸，可以被检出。因此，不能用手直接触摸分析用的纸，要用镊子钳夹滤纸边。

2. 氨基酸与显色剂茚三酮溶液在一定的温度（约 105℃）下才可显色，所以必须充分加热烘干，显色才明显。

3. 柱色谱法中装柱时要不断轻轻地敲击柱子，以除尽气泡，不留裂缝，否则会影响分离效果。

4. 柱色谱法中装柱完毕后，在向柱中添加溶剂时，应沿柱壁缓缓加入，以免将表层吸附剂和样品冲溅泛起，覆盖在吸附剂表层的砂子也是起这个作用。

5. 薄层色谱制板时，一定要将吸附剂逐渐加入到溶剂中，边加边搅拌。如果颠倒添加秩序，把溶剂加到吸附剂中，容易产生结块。

6. 薄层色谱点样时，所用毛细管管口要平整，点样动作要轻快敏捷。否则易使斑点过大，产生拖尾、扩散等现象，影响分离效果。

【思考题】

1. 色谱法分离的原理是什么？

2. 哪些因素影响 R_f 的大小？

3. 什么是 R_f 值？为什么说 R_f 值是物质的特性常数？

4. 柱色谱法中柱子中若留有空气或填装不均匀，对分离效果有什么影响？如何避免？

5. 薄层色谱中点样斑点越小，分离效果越好，为什么？

第三节　干燥与干燥剂选用

干燥是指除去吸附在固体或混杂在液体、气体中的少量水分或溶剂的一种操作。

干燥操作在有机化学实验中是既非常普遍又十分重要的操作。有机化合物的干燥方法，有物理方法和化学方法两种。

1. 物理方法　应用物理方法来除去有机化合物中的水分，常有下面几种方法。

（1）共沸蒸馏法　利用某些有机化合物与水能形成共沸混合物的特点，在待干燥的有机物中加入共沸组成中某一有机物，因共沸混合物的共沸点通常低于待干燥有机物的沸点，所以蒸馏时可将水带出，从而达到干燥的目的。

（2）分馏法　某些有机化合物与水不形成共沸混合物，且其沸点与水相差 20～30℃或以上，此时共沸蒸馏法不适用，可采用分馏的方法来除去水分。如工业上分离甲醇（沸点 65℃）和水就采用分馏法。

（3）吸附法　近年来常用离子交换树脂或分子筛作吸附剂吸水，采用这一方法脱水，由于吸附剂可以烘干后重新使用，既经济又方便。离子交换树脂是一种不溶于酸、碱和液体有机物的高分子化合物，而分子筛是各种硅铝酸盐的晶体。它们的晶体内部有很多孔穴可吸附水分子。吸附了水的离子交换树脂在 150℃、分子筛在 350℃左右即可解吸水分，重新使用。

2. 化学方法 采用干燥剂去水的方法。根据去水作用又可分为两类：第一类干燥剂与水可逆地结合成水合物，如氯化钙、硫酸镁、碳酸钠等，这类干燥剂在实验室最常用。第二类干燥剂与水起不可逆的化学反应，生成新的化合物，如金属钠、氧化钙和五氧化二磷等。

第一类干燥剂能和水结合生成含不同数目结晶水的水合物。而不同结晶水的水合物却具有不同的水蒸气压。例如，在25℃时，无水硫酸镁分别吸附1、2、3、4、5、6（不超过7）个结晶水形成水合物时的最低蒸气压分别为133.3Pa、266.6Pa、666.5Pa、1199.7Pa、1333Pa、1533Pa。若用无水硫酸镁干燥液体有机物，无论加入多少无水硫酸镁，在25℃时所能达到的最低蒸气压为133.3Pa。即使加入再多的硫酸镁，也不可能把水全部除去，相反，只会使液体有机物的吸附损失增多。但如果加入硫酸镁的量不足，则它会生成多水合物，其水蒸气压要比133.3Pa高。这就说明了为什么在蒸馏时会有前馏分，在萃取时一定要尽可能把水分离干净的原因。

干燥剂吸水达到平衡时，液体的干燥程度称之为该干燥剂的干燥效能。衡量干燥剂干燥效能常用它的吸水容量。即每克干燥剂所能吸附的水的重量（以g计量），如下式：

$$\text{吸水容量（g）}=\frac{\text{结晶水数目}\times\text{水分子量}}{\text{干燥剂分子量}}$$

例如，25℃时，无水硫酸镁在133.3Pa时的最大吸水容量为$7\times18/120.3=1.05$g，即1g无水硫酸镁全部变成七水硫酸镁，共吸水1.05g。

第一类干燥剂形成水合物时，需要一定的干燥时间。因此，在用它们干燥液体有机物时，须放置一段时间。因为它们吸水是可逆的，温度升高时，水蒸气压也会升高，甚至脱去结晶水。因此，在蒸馏液体有机物前必须把这类干燥剂滤除，否则达不到干燥的目的，而且干燥剂在蒸馏时还会与被干燥液体形成糊状物，例如用无水氯化钙作干燥剂时，必须过滤。

第二类干燥剂与水发生不可逆反应，如钠、五氧化二磷、氧化钙等，由于它们能和水生成稳定的产物，故不必过滤分离。相反，为了提高其干燥效率，常常把它们置于液体有机物中一起加热回流，然后再直接蒸馏。

对有机化合物的干燥，根据有机化合物的物态分为液体有机物的干燥和固体有机物的干燥。

1. 液体有机物的干燥

（1）干燥剂的选择 液体有机物的干燥，一般是将干燥剂直接放入有机物中，因此，干燥剂的选择必须考虑以下因素：与被干燥的有机物不能发生任何化学反应或有催化作用，不能溶于该有机物中，吸水容量大，干燥速度快，价格低廉。例如，酸性干燥剂（如氯化钙）不能用来干燥碱性液体有机物，也不能干燥某些在酸性介质中会重排、聚合或起其他反应的有机液体样品（如醇、胺、烯烃等），碱性干燥剂（如碳酸钾、氢氧化钾）不能用于干燥酸性液体有机物，也不能用于易为碱催化而发生缩合、分解、自动氧化等反应的液体（如醛、酮、醇、酯等）。另外，氯化钙会与醇、胺生成络合物，氢氧化钠（钾）会溶于醇中，使用时也需注意。常用干燥剂的干燥性能与应用范围见表2-6。

表 2-6　常用干燥剂的性能与应用范围

干燥剂	吸水作用	吸水容量（g）	干燥效能	干燥速度	应用范围
氯化钙	形成 $CaCl_2 \cdot nH_2O$ n=1、2、4、6	0.97 按 $CaCl_2 \cdot 6H_2O$ 计	中等	较快，但吸水后表面为薄层液体所盖，故放置时间要长	能与醇、酚、胺、酰胺及某些醛、酮形成络合物。因而不能用来干燥这些化合物。工业品中可能含氢氧化钙或氧化钙，故不能用来干燥酸类
硫酸镁	形成 $MgSO_4 \cdot nH_2O$ n=1、2、3、4、5、6、7	1.05 按 $MgSO_4 \cdot 7H_2O$ 计	较弱	较快	中性，应用范围广。可代替 $CaCl_2$，并可用于干燥酯、醛、腈、酰胺等不能用 $CaCl_2$ 干燥的化合物
硫酸钠	$Na_2SO_4 \cdot 10H_2O$	1.25	弱	缓慢	中性，一般用于液体有机物的初步干燥
硫酸钙	$2CaSO_4 \cdot H_2O$	0.06	强	快	中性，常与硫酸镁（钠）配合
碳酸钾	$K_2CO_3 \cdot 1/2H_2O$	0.2	较弱	慢	弱碱性。用于干燥醇、酮、酯、胺及杂环等碱性化合物，不适于酸、酚及其他酸性化合物
氢氧化钾（钠）	溶于水	–	中等	快	强碱性，用于干燥胺、杂环等碱性化合物。不能用于干燥醛、酮、酚、酸等
金属钠	$Na+H_2O \rightarrow NaOH+1/2H_2$	–	强	快	限于干燥醚、烃类中痕量水分，用时切成小块压成钠丝
氧化钙	$CaO+H_2O \rightarrow Ca(OH)_2$	–	强	较快	适于干燥低级醇类
五氧化二磷	$P_2O_5+3H_2O \rightarrow H_3PO_4$	–	强	快，吸水后表面为黏浆液覆盖，操作不便	适于干燥醚、烃、卤代烃、腈等中的痕量水分。不适用于醇、酸、胺、酮等
分子筛	物理吸附	约 0.25	强	快	适用于各类有机物的干燥

对干燥含水量较多而又不易干燥的液体时，还应考虑干燥剂的干燥效能和吸水容量，一般先用吸水容量大的干燥剂（如硫酸钠）干燥，以除去大部分水，然后再用干燥性能强的干燥剂（如硫酸钙），以除去微量水分。各类有机物常用的干燥剂见表 2-7。

表 2-7　各类有机物常用的干燥剂

化合物类型	干燥剂
烃	$CaCl_2$、Na、P_2O_5
卤代烃	$CaCl_2$、$MgSO_4$、Na_2SO_4、P_2O_5
醇	K_2CO_3、$MgSO_4$、CaO、Na_2SO_4
醚	$CaCl_2$、Na、P_2O_5
醛	$MgSO_4$、Na_2SO_4
酮	K_2CO_3、$CaCl_2$、$MgSO_4$、Na_2SO_4
酸、酚	$MgSO_4$、Na_2SO_4
酯	$MgSO_4$、Na_2SO_4、K_2CO_3
胺	KOH、NaOH、K_2CO_3、CaO
硝基化合物	$CaCl_2$、$MgSO_4$、Na_2SO_4

（2）干燥剂的用量　干燥剂的用量可根据干燥剂的吸水容量和水在该液体有机物中的溶解度来估计，一般都比理论值高，同时也要考虑分子结构。极性有机物和含亲水性基团的化合物（如醇、醚、胺等），在水中的溶解度大，干燥剂的用量需稍多。烃、卤代烃等在水中溶解度很小，干燥剂可少加一点。干燥剂的用量要适当，用量过少，干燥不完全，用量过多，因干燥剂表面吸附，将造成被干燥有机物的损失。一般来说，每 10ml 液体有机物需加 0.5～1g 干燥剂，不必称量，凭估计直接加入待干燥的液体中。但由于液体中水分含量不同、干燥剂质量不同、干燥剂颗粒大小不同、干燥时的温度不同以及干燥剂可能吸收一些副产物等，具体使用数量又会有变化，较难规定具体数量。以所加的干燥剂经振摇、不发生黏结为宜，但最好是通过操作仔细观察，不断积累经验。

2. 固体有机化合物的干燥　从重结晶得到的固体有机物常带有水分或有机溶剂，应根据化合物的性质选择适当的方法进行干燥。

（1）自然晾干　固体化合物在空气中自然晾干，是最方便、最经济的干燥方法，该方法适用于被干燥固体物质在空气中必须是稳定的，不易分解，不吸潮。干燥时，把待干燥的物质放在干燥洁净的表面皿上或滤纸上，将其薄薄摊开，上面再用滤纸覆盖，放在空气中使其慢慢晾干。

（2）加热干燥　对于熔点较高而遇热又不易分解的固体，可采用加热烘干。干燥时，把待干燥的固体，置于表面皿或蒸发皿中，放在水浴上烘干，也可用红外灯或恒温烘箱烘干。加热温度切忌超过该固体的熔点，一般在比固体物质熔点低 20℃以下干燥，以免固体变色、分解或流失。因此，要放一支温度计以便控制温度，并要随时翻动，以免结块，并缩短干燥时间。

（3）干燥器干燥　对易吸潮，或在较高温干燥时会分解甚至变色的有机物可用干燥器干燥。干燥器有普通干燥器和真空干燥器，如图 2-29 所示。

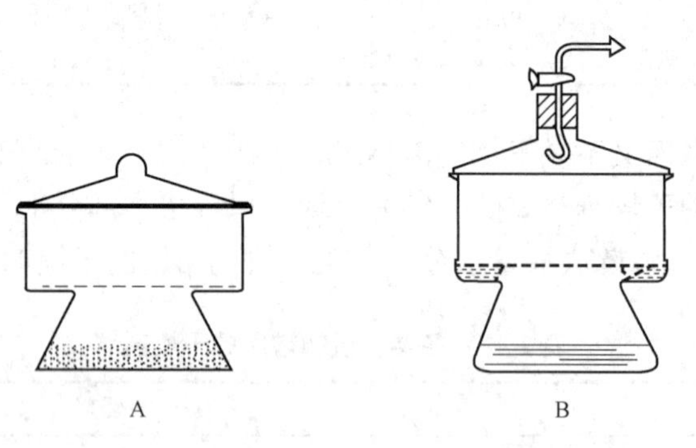

图 2-29　常用干燥器

A. 普通干燥器；B. 真空干燥器

普通干燥器见图 2-29A，盖与缸身之间的平面经过磨砂，在磨砂处涂以润滑脂，使之密闭。缸中放置多孔瓷板，下面放置干燥剂，上面放置盛有待干燥样品的表面皿等。普通干燥器干燥样品所费时间较长，干燥效率低，一般适用于保存易吸潮的物质。

真空干燥器见图 2-29B，它的干燥效率较普通干燥器高，在真空干燥器顶部装有带活塞的玻璃导气管，用以抽除真空。活塞下端呈弯钩状，口向上，防止在通向大气时，因空

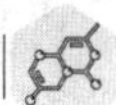

气流入太快将固体冲散，最好另用一表面皿覆盖盛有样品的表面皿或将固体用滤纸包好。使用前必须试压，试压时用网罩或防爆布盖住干燥器以确保安全，然后用水泵或油泵抽真空，关上活塞，放置过夜。

干燥器内的干燥剂按固体样品所含的溶剂来选择，见表2－8。

表2－8　干燥器内常用的干燥剂

干燥剂	吸去的溶剂或其他杂质
CaO	水、醋酸、氯化氢
$CaCl_2$	水、醇
NaOH	水、醋酸、氯化氢、酚、醇
H_2SO_4	水、醋酸、醇
P_2O_5	水、醇
石蜡片	醇、醚、石油醚、苯、甲苯、氯仿、四氯化碳
硅胶	水

若要取出真空干燥器中已干燥好的样品，最好先将真空干燥器中充入氮气，使干燥器内外压力相等后再打开干燥器的上盖。有时因抽真空，干燥器的上盖难以打开，这时可用吹风筒将真空干燥器的上下接口处用热风加热一会。使用完之后，需将磨口处重新涂上薄薄一层的真空脂，以防粘连。

（4）真空恒温干燥箱　如果是较大量固体样品的干燥，就要使用真空恒温干燥箱。干燥时使用的主要部件有油泵、保护装置、干燥塔及真空恒温干燥箱等。使用时，将盛有样品的表面皿或烧杯放入干燥箱，拧紧上盖，启动油泵抽气，同时插上真空恒温干燥箱的电源进行加热，调节温控旋钮至合适的位置。干燥结束后，先停止加热，同时拧紧真空干燥箱的活塞，关闭真空油泵。待干燥箱冷却后，缓慢打开真空干燥箱的活塞，取出已干燥好的样品，称重后转移至样品瓶中，贴上标签，放在指定的位置。

第四节　熔点测定

实验十三　熔点测定与温度计校正

【实验目的】

1. 了解玻璃温度计的种类和校正方法。
2. 掌握熔点测定的意义和操作。

【实验提要】

1. 熔点及熔点测定方法　物质的熔点是指在一定大气压下物质的固相与液相共存时的温度。

大多数有机化合物的熔点都在400℃以下，较易测定。在有机化学实验及研究工作中，多采用操作简便的毛细管法测定熔点，所得的结果虽常略高于真实的熔点，但作为一般纯度的鉴定已经足够。

纯化合物从开始熔化（始熔）至完全熔化（全熔）的温度范围叫作熔程，也叫熔点范围。每种纯有机化合物都有自己独特的晶型结构和分子间力，每种晶体物质都有独特的熔点。当达到熔点时，纯化合物晶体几乎同时崩溃，熔程很小，一般为 0.5～1℃。但是，不纯品即当有少量杂质存在时，其熔点一般总是降低，熔程增大。因此，从测定固体物质的熔点便可鉴定其纯度。

如测定熔点的样品为两种不同的有机物的混合物，例如，肉桂酸及尿素，尽管它们各自的熔点均为 133℃，但把它们等量混合，再测定其熔点时，则比 133℃低很多，而且熔程较大。这种现象叫作混合熔点下降，这种试验叫作混合熔点试验，这是用来检验两种熔点相同或相近的有机物是否为同一种物质的最简便的物理方法。

熔点测定有毛细管法、电热法等几种。其中毛细管法是最经典和较准确的方法，一般国家标准和药典中测定物质熔点大多采用毛细管法。熔点测定的关键之一是温度计是否准确。

2. 温度计的校正　实验室用得最多的是水银温度计和有机液体温度计。水银温度计测量范围广、刻度均匀、读数准确，但玻璃管破损后会造成汞污染。有机液体（如乙醇、苯等）温度计着色后读数明显，但由于膨胀系数随温度而变化，故刻度不均匀，读数误差较大。

玻璃管温度计的校正方法有以下两种。

（1）与标准温度计在同一状况下比较　实验室内将被校验的玻璃管温度计与标准温度计插入恒温槽中，待恒温槽的温度稳定后，比较被校验温度计与标准温度计的示值。示值误差的校验应采用升温校验，因为对于有机液体来说它与毛细管壁有附着力，在降温时，液柱下降会有部分液体停留在毛细管壁上，影响读数准确性。水银玻璃管温度计在降温时也会因摩擦发生滞后现象。

（2）利用纯质相变点进行校正　①用水和冰的混合液校正 0℃；②用水和水蒸气校正 100℃。

【实验步骤】

本实验采用毛细管法测定 2～3 个不同熔点的样品，每个样品测定 3 次。

样品：乙酰苯胺（m.p.116℃）；不纯乙酰苯胺；尿素（m.p.132℃）；苯甲酸（m.p.122℃）；尿素与苯甲酸的 1:1 混合物；萘（m.p.80℃）；樟脑（m.p.179℃）。

1. 毛细管的选用　通常是用直径 1～1.5mm，长 60～70mm 一端封闭的毛细管作为熔点管。

2. 样品的填装　取 0.1～0.2g 样品，置于干净的表面皿或玻片上，用玻棒或清洁小刀研成粉末，聚成小堆。将毛细管开口一端倒插入粉末堆中，样品便被挤入管中，再把开口一端向上，轻轻在桌面上敲击，使粉末落入管底。也可将装有样品的毛细管，反复通过一根长约 40cm 直立于玻板上的玻璃管，均匀地自由落下，重复操作，直至样品高为 2～3mm 为止。操作要迅速，以免样品受潮。样品应干燥，装填要紧密，如有空隙，不易传热。

3. 仪器的装置　本实验介绍两种最常用的毛细管法测定熔点的装置。

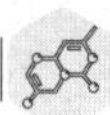

第一种装置，如图 2－30A 所示。首先，取一个 100ml 的高型烧杯，置于放有铁丝网的铁环上；在烧杯中放入一根玻棒，最好在玻棒底端烧一个环，便于上下搅拌，放入约 60ml 浓硫酸作为热浴液体。其次，将毛细管中下部用浓硫酸润湿后，将其紧附在温度计旁，样品部分应靠在温度计水银球的中部，并用橡皮圈将毛细管紧固在温度计上，如图 2－30B。最后，在温度计上端套一软木塞或橡皮塞，并用铁夹挂住，将其垂直固定在离烧杯底约 1cm 的中心处。

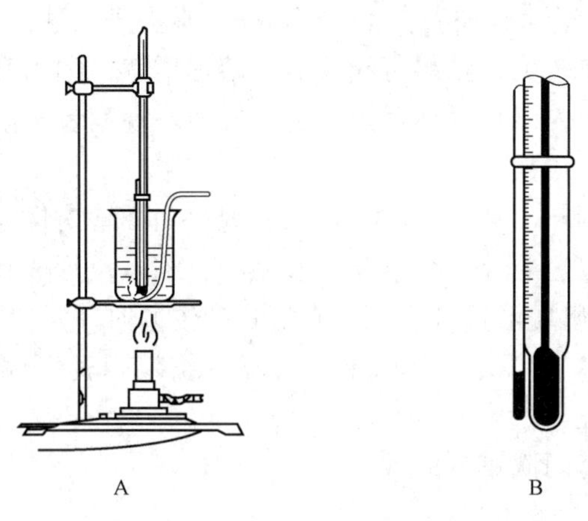

图 2－30　毛细管法测定熔点的装置

第二种装置，如图 2－31 所示。Thiele 管，又称 b 形管、熔点测定管，将熔点测定管夹在铁座架上，于熔点测定管中装浴液，至高出上侧管约 1cm，熔点测定管口配一缺口单孔软木塞或橡皮塞，温度计插入孔中，刻度应向软木塞或橡皮塞缺口。毛细管如同前法附着在温度计旁。温度计插入熔点测定管中的深度以水银球恰在熔点测定管的两侧管的中部为准。加热时，火焰须与熔点测定管的倾斜部分接触。这种装置测定熔点的优点是管内液体因温度差而发生对流作用，省去人工搅拌的麻烦，但常因温度计的位置和加热部位的变化而影响测定的准确度。

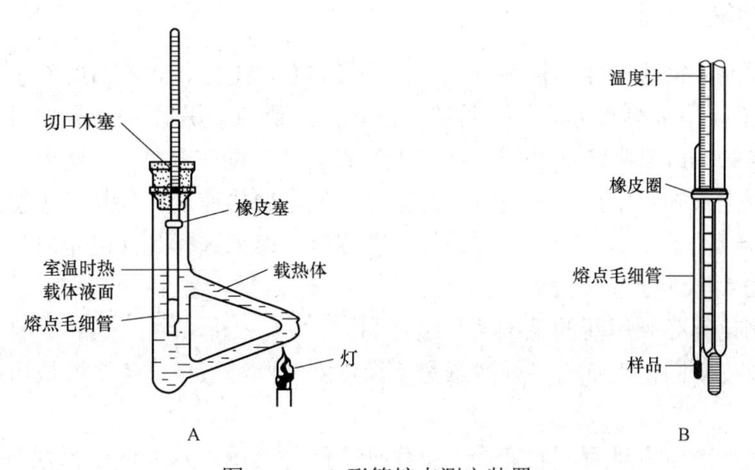

图 2－31　b 形管熔点测定装置

浴液：样品熔点在220℃以下的可用液体石蜡或浓硫酸作为浴液。液体石蜡较为安全，但易变黄。浓硫酸价廉，易传热，但腐蚀性强，有机物与它接触易变黑，影响观察。白矿油是碳数比液体石蜡多的烷烃，可加热到 280℃不变色。其他还可用植物油、硫酸与硫酸钾混合物、磷酸、甘油、硅油等。

4. 熔点的测定 将提勒管垂夹于铁架上，按前述方法装配完毕，开始加热。

（1）升温速度的控制 开始时升温速度可较快，在距离熔点 15～20℃时，应减慢加热速度，距熔点 10℃时，升温速度控制在 1～2℃/min，掌握升温速度是准确测定熔点的关键，如加热速度太快，则误差较大，结果可能偏高，熔程增宽。因为升温太快，不能保证热量有充分时间由管外传至管内，使固体融化。另一方面，观察者不能同时观察温度计所示度数和样品的变化情况而造成误差。

（2）始熔与全熔的判断 加热过程中，注意观察毛细管内样品的状态变化，将依次出现“发毛”“收缩”“液滴”“澄清”等现象，发毛和收缩以及形成软质柱状物而无液化现象都不是“始熔”，只有当出现液滴（塌落，有液相产生）时才是“始熔”，全部样品变成透明澄清液体时为“全熔”，如图 2－32 所示。记录“始熔”与“全熔”时温度计上所示的温度，即为该化合物的熔程。

熔点测定，至少要有两次重复的数据。

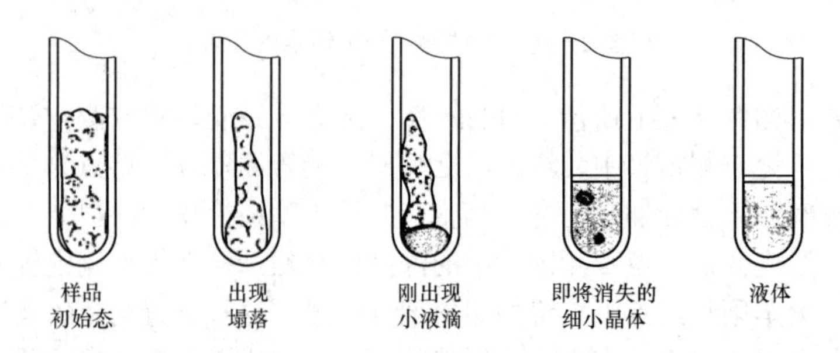

图 2－32 毛细管内样品状态变化过程

【附注与注意事项】

1. 被测样品应彻底干燥，被测样品熔点在 135℃以上时，可在 105℃下干燥；被测样品熔点在 135℃以下或受热分解的，可装在五氧化二磷的干燥器中干燥 12 小时。

2. 测定易升华或易吸潮的物质，应将毛细管的开口端熔封。

3. 如果测定未知物熔点，应先对样品粗测一次，加热速度可稍快，了解大致熔点范围后，待浴温冷至熔点以下约 30℃，再进行精密测定，连续进行几次测定时，也要待浴温降至熔点以下 30℃再进行下一次测定。

4. 每次测定都必须用新的毛细管另装样品。

5. 若用橡皮圈固定毛细管，须注意勿使橡皮圈触及浴液，以免浴液被污染和橡皮圈被浴液所熔胀。

6. 浴液要待冷后方可倒回收瓶中，温度计不能马上用冷水冲洗，否则易破裂，可用废纸擦净。

7. 用浓硫酸作浴液时，应特别小心，不仅要防止灼伤皮肤，还要注意不要使样品或其他有机物触及硫酸，所以装样品时，沾在管外的样品须拭去。否则，硫酸的颜色变成棕黑色，会影响观察。如已变黑，可酌加少许硝酸钠（或硝酸钾）晶体，加热后便可褪色。

【思考题】

1. 加热快慢为什么会影响熔点？

2. 纯物质的熔点和不纯物质的熔点有何区别？两种熔点相同的物质等量混合，熔点有什么变化？

3. 如何检验两种熔点相同或相近的有机物是否为同一种物质？

4. 普通玻璃温度计如何校正？

第五节　萃取、乳化和盐析效应

【实验目的】

1. 掌握液液萃取的原理和分液漏斗的使用方法。

2. 了解乳化现象及其处理方法。

3. 了解盐析效应的原理和应用。

【实验原理】

1. 萃取　萃取是指利用化合物在两种互不相溶或微溶的溶剂中溶解度或分配系数的不同，使化合物从一种溶剂内转移到另外一种溶剂中而提取出来的操作过程。它是分离和提纯有机化合物常用的方法。液液萃取常用分液漏斗，分液漏斗的使用是基本操作之一。

萃取和洗涤要遵循“少量多次”原则，这样可以做到节约与效率并重。

设某溶液由有机化合物 X 溶解于溶剂 A 而成，现要从其中萃取 X，我们可选择一种对 X 溶解度极好，而与溶剂 A 不相混合且不起化学反应的溶剂 B。把溶液放入分液漏斗中，加入溶剂 B，充分振荡。静置后，由于 A 与 B 不相混溶，故分成两层。此时 X 在 A、B 两相间的浓度比，在一定测试条件下为一常数，称作分配系数，以 K 表示。这种关系叫作分配定律。

K（分配系数）= X 在溶剂 A 中的浓度/X 在溶剂 B 中的浓度

注意：分配定律是假定所选用的溶剂 B，不与 X 起化学反应时才适用的。

依照分配定律，应节省溶剂而提高提取效率，用一定分量的溶剂一次加入溶液中萃取，则不如把这个分量的溶剂分成若干份作多次萃取效果好，现在用计算来说明。

（1）第一次萃取

V = 被萃取溶液的体积（ml）（因为质量不多，故其体积可看作与溶剂 A 体积相等）；

W_0 = 被萃取溶液中溶质（X）的总含量（g）；

S = 第一次萃取时所用溶剂 B 的体积（ml）；

故：$W_0 - W_1$ = 第一次萃取后溶质（X）在溶剂 B 中的含量（g）；

W_1/V= 第一次萃取后溶质（X）在溶剂 A 中的浓度（g/ml）；

（W_0–W_1）/S = 第一次萃取后溶质（X）在溶剂 B 中的浓度（g/ml）。

故：$(W_1/V)/[(W_0-W_1)/S]=K$，整理得：$W_1=W_0[KV/(KV+S)]$。

（2）第二次萃取

V= 被萃取溶液的体积（ml）；

W_2= 第二次萃取后溶质（X）在溶剂 A 中的剩余量（g）；

S= 第二次萃取时所用溶质 B 的体积（ml）；

故：W_1-W_2= 第二次萃取后溶质（X）在溶剂 B 中的浓度；

W_2/V= 第二次萃取后溶质（X）在溶剂 A 中的浓度；

$(W_1-W_2)/S$= 第二次萃取后溶质（X）在溶剂 B 中的浓度；

故：$(W_2/V)/[(W_1-W_2)/S]=K$，整理得：$W_2=W_1[KV/(KV+S)]$。

以 $W_1=W_0[KV/(KV+S)]$代入，得：$W_2=W_0[KV/(KV+S)]^2$。

依次类推，每次萃取所用溶剂 B 的体积均为 S，经过 n 次萃取后，W_n= 溶质（X）在溶剂 A 中的剩余量：

$$W_n=W_0[KV/(KV+S)]^n$$

例：在 15℃时 4g 正丁酸溶于 100ml 水溶液，用 100ml 苯萃取正丁酸。15℃时正丁酸在水中与苯中的分配系数为 $K=1/3$，若一次用 100ml 的苯来萃取，则萃取后正丁酸在水溶液中的剩余量为：

$$W_1=4\times[(1/3\times100)/(1/3\times100+100)]=1.0\text{g}$$

萃取效率为

$$[(4-1)/4]\times100\%=75\%$$

若 100ml 苯分 3 次萃取，即每次用 33.33ml 苯来萃取，经过第 3 次萃取后正丁酸在水溶液中的剩余量为：

$$W_0=4\times[(1/3\times100)/(1/3\times100+33.33)]^3=0.5\text{g}$$

萃取效率为

$$[(4-0.5)/4]\times100\%=3.5/4\times100\%=87.5\%$$

从上式计算可知，用同一份量的溶剂，分多次用少量溶剂来萃取，其效率较高于一次用全量溶剂来萃取。这就是少量多次原理。

2. 乳化现象及其处理方法

（1）乳化现象　乳化是指由两种或两种以上互不相溶的液体组成的两相体系，其中一相以液滴形式分散在另一相中，使溶液呈现乳白色不透明的一种现象。它可分为多种情况：①油分子包裹水分子即油包水型（W/O）；②水分子包裹油分子即水包油型（O/W）；③油包裹在水中再分散在油中（O/W/O）或水包在油中再包在水中（W/O/W）。在乳化层的小液滴膜上表面张力较大，小液滴会自动互相结合成大液滴以降低膜表面张力，因此乳化液是不稳定的分散体系。碱性溶液一般比较容易乳化。

（2）破乳方法

1）化学破乳法：向乳化层加入氯化钠、氯化铵、明矾等电解质，或者加入甲醇、乙醇、乙醇胺等溶剂，这些物质的分子在膜界面上渗入破坏膜，从而降低表面张力使得分散

相流出聚集而分相。若乳化是因碱而产生，可加入少量的盐酸调 pH，然后再加氢氧化钠溶液调回 pH。

2）物理破乳法

加热：将乳化层升温加热使得油膜黏度下降破裂。

过滤：经硅藻土等助滤剂过滤。

离心：利用两相密度不同而离心分相。

重力沉降：较长时间的静置。

电场作用：在高压电场作用下液滴极化变形或相互碰撞后膜破裂聚集成大液滴而破乳分相（只用于 W/O 体系）。

超声波：采用频率 700kHz～2MHz 的超声波，利用其空穴作用等使小液滴聚集而破乳分相。

3. 盐析效应　盐析效应指的是在萃取分离过程中，向溶液中加入一定量的无机盐，因无机盐的加入使溶于水的有机物大为减少的现象。盐析效应是影响溶剂萃取的重要因素之一。

对产生盐析效应的原因有两种解释。一种理论认为向萃取水相中加入盐析剂后，由于盐析剂离子的水化作用，导致水相中自由水分子数减少，提高了被萃取物在水相中的有效浓度，从而增加了进入有机相的分配比。另一种理论认为，无机盐溶入水后，由于静电吸引的作用，极性越强的溶剂越易聚集在盐电离产生的离子周围，致使溶液偏离了理想溶液的行为，且偏离了拉乌尔定律，这样溶液表面的蒸汽压就会上升，第二种溶剂脱离第一种溶剂（极性较强的溶剂）的趋势就越来越大。

盐析效应的应用十分有效。丙酮和水可以互溶，但当向溶有丙酮的水溶液中加入氯化钙、氯化镁等无机盐时，丙酮在水中的溶解度将大为降低，可实现丙酮与水的分离。当向溶有乙腈的水溶液中加入硫酸铵时，乙腈与水可以分相。利用盐析效应还可有效解决因乳化而使相分离困难的问题。

有机化学实验中常用食盐作盐析剂。

4. 分液漏斗的使用　常用的分液漏斗有球形、锥形和梨形等三种。

（1）分液漏斗的使用范围

1）分离两种分层而不起反应的液体。

2）从溶液中萃取某种成分。

3）用水、碱或酸洗涤某种产品。

4）用来代替滴液漏斗滴加某种试剂。

（2）使用分液漏斗前的检查

1）检查分液漏斗的玻璃塞和活塞是否用塑料线捆绑。

2）玻璃塞及活塞紧密与否？如有漏水现象，应及时按下述方法处理：取下活塞，用纸或干布擦净活塞及活塞孔道的内壁，然后，用玻璃棒蘸取少量凡士林，先在活塞附近把手的一端抹上一层凡士林，注意不要抹在活塞的孔道中，再在活塞孔道内也涂抹一层凡士林（方向和活塞相反），然后插上活塞，反时针旋转至透明时，即可使用。注意玻璃塞不能涂凡士林。

（3）使用分液漏斗的注意事项

1）不能用手拿分液漏斗的下端。

2）不能手握分液漏斗进行分离液体。

3）玻璃塞打开后才能开启活塞。

4）下层液体由下口放出，上层液体由上口放出。

5）使用后，用水冲洗干净，玻璃塞用薄纸包裹后塞回去，不能将活塞上附有凡士林的分液漏斗放在烘箱内烘烤。

【仪器与试剂】

仪器：分液漏斗；铁架台；50ml 三角烧瓶；索氏提取器；滤纸。

试剂：乙醚；冰醋酸；0.2mol/L 标准氢氧化钠溶液；酚酞指示剂。

【实验步骤】

1. 溶液中物质的萃取 本实验以乙醚从醋酸水溶液中萃取醋酸为例来说明实验步骤。

（1）一次萃取法 准确量取 10ml 冰醋酸和水的混合液（冰醋酸与水的比例以 1:19 的体积比相混合），放入分液漏斗中。用 30ml 乙醚萃取。注意附近不能有火源，否则易引起火灾。加乙醚后，以右手手掌顶住漏斗磨口玻璃塞，用手指（根据漏斗的大小）握住漏斗颈部或本身。左手握住漏斗的活塞部分，大拇指和示指按住活塞柄，中指垫在塞座下边，振摇时将漏斗稍倾斜，漏斗的活塞最好向上，这样便于自活塞放气，如图 2-33A 所示。开始时摇动要慢，每次摇动后，都应朝向无人的地方放气。

以上操作重复 2～3 次后，用力振摇相当时间，使乙醚与醋酸水溶液两不相溶的液体充分接触，提高萃取率，振摇时间太短则会影响萃取率。

振摇结束后，应将分液漏斗置于铁架台上的铁圈中静置，如图 2-33B 所示。当溶液分成两层后，小心旋开活塞，放出下层水溶液于 50ml 的三角烧瓶内，加入 3～4 滴酚酞作指示剂，用 0.2mol/L 标准氢氧化钠溶液滴定。记录所用氢氧化钠的 ml 数。计算：①留在水中的醋酸量及百分率；②萃取到乙醚中的醋酸量及百分率。

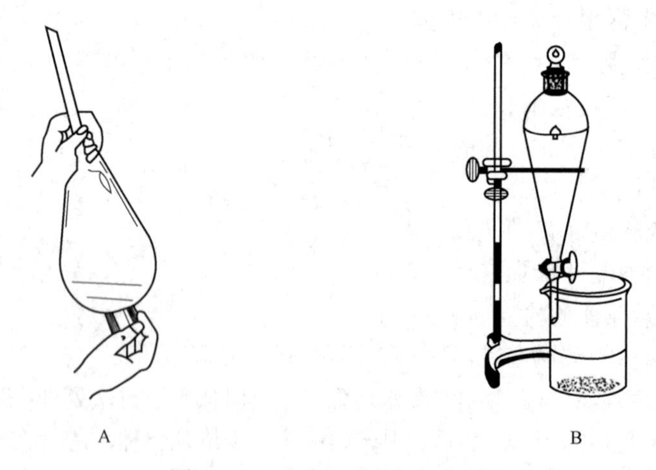

图 2-33 分液漏斗的振摇与静置

（2）多次萃取法 准确量取 10ml 冰醋酸与水的混合物于分液漏斗中，用 10ml 乙醚如上法萃取，分离乙醚溶液。水溶液再用 10ml 乙醚萃取，分出乙醚溶液后，水溶液仍用 10ml

萃取。如此操作共计 3 次，最后将用乙醚第 3 次萃取后的水溶液放入 50ml 的三角烧瓶内。用 0.2mol/L NaOH 溶液滴定。计算：①留在水中的醋酸量及百分率；②萃取到乙醚中的醋酸量及百分率。以上述两种不同步骤所得数据，比较萃取醋酸的效率。

2. 固体物质的萃取　从固体中提取物质采用脂肪抽出器（又称索氏提取器），见图 2－34。在进行提取之前，先将滤纸卷成圆柱状，其直径稍小于提取筒的直径，一端用线扎紧，装入研细的被提取的固体，轻轻压实，上盖以滤纸，放入提取筒中。然后开始加热，使溶剂回流，待提取筒中的溶剂面超过虹吸管上端后，提取液自动注入加热瓶中，溶剂受热回流，循环不止，直至物质大部分提出后为止。一般需要数小时才能完成，提取液经直接浓缩或减压浓缩后，将所得固体进行重结晶，得纯品。

如果样品量少，可用简易半微量提取器，将被提取固体放于折叠滤纸中，操作方便，效果也较好，如图 2－35。

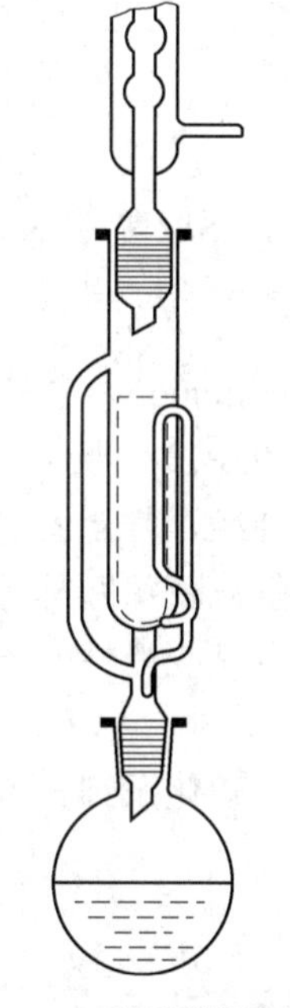

图 2－34　索氏提取器

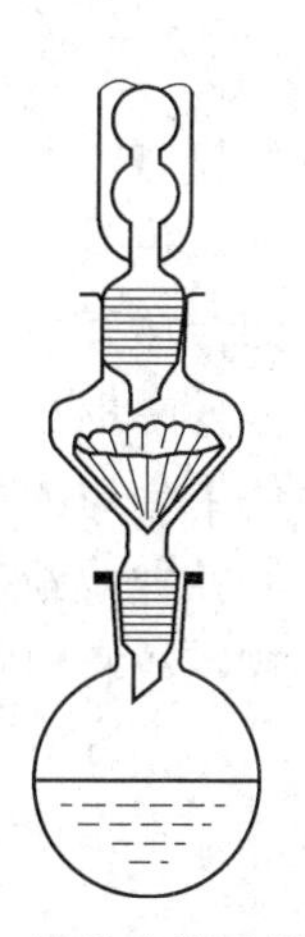

图 2－35　简易半微量提取器

【附注与注意事项】

分液要准确，不能将上层醚层放入三角烧瓶内，亦不能将下层的水液留在分液漏斗内。在水层放出后，须等待片刻，观察是否还有水层出现，如有，应将此水层再放入三角烧瓶内。总之，放出下层液体时，注意不要使液体流出太快，待下层液体流出后，关上活塞，等待片刻，观察是否还有水层分出，若还有水，应将水层放出。分液漏斗中的上层液体，应从分液漏斗上口将其倾入另一容器中。

【思考题】

1. 影响萃取法的萃取效率的因素有哪些？如何选择适宜的溶剂？
2. 使用分液漏斗的目的何在？使用分液漏斗时要注意哪些事项？

3. 两种不相溶解的液体同在分液漏斗中，请问比重大的在哪一层？下一层的液体从哪里放出来？放出液体时为了使液体不要流太快，应该怎样操作？留在分液漏斗中的上层液体，应从何处放入另一容器中？

4. 什么是乳化现象？乳化现象有哪几种形式？常用的破乳方法有哪些？

5. 什么是盐析效应？盐析效应有哪些应用？

第六节　提取操作

实验十四　从茶叶中提取咖啡因

【实验目的】

1. 了解并掌握从茶叶中提取咖啡因的原理和方法。
2. 了解并掌握升华的原理及实验操作技能。
3. 掌握索式提取器的原理及使用，进一步熟悉蒸馏、萃取等基本操作。

【实验提要】

茶叶中含有多种生物碱，其中主要成分为咖啡因（caffeine），含量占 1%～5%（丹宁酸及鞣酸占 11%～12%，色素、纤维素、蛋白质等约占 0.6%）。咖啡因属于嘌呤类的衍生物，是一种略带苦味的天然有机化合物，具有兴奋中枢神经、刺激心脏、兴奋大脑神经和利尿等作用，故可以作为中枢神经兴奋药。咖啡因也是复方阿司匹林等药物的组分之一。但是，大剂量或长期使用会对人体造成损害，特别是其也有成瘾性，一旦停用会出现精神萎顿、浑身困乏疲软等各种戒断症状。

咖啡因是一种生物碱，它可被生物碱试剂（如鞣酸、碘化汞钾试剂等）沉淀，也能被许多氧化剂氧化。

【实验原理】

咖啡因化学名为 1, 3, 7-三甲基-2, 6-二氧嘌呤，其结构如下所示：

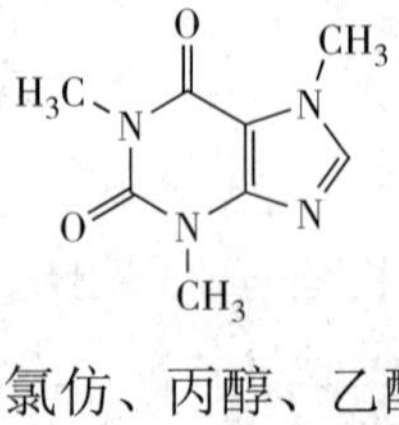

咖啡因是弱碱性化合物，可溶于氯仿、丙醇、乙醇和热水，难溶于乙醚和苯（冷）。纯品熔点 235～236℃，含结晶水的咖啡因为无色针状晶体，在 100℃时失去结晶水，并开始升华，120℃时显著升华，178℃时迅速升华。利用这一性质可纯化咖啡因。

提取咖啡因的方法有碱液提取法和索氏提取器提取法。本实验以乙醇为溶剂，用索氏提取器提取，再经浓缩、中和、升华，得到纯的咖啡因。工业上咖啡因主要是通过人工合成制得。

【仪器与试剂】

仪器：索式提取装置 1 套；常压蒸馏装置 1 套；蒸发皿；烧杯；玻璃漏斗。

试剂：茶叶 10g；95%乙醇 100ml；生石灰（CaO）粉 4g；30% H_2O_2；5% HCl；浓氨水；5%鞣酸。

【实验步骤】

1. 咖啡因的提取

（1）抽提　在 150ml 圆底烧瓶中加入 100ml 95%乙醇和 2 粒沸石，安装索式提取器。将装有 10g 茶叶的纸筒套放入索式提取器中，装上冷凝管。接通冷凝水，加热，虹吸 3 次，提取液颜色变浅可终止抽提。待冷凝液刚好虹吸下去时，立即停止加热，冷却。

（2）回收乙醇　装好蒸馏装置，加 2 粒沸石，加热蒸馏回收大部分乙醇，待剩余液约为 10ml 时即可停止蒸馏。残液倒入蒸发皿中，烧瓶用少量乙醇洗涤，将洗涤液合并于蒸发皿中。

（3）升华提纯　向盛有浓缩残液的蒸发皿中加入 4g 生石灰（CaO）粉，在电炉上搅拌、蒸干、研磨至浅绿色粉末。冷却后，擦去沾在边上的粉末，以免升华时污染产物。

1）将一张刺有许多小孔的圆形滤纸盖在蒸发皿上，取一只大小合适的玻璃漏斗盖在滤纸上进行升华，漏斗颈部疏松地塞一团棉花。

2）用电炉小心加热蒸发皿，慢慢升高温度，使咖啡因升华。

3）当滤纸上出现大量白色针状晶体时，即可停止加热。冷却后，小心揭开漏斗和滤纸，用小刀仔细地把附着于滤纸及漏斗壁上的咖啡因刮入表面皿中。将蒸发皿内的残渣加以搅拌，重新放好滤纸和漏斗，用较高的温度再加热升华一次。此时，温度不宜太高，否则蒸发皿内会冒烟，产品既受污染又遭损失。

4）合并两次升华所收集的咖啡因，称重，测定熔点。

2. 咖啡因的鉴定

（1）氧化反应　在表面皿上放入咖啡因 50mg，加 8～10 滴 30%的 H_2O_2，再加 5%稀盐酸 4～5 滴，置于水浴上蒸干，记录残渣颜色。再加一滴浓氨水于残渣上，观察并记录颜色有何变化。

（2）与生物碱试剂反应　取 1 支试管，加 5 滴咖啡因的饱和水溶液和 2～3 滴 5%鞣酸溶液，记录现象。

【附注与注意事项】

1. 滤纸筒的直径要略小于抽提筒的内径，方便取放。样品高度不得高于虹吸管，否则无法充分浸泡，影响提取效果。

2. 生石灰（CaO）粉主要起吸水、中和茶叶中的丹宁酸作用。

3. 在蒸发皿上覆盖刺有小孔的滤纸是为了避免已升华的咖啡因回落入蒸发皿中，纸上的小孔应保证蒸气通过。为防止咖啡因蒸气逸出，漏斗颈应塞棉花。

4. 升华初期，漏斗壁上如果有水汽产生，应用棉花擦干。

5. 温度太高，将导致被烘物和滤纸炭化，一些有色物质也会被带出来，影响产品的质量。进行升华时，加热亦应严格控制。

6. 咖啡因可被过氧化氢、氯酸钾等氧化剂氧化，生成四甲基偶嘌呤（将其用水浴蒸干，呈玫瑰色），后者与氨作用即生成紫色的紫脲铵。该反应是嘌呤类生物碱的特性反应。

7. 咖啡因属于嘌呤衍生物，可与生物碱试剂鞣酸生成白色沉淀。

【思考题】

1. 升华操作时的注意事项有哪些？
2. 试述索氏提取器的萃取原理，它与一般的浸泡萃取相比，有哪些优点？

实验十五　从菠菜中提取叶绿素

【实验目的】

1. 通过从菠菜中提取叶绿素，掌握提取天然绿色植物色素的方法。
2. 掌握柱层析操作技术。
3. 学习薄层色谱法鉴定化合物的原理和操作。

【实验提要】

叶绿素是一类与光合作用有关的最重要的色素。叶绿素吸收大部分的红光和紫光但反射绿光，所以叶绿素呈现绿色，它在光合作用的光吸收中起核心作用。叶绿素为镁卟啉化合物，不太稳定，光、酸、碱、氧化剂等都会使其分解。特别在酸性条件下，叶绿素分子很容易失去卟啉环中的镁成为去镁叶绿素。

叶绿素是良好的天然色素，具有广泛的用途，不仅具有造血、解毒作用，还可以提供维生素、维持酶的活性，具有抗病强身的功效。叶绿素中富含微量元素铁，是天然的造血原料。叶绿素还是食用的绿色色素，可用于糕点、饮料等的制备。

【实验原理】

绿色植物如菠菜中含有叶绿素（包括叶绿素 a 和叶绿素 b）、叶黄素及胡萝卜素等天然色素。叶绿素 a 为蓝黑色固体，在乙醇溶液中呈蓝绿色；叶绿素 b 为暗绿色，其乙醇溶液呈黄绿色。叶绿素是吡咯衍生物与镁的络合物，是植物进行光合作用必需的催化剂，叶绿素分子中含有一些极性基团，但大的烃基结构使其易溶于石油醚等非极性溶剂中。通常植物中叶绿素 a 的含量是叶绿素 b 的 3 倍。其结构式如下：

叶绿素a(R=CH_3)，叶绿素b(R=CHO)

胡萝卜素是一种橙色的天然色素，属于四萜，具有长链结构的共轭多烯。它有 α、β 和 γ 三种异构体，其中 β 异构体含量最多。叶黄素是胡萝卜素的羟基衍生物，在光合作用中能起收集光能的作用，在绿叶中其含量通常是胡萝卜素的两倍，较易溶于醇而在石油醚中溶解度较小。

β–胡萝卜素(R=H)，叶黄素(R=OH)

本实验从菠菜中提取上述四种色素，并通过萃取、柱层析进行分离。

【仪器与试剂】

仪器：研钵；分液漏斗；锥形瓶；层析柱；层析缸。

试剂：菠菜 2g；中性氧化铝 10g；石油醚（60～90℃）；95%乙醇；无水硫酸钠；丙酮；正丁醇；蒸馏水；饱和 NaCl 溶液。

【实验步骤】

1. 叶绿素的提取　在研钵中放入 2g 撕碎的菠菜叶，加入 10ml 石油醚和乙醇混合液（V/V=2:1），适当研磨，用吸管吸取研磨液上柱。

2. 柱层析分离　称取 10g 中性氧化铝用 20ml 石油醚湿法装柱，待中性氧化铝填充结实均匀后，采用湿法上样。先用石油醚–丙酮（9:1）洗脱，当第一个橙黄色色带流出时，换接收瓶接收，此时为胡萝卜素。接收完全后，用石油醚–丙酮（7:3）洗脱，当第二个棕黄色色带流出时，换接收瓶接收，此时为叶黄素。接收完全后，更换正丁醇–乙醇–水（3:1:1）洗脱，分别接收蓝绿色的叶绿素 a 和黄绿色的叶绿素 b。

3. 薄层层析　取活化好的硅胶板，在板的一端 1.5cm 处用铅笔画条直线作为起点。用分离后的叶绿素 a 和叶绿素 b 点样，用石油醚–丙酮（7:3）展开，当展开剂前沿上行到距离顶端约 1cm 时，立即取出并做好标记，晾干后计量斑点行进的距离，计算 R_f 值。

【附注与注意事项】

1. 研磨适当，不可研磨得太烂而成糊状，否则会造成分离困难。
2. 洗涤时要轻轻振荡，以防止产生乳化现象。
3. 可用酸式滴定管代替层析柱。

【思考题】

1. 柱层析洗脱过程中，根据什么原理调整展开剂的比例？
2. 展开剂的高度若超过点样线，对薄层色谱有何影响？
3. 薄层层析中点样时应注意什么？
4. 薄层色谱常用的显色剂有哪些？

第七节　有机反应动力学研究

实验十六　叔丁基氯水解反应速率测定

【实验目的】

1. 了解叔丁基氯的基本性质。
2. 了解叔丁基氯水解反应的过程。
3. 掌握测定水解反应速率的方法。

【实验原理】

叔丁基氯，即2-氯-2-甲基丙烷，为无色透明液体，能与乙醇、乙醚混溶，微溶于水。在溶解过程中，有进行自发性溶剂解（水解）的趋势。叔丁基氯的水解是典型的 S_N1 反应，影响其反应速率的因素主要有：

1. 溶剂　溶剂性质对 S_N1 反应速率影响很大，溶剂极性和质子化性质的增加有利于加速反应。极性大的溶剂更容易通过溶剂化作用稳定反应的过渡态。

2. 温度　温度的变化直接影响反应速率。温度每升高约10℃，反应速率会提高1倍。

3. 浓度　S_N1 反应是动力学一级反应，其反应速率只与反应物（卤代烃）的浓度成正比，与亲核试剂的浓度无关。

4. 反应物　反应物中烷基的结构和离去基团的离去难易程度对反应速率有影响。

本实验中，反应速率＝k［叔丁基氯］，k 为反应速率常数。k 为给定条件下反应进行快慢的标志，对比较彼此类似的反应是一个重要的参数。假设 c_0 为反应物初始浓度（时间 $t=0$，t_0），c_t 为反应开始后任一时间 t 时反应物的浓度，则有：

$$c_t = c_0 e^{-kt}$$

通过实验测定不同时间进程内反应物的消耗量或产物的生成量，可以观察到不同时间内的反应速率。

若实验中加入氢氧化钠的量（物质的量）为叔丁基氯的10%，则可以确保测定10%的叔丁基氯碱水解所需要的时间。当碱水解完成10%时，生成的盐酸中和了氢氧化钠，而酸碱指示剂溴百里酚蓝丙酮溶液的加入，可通过颜色的变化而测定出反应时间，再通过下式计算近似的反应速率常数 k：

$$k = \frac{2.303}{t} \lg \frac{1}{1-\text{已反应的摩尔分数}}$$

由此，通过测定反应时间可近似计算出反应速率常数 k。

【反应式】

叔丁基氯的制备：

$$(CH_3)_3C{-}OH + HCl \longrightarrow (CH_3)_3C{-}Cl + H_2O$$

叔丁基氯水解反应速率的测定：

$$(CH_3)_3C{-}Cl + H_2O \xrightarrow{NaOH} (CH_3)_3C{-}OH + HCl$$

$$NaOH + HCl \xrightarrow{\text{溴百里酚蓝丙酮溶液}} \text{由蓝变黄}$$

【仪器与试剂】

仪器：250ml 分液漏斗；蒸馏装置 1 套；秒表；折光仪；电热套；玻璃温度计；分液漏斗；锥形瓶；量筒。

试剂：叔丁醇 11ml；浓盐酸 33ml；5%的碳酸氢钠溶液 10ml；无水氯化钙 0.5g；丙酮；0.1mol/L 氢氧化钠溶液；0.2%溴百里酚蓝丙酮溶液。

【实验步骤】

1. 叔丁基氯的制备　在 100ml 圆底烧瓶中，加入 11ml 叔丁醇和 33ml 浓盐酸，不断振荡 10～15 分钟后，转入分液漏斗中，静置，待明显分层后，分出水层。上层有机相分别用 5%碳酸氢钠溶液、水各 8ml 洗涤，之后转移到干燥的仪器中加无水氯化钙干燥 15 分钟。将干燥后的有机物滤入蒸馏瓶中蒸馏收集 51～52℃馏分，称量计算收率。

2. 叔丁基氯水解反应速率的测定

（1）配制叔丁基氯丙酮溶液　在用丙酮润洗过的 50ml 的容量瓶中量取 0.463g（0.005mol）的叔丁基氯，配成 0.10mol/L 叔丁基氯丙酮溶液。

（2）反应完成 10%的反应速率的测定　在 25ml 干燥清洁的锥形瓶 A 中，用移液管准确加入 3.0ml 0.10mol/L 叔丁基氯丙酮溶液。在另一个 25ml 锥形瓶 B 中加入 0.3ml 0.1moL/L 的氢氧化钠溶液和 6.7ml 蒸馏水和 2 滴 0.2%溴百里酚蓝丙酮溶液。然后将这两个锥形瓶放在室温下恒温，记录室温。恒温后将 B 瓶溶液快速倒入 A 瓶溶液混合，同时启动秒表开始计时。振荡约 10 秒，使反应混合物均匀。一旦混合，反应便立即开始，此时应密切观察溶液颜色变化，当溶液由蓝色变为黄色时立即停止计时，记录反应时间（准确到秒）。重复上述操作，获取读数相差不超过 2～3 秒的 3～5 组平行数据，取其平均值，计算反应速率常数 k。

（3）反应完成 20%的反应速率的测定　将氢氧化钠用量增加 1 倍，按实验步骤（2）重复实验，记录实验数据并计算 k 值。比较实验结果，分析反应速率是否取决于氢氧化钠的浓度。

（4）反应浓度的影响　用浓度为 0.05mol/L 叔丁基氯丙酮溶液（经稀释获得）和 0.05mol/L 的氢氧化钠溶液，按实验步骤（2）重复实验，记录实验数据并计算 k 值。比较实验结果，分析反应速率是否取决于反应物的浓度。

（5）溶剂极性的影响　将实验步骤（2）中溶剂系统由丙酮改为 80%水-20%丙酮进行水解反应。即用 2.0ml 0.10mol/L 叔丁基氯丙酮溶液、0.3ml 0.1mol/L 的氢氧化钠溶液和 7.7ml 蒸馏水反应，记录实验数据并计算 k 值。比较实验结果，分析反应速率与溶剂极性的关系。

（6）反应温度的影响　改变反应温度，分别在高于室温 10℃和低于室温 10℃的条件下，按实验（2）过程重复实验，记录实验数据并计算 k 值。比较实验结果，分析温度对反应速率的影响。

【附注与注意事项】

1. 叔丁醇凝固点为 25℃，温度较低时呈固态，需在温热水中熔化后取用。

2. 反应速率对温度的变化非常敏感，为了减少误差，反应最好在水浴中进行，并尽可能保持温度恒定，特别是温度升高时，反应时间会缩短，更要注意。

3. 实验中叔丁基氯、碱的加入量关系到实验的成败，需准确量取。

第八节　现代有机合成技术

一、超声波反应仪及操作

早在 20 世纪 20 年代，美国普林斯顿大学化学实验室就曾发现超声波有加速化学反应的作用，但长期以来未引起化学家们的重视。直到 80 年代中期，由于大功率超声设备的普及与发展，超声波在化学化工中的应用研究才迅速发展以致形成了一门新兴的交叉学科——声化学（sonochemistry）。

超声波（ultrasound）作为一种新的能量形式用于有机化学反应，不仅使很多以往难以进行或不能进行的反应得以顺利进行，而且它作为一种方便、迅速、有效、安全的合成技术大大优越于传统的搅拌、外加热等热力学手段。一些均相反应由于应用超声波技术得到较好的改善。目前，声化学研究的主要对象是多相反应，特别是有机金属反应。

（一）声化学合成原理

1. 基本原理　声化学中采用的激励源主要是高能量的超声波，频率范围为 16kHz～5MHz，甚至 500MHz。多数化学反应在液相中进行，故以下的讨论仅限于溶液体系。

超声波促进化学反应并不是声场与反应物在分子水平上直接作用的简单结果。常用超声波的能量（20kHz～10MHz）非常低，甚至不足以激发分子的转动，因而并不能使化学键断裂引发反应。在这方面，声化学的作用机制与光化学有很大的不同。光化学反应中光子进入分子，在能量上是量子化的；声化学中声波通过介质进入分子，在能量上则不是量子化的。

声化学反应中，起关键作用的是“空穴效应”（cavitation effect）。超声波作为一种机械波作用于液体时，波的周期性波动对液体形成压缩和稀疏作用，从而在液体内形成过压位相和负压位相，达到一定程度会使液体形态被破坏。即在声场作用下液体内部除静压（P_n）外，还附加产生一个声压（P_a）。声压大于静压时，液体内部产生负压（$P_c = P_a - P_n$）。当负压足够大时，即当声波的能量大到足以使分子间距超过使分子保持液态所必需的临界距离时，液体内部会产生肉眼难以观察的微小气泡或空穴，有时可以听到小的爆裂声，于暗室内可看到发光现象。不稳定空穴存在时间一般为一个或几个振动周期，其体积随后迅速

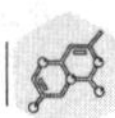

膨胀并破裂，在破裂瞬间产生如下式所示的高温高压：

$$T_{max}=T_0[P_m(\gamma-1)/P]$$
$$P_{max}=P_0[P_m(\gamma-1)/P]^{\gamma(\gamma-1)}$$

式中，T_0 为环境温度；γ 为空穴内气体（或蒸气）混合物比热容之比；P 为空穴在最大体积时的压力（近似等于液体蒸气压力 P_v）；P_m 为空穴破裂瞬时液体内压力（$P_m=P_a+P_n$）。例如，$T_0=20℃$，$P_n=101.3kPa$，在含氩气的水中（$\gamma=1.33$）空穴破裂时的温度和压力分别是 4200K 及 9.75×10^4kPa。实测值稍低一些，分别为 3400K 和 3.14×10^4kPa。穴效应使溶液中出现微区和极短时间（10^{-9}秒）的高温高压，形成高能环境、强冲击波和微射流，空穴充电放电、发光等，引起分子热解离、分子离子化及产生自由基等，从而导致一系列化学变化。

此外，超声波的许多次级效应，如机械振荡、乳化及扩散等，可加速反应体系传热及传质过程，促进反应进行。有的反应在施加超声波后仍须机械搅拌。例如，在产生二氯卡宾的反应中，单纯超声或单纯搅拌一天以上，与苯乙烯的加成产物分别仅为38%和31%，若两者结合使用 1.5 小时后，产率可达 96%。另外，超声清洗作用将金属表面生成的金属有机化合物和无机盐迅速“剥离”，保持其活化表面或充分暴露反应中心可能也是加速反应的原因之一。

2. 超声波促进化学反应的特点

（1）空化泡爆裂可产生促进化学反应的高能环境（高温高压），使溶剂和反应试剂产生活性物质，如离子、自由基等。

（2）超声辐照溶液时还可产生机械作用，如促进传热、传质、分散和乳化等作用，并且溶液或多或少吸收超声波而产生的一定宏观加热效应。

（3）对许多有机反应，尤其是非均相反应有显著的加速效应，反应速率可较常规方法快数十乃至数百倍，并且在大多数情况下可提高反应产率，减少副产物的生成。

（4）可使反应在较为温和的条件下进行，减少甚至不用催化剂，并且还可简化实验操作，大多数情况下不再需要辅以搅拌，有些反应不再需要严格的无水无氧条件或分步投料方式。

（5）对金属（作为反应物或催化剂）参与的反应，超声波可及时除去金属表面形成的产物、中间产物及杂质等，一直暴露清洁的反应表面，从而大大促进这类化学反应。

超声辐照对有的化学反应效果不佳，使反应速率和产率增加不大，甚至对有的反应还有抑制作用；且由于空化泡爆裂产生的离子和自由基与主反应发生竞争而降低了某些反应的选择性，使副产物增加。

（二）超声波反应仪

随着声化学的发展，工业应用已引起人们越来越多的兴趣，因而对声化学反应器的研究将成为一个至关重要的环节。

声化学反应器一般包括电子部分、换能器部分、耦合系统及反应器部分。现主要介绍后两部分。

1. 超声波清洗器 因超声波清洗器价廉易得，所以到目前为止，大部分的声化学反应都是用它来进行的。一般是将一组并联的电压换能器置于清洗槽底部，槽内注入水等耦合液，然后将反应器置于耦合液中。

超声波清洗器虽然可以用于声化学研究。但作为工业应用是不合适的。其一，反应器远小于清洗槽，能量损失较大；其二，由于反应液与反应器之间声阻抗相差很大，声波反射极为严重。如以玻璃反应瓶进行反应，其反射率高达70%。因此，超声波清洗器用于声化学研究还有许多局限性。其一，声能密度小，约1W/cm^2。因而能加速的化学反应有限。其二，温度控制不方便，因在较长时间辐射之后，耦合液会因吸收超声波而发热。解决的办法是采用循环耦合液或加冰。而这两种方法都不能精确控制温度。其三，商品化清洗器的频率是不确定的，因此，往往难以重复别人的实验结果。

2. 杯式超声波发生器 杯式超声波发生器最初的用途是粉碎细胞。其结构如图2-36所示。与超声波清洗器相比，其有以下几个优点：①能量密度较高，而且可以调节；②频率固定，可以进行更为定量和重复性实验；③冷却液从扬声器中间流过，可以精确控制温度±0.2℃。

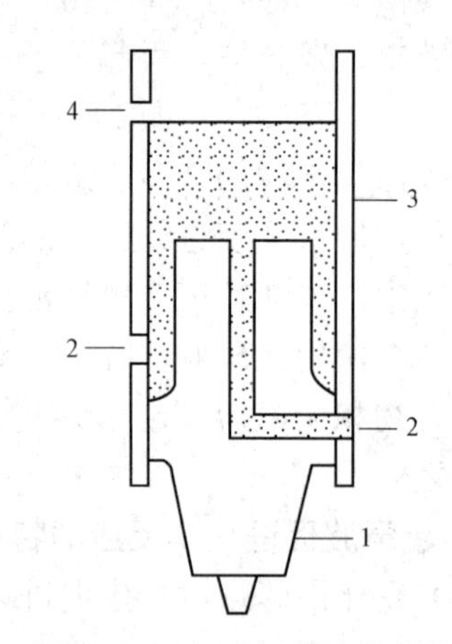

图2-36 杯式超声波发生器

1—扬声器；2—冷却液进出口；3—杯体；4—坝口

用杯式超声波发生器研究 2-甲基-2-氯丙烷在醇和水中溶剂解的均相反应动力学性质。研究表明，当温度为 10℃时，有超声辐射和无超声辐射的速度常数比高达 20 倍。而如果用超声清洗器，只加速 2 倍左右。应归因于能量密度的提高。因仍要将反应器置于耦合液中，能量损失还是不可避免的。

3. 非变幅辐射式超声波反应器 以上两种超声波反应器因考虑要增加辐射面，其振幅被缩小；非变幅式反应器的能量密度介于两者之间。有专为化学反应而设计的反应器，温度压力控制可以达到非常精确的程度。其耦合方式多种多样，既可以通过耦合液将声波传入反应器，也可以将换能器浸没于反应介质中，还可以安装在机械搅拌器上，在机械搅拌的同时，进行超声处理。典型的反应器如图2-37所示。此为可以精确控制温度与压力的反应器，同时还可以更换换能器，研究不同频率下的超声效应。

4. 探头插入式超声波反应器 探头是一种变幅杆，即一类使振幅放大的器件，因而使能量集中。变幅杆与换能器紧密相连，然后插入反应体系之中。在节点处可以用螺纹直接与反应器相连或用螺钉紧固。在探头端面能达到的声能密度是很高的，通常可以大于100W/cm^2，根据需要，还可以更大。功率一般连续可调。

使用超声探头有以下几个优点：

（1）直接插入反应液，声能利用率大。

（2）通过变幅杆的集中，声能密度大大提高，可以实现许多在超声清洗器上难以实现的反应。

（3）连续改变功率以优化反应条件，并根据声能密度大小精确设计反应器。

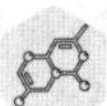

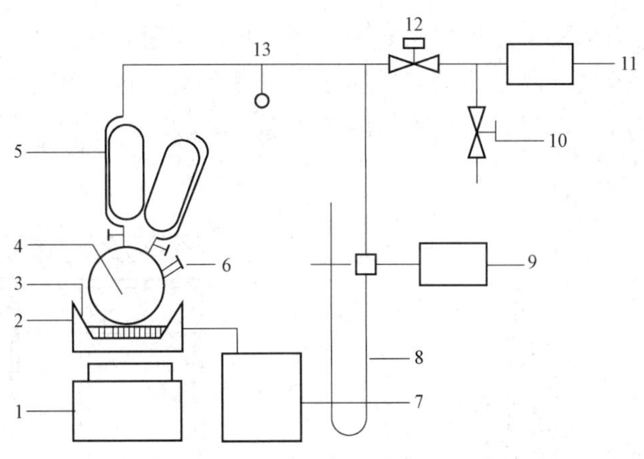

图 2－37　非变幅式超声波反应器

1—磁力搅拌器；2—恒温浴；3—温度控制器；4—Cr-Al 电热偶；5—恒压滴液漏斗；6—取样口；7—超声波发生器；8—汞压力计；9—自动压力调节器；10—真空气流控制；11—真空泵；12—电子阀门；13—空气入口；14—光电微型开关

（4）易于控制温度、压力等条件。

探头插入式反应器的主要缺点是密封问题，因为超声探头的振动部分不能受力，否则会影响谐振。解决办法有两种。其一，将探头插入用薄的隔膜封起来的反应器，显然，它是只能进行常压反应的；其二，将反应器用螺口或螺钉的方式固定于节点盘上，前者拆卸容易，后者耐压更高。如图 2－38 所示，为探头插入式反应器。此反应器具有通用性，因为其密封性好，既可以带正压，也可以带负压，同时，使用制冷器，可自由调节温度。

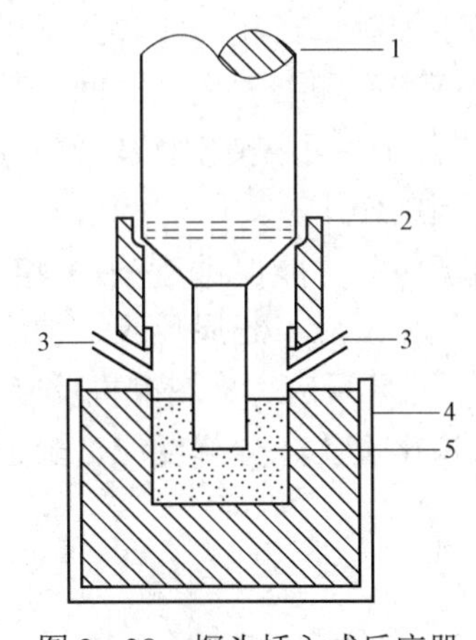

图 2－38　探头插入式反应器

1—超声探头；2—聚四氟乙烯螺口；3—气体进出口；4—制冷器；5—反应混合物

5. 超声波连续反应器　图 2－39 所示的反应器中，下面增加一个出口，即为连续反应器。我国林仲茂等设计了一个用于乳化处理的中空变幅杆式反应器，处理量可达 150L/h，但只能处理液体。值得说明的是，该反应器是长方形而不是圆形的。上下换能器频率各不相等，以处理各种粒度的固体。

已有报道将超声波引入电解反应还原多氯联苯的实例。使用搅动汞池作电极。若用金属板做电极，可以考虑用楔形超声探头将声波引入电极表面。这种探头市场已有出售。

关于与光相结合方面，藤进敏昭已发明了一种紫外线或放射线与超声波一起产生臭氧的装置，如图 2-40 所示，超声波起的作用是喷雾与分散。

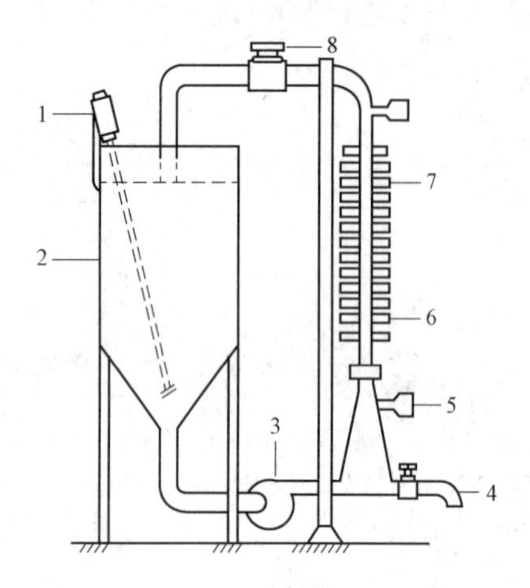

图 2-39　中空变幅杆式反应器

1—机械搅拌；2—储存缸；3—泵；4—出口；5—压力表；6—换能器或压头；7—长方形反应器；8—阀门

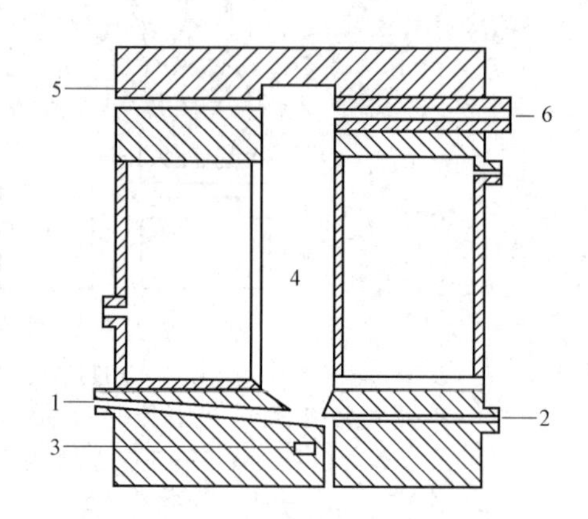

图 2-40　声光复合连续反应器

1—过氧化物供给口；2—氧气供给口；3—超声波发生器；4—反应器；5—紫外线源或射线源；6—臭氧出口

（三）超声波促进下的有机反应

超声波在有机合成中的应用研究在近三十年来发展非常迅速，其比传统的有机合成方法方便，实验仪器简单，操作易于控制。在超声波辐照下可使许多传统的有机反应在较温和的条件下进行，同时可显著提高产率和缩短反应时间，甚至还可使某些在传统条件下难以发生或不能发生的反应得以进行。但并不是超声波辐照对所有的有机反应都有促进作用，其对有的反应甚至还有抑制作用和副作用。

超声波既能促进液相的有机反应，也能促进液-液多相、液-固多相的有机反应。超声波促进有机反应的种类很多，如氧化反应、还原反应、加成反应、取代反应、偶合反应、缩合反应、消除反应、成环反应、开环反应、金属有机反应、与无机固体的多相有机反应、相转移催化反应、重排反应、异构化反应、分解反应、聚合反应、玻沃反应及生物催化反应等。

二、微波反应仪及操作

微波辐射下的有机反应较传统的加热方式的反应速率快数倍、数十倍甚至上千倍，并且具有操作方便、产率高及产品易纯化等优点，因此微波有机合成技术虽然时间不长，但发展迅速。目前，已经研究并取得明显加速效果的有机合成反应有 Diels-Alder 反应、酯化反应、重排反应、Knoevenagel 反应、Perkin 反应、苯偶姻缩合反应、Reformatsky 反应、Deckmann 反应、缩醛（酮）反应、Witting 反应、羟醛缩合反应、开环反应、烷基化反应、氧化反应、烯烃加成反应、消除反应、取代成环反应、环反转反应、酯交换反应、酰胺化反应、催化氢化反应、脱羧反应、脱保护反应、聚合反应、立体选择性反应、

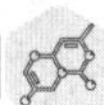

自由基反应及糖类和某些金属有机反应，几乎涉及各种有机反应。

（一）微波辐射与化学反应

微波的频率在 300MHz～300GHz 之间。这个频率段中，电讯和微波雷达占大多数，其中 1～25cm 波长区域专门用于雷达的传输，其余部分则用于电讯传输，一般来说，为了避免相互干涉冲突，用于加热的工业微波装置和家用微波装置波长都规定在 12.2cm，其频率为 2.450GHz，但是也存在其他的频率配置。波长在 0.1～100cm 之间，能量较低，比分子间的范德华结合能还小，因此只能激发分子的转动能级，不能直接打开化学键。目前比较一致的观点认为，微波加快化学反应主要是靠加热反应体系来实现的，而且微波电磁场还可以直接作用于反应体系而引起所谓的“非热效应”。

在液体中电介质分子的偶极子转向极化（取向极化）的弛豫时间为 10^{-12}～10^{-9} 秒，这一时间与微波交变电场振动 1 周的时间相当。因此，当微波辐射溶液时，溶液中的极性分子受微波作用会随着其电场的变化而取向极化，吸收微波能量，同时这些吸收了能量的极性分子在与周围其他分子的碰撞中将能量进行传递，从而使液体温度升高。因液体中每一个极性分子都同时吸收和传递能量，所以升温速率快，且液体内外温度均匀。

微波和介质的相互作用主要通过偶极极化现象发生，分子极性越大（例如溶剂），微波促进的升温效果越好。对于反应性和动力学来说，作用的特殊效果就是必须根据反应机制来考虑，尤其是研究在反应过程中体系的偶极是如何变化的。

对于微波如何促进有机反应的机制还有争论。有人认为微波特殊效应是一种偶极机制，因为在反应过程中，当物质从基态转变到过渡态时，其极性增加，反应结果主要取决于反应介质和反应历程，降低活化能有助于促进反应进行。

介质在微波场中的平均升温速率与微波频率（v）、电场强度（E）的平方和介质的有效损耗（ε_e）成正比，与介质密度（ρ）和恒压比热容（c_p）成反比，即：

$$\frac{T-T_0}{t}=\frac{5.66\times10^{-11}\varepsilon_e vE^2}{\rho c_p}$$

式中，t 为微波辐照的时间，T_0 和 T 分别为液体辐照前后的温度。介质的有效损耗与液体的介电常数成正比，如极性较大的乙醇、丙醇、乙酸等具有较大的介电常数，50ml 液体经微波辐照 1 分钟后即可沸腾，而非极性的 CCl_4 和碳氢化合物等的介电常数很小，几乎不吸收微波。若想获得高热效应，必须使用极性溶剂，如水、醇、酸等。

由于微波加热的直接性和高效性，往往会产生过热现象。例如在 0.1MPa 压力下绝大多数溶剂可过热 10～30℃，而在较高压力下甚至可过热 100℃。因此在微波加热时必须考虑过热问题，以防止暴沸和液体溢出。

由于微波具有对物质高效、均匀的加热作用，而大多数化学反应速率与温度又存在阿伦尼乌斯关系（即指数关系），因此微波辐照可以极大的提高反应速率。微波能量能够穿过容器直接进入反应物内部并只对反应物和溶剂加热，所以不需要传统加热的传热过程，此为微波加速化学反应的主要原因，有时反应的速率可增大 10^3 倍，许多用传统加热方式需几小时，甚至几天的有机化学反应，在微波辐照下只需数分钟便可完成。特别是可使一些在通常条件不易进行的反应迅速进行。

微波对凝聚态物质的加热方式不同于常规的加热方式。常规的加热方式是由外部热源通过热辐射由表及里的传导式加热，能量利用率低，温度分布不均匀。而微波加热是通过电介质分子将吸收的电磁能转变为热能的一种加热方式，温度升高快，并且里外温度相同。

微波也可以加热许多固体物质。在固体中，分子偶极距是固定的，不能自由旋转和取向，故不能与微波的电场偶合而吸收微波能量。但在半导体或离子导体中，由于电子、离子的移动或缺陷偶极子的极化而吸收微波，结果使这些固体被加热。微波对固体的加热效率与介电损耗有关，介电损耗高的固体如石墨、Co_2O_3、Fe_3O_4、V_2O_5、Ni_2O_3、MnO_2、SnO_2等在 500～1000W 的微波辐照下 1 分钟可升温 500℃以上，而介电损耗很低的固体如金刚石、Al_2O_3、TiO_2、MoO_2、ZnO_2、PbO_2、玻璃、聚四氟乙烯等在微波场中升温很慢或几乎不升温，因此常用玻璃和聚四氟乙烯作为有机合成的反应器材料。

（二）微波辐射反应仪

实验中微波有机合成一般在家用微波炉或经改装后的微波炉中进行。反应容器一般采用不吸收微波的玻璃或聚四氟乙烯材料。

对于无挥发性的反应体系（包括反应物、产物、溶剂和催化剂等），可在置于微波炉的敞口器皿中反应。这种反应技术的缺点是很难对反应条件加以调控，并且在反应的过程中温度高时液体有溢出的可能。

对于挥发性较小的反应体系（蒸气压不高），可采用密闭合成反应技术。将反应物放入聚四氟乙烯容器中，密封后置入微波炉中，开启微波进行反应。利用这种装置，已成功地进行了苯甲酰胺的水解、甲苯氧化、苯甲酸甲酯化等反应。这一技术的缺点是反应器容易发生爆裂，因此常在反应器外面再包裹一层抗变形的不吸收微波的刚性材料，且这一技术的温度控制也较麻烦。

1. 微波干法反应器 反应可以在均相溶液中进行，也可在干燥的载体上实现。前者反应条件易于控制，反应均一，结果重现性好；后者往往反应不均一，条件难于准确控制，实验结果难以重复，但从环境角度有其优越性。

微波反应可以在无溶剂条件下合成。可以用微波直接照射反应混合物，也可将试剂负载于无机氧化物如三氧化二铝、硅胶或黏土上。反应甚至可以在开放式器皿中进行，这样可以避免因反应失控所产生的危险，不使用溶剂可减少后处理操作及很可能对环境造成的污染。产物的提取可用简单的溶剂萃取法或传统的柱色谱分离法，某些产物甚至可直接蒸馏获得。

微波干法反应实验装置，如图 2-41 所示。反应容器置于微波炉中心，聚四氟乙烯管从反应器的底部伸出微波炉外与惰性气体气源相接，当在微波辐射下发生反应时，惰性气流吹进反应器底部起到搅拌作用；当反应结束时，聚四氟乙烯管又可与真空泵相连，将反应生成的液体吸走。用此装置成功地合成了一些常规方法难以合成的多肽。

2. 回流微波反应器 为使有机合成反应在安全可靠和操作方便的条件下进行，需对微波炉进行改造，是使加液、搅拌和冷凝过程在微波炉腔外进行。如对家用微波炉进行改造，在需要处钻孔。为防止微波泄漏。在开口处需用一铜套加以妥善屏蔽。对反应器内温度的测量方法很多。最简单的方法是采用二甲苯温度计，也可采用气压法、红外热显影法等测量。

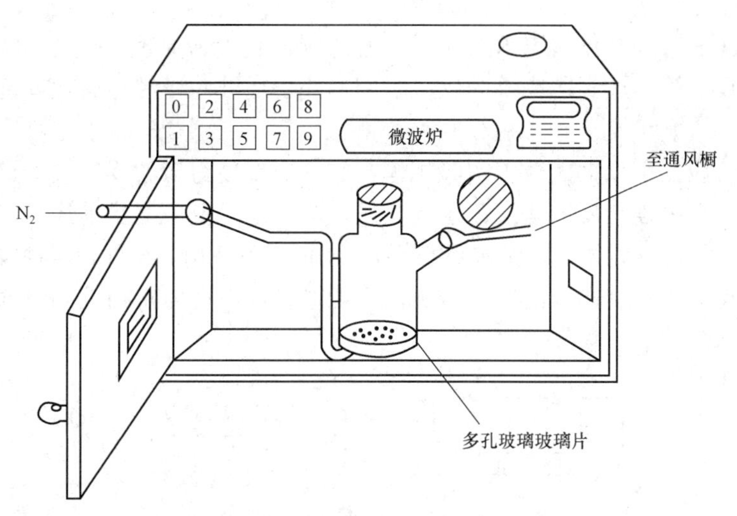

图 2-41　微波干法反应实验装置

回流微波反应器如图 2-42 所示。在微波炉壁上开一个小孔，将冷凝管置于微波炉腔外侧，装有溶液的圆底烧瓶经过一玻璃接头与冷凝管相连，后者穿过铆接在微波炉侧的铜管接到炉外的水冷凝管上。微波快速加热时，溶液在这种装置中进行回流。在下侧有一聚四氟乙烯管与反应容器相连，通过此管可为反应瓶提供惰性气体，从而对反应体系起到保护作用。

回流系统可使系统与大气相连而排除易燃气体，则不会引发爆炸。温度也不会比溶剂的正常沸点高很多，而且，过热效应也只会更好地在某种程度上加快反应速率，而不会出现加热过高而引起不良反应。

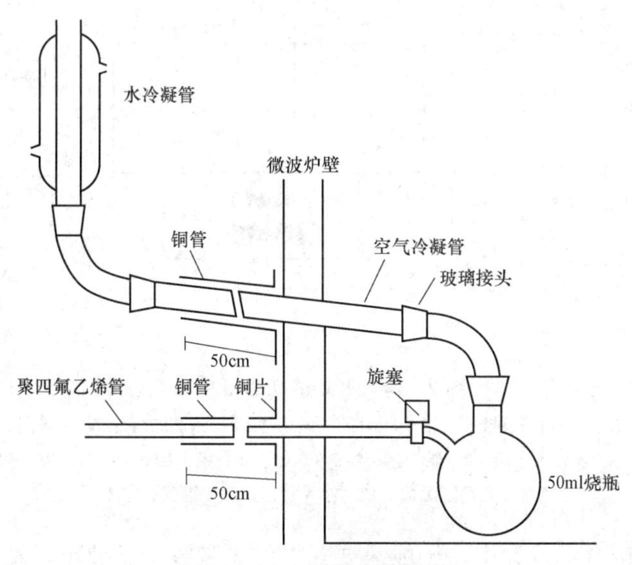

图 2-42　回流微波反应器

3. 连续微波反应器　在反应物量小的情况下，微波可显著促进有机化学反应；而反应物量大，则效果不明显。基于这种原因，人们又设计出连续微波反应器（continuous microwave reactor，CMR）。以 CSIRO 反应器为例，其设计原理如图 2－43 所示，反应物经压力泵导入反应管，达到所需要的反应时间后流出微波腔，经热交换器降温后流入产物贮存槽。

连续微波反应器可以大大改善实验规模，它的出现使得微波反应技术最终应用于工业生产成为可能。有的连续反应器还可进行高压反应。这种反应器目前还只能应用于低黏度体系的液相反应，对有固体析出及高黏体系，CMR 则不适用。另外，这种反应器所测量的温度不能体现反应管温度梯度的变化情况，不能进行反应动力学的准确研究。

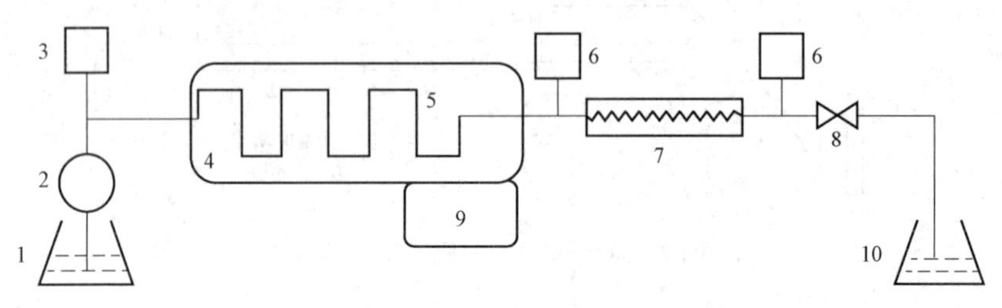

图 2－43　连续微波反应器

1—待压入的反应物；2—泵流量计；3—压力转换器；4—微波腔；5—反应管；6—温度检测器；7—热交换器；8—压力调节器；9—微波程序控制器；10—产物贮存槽

4. 多功能微波反应器　Raner 等人报道了一种适用于高温（260℃）、高压（10MPa）的釜式多功能微波反应器，如图 2－44 所示。已用这种反应器进行了多种合成，十分安全，另外，用此反应器还可进行动力学研究。

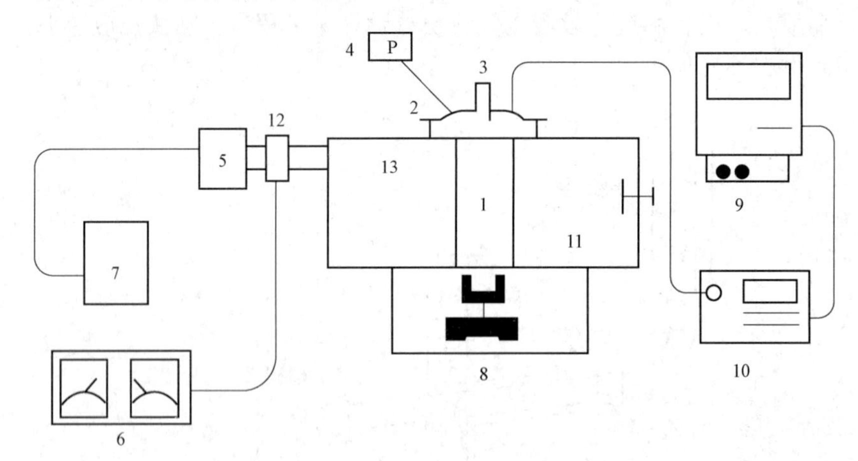

图 2－44　多功能微波反应器

1—反应器；2—顶法兰；3—冷却指；4—压力计；5—磁控管；6—功率计；7—磁控管供电器；8—磁力搅拌器；9—电子计算机；10—光纤维温度计；11—负荷匹配器；12—波导管；13—多重膜态空腔

在微波辐照有机合成设计中，一般只要对微波无吸收、微波可以穿透的材料均可以制成反应容器，如玻璃、聚四氟乙烯、聚苯乙烯等。由于微波对物质的加热作用是“内加热”，升温速度十分迅速，在密闭体系进行的反应往往容易发生爆裂现象。因此对密闭容器要求其能够承受特定的压力。对于非封闭体系的反应，像敞口反应，对容器的要求不是很严格，一般采用玻璃材料反应器，如烧杯、烧瓶、锥形瓶等。另外，根据反应动力学的需要，要检测反应当时状态的温度和压力，反应除采用耐压材料外，还需安装一些检测温度和压力的辅助系统。对温度的检测方法，较为常用的是安装聚四氟乙烯绝缘的热电偶，也有采用气体温度计、光学纤维检测器、红外高温检测器等方法来检测温度。这些方法较初期研究中采用的由已知熔点化合物估测反应温度的方法，要简便快捷。一些反应器同时加入一种附带载荷，其目的是吸收反应物未能吸收的过剩能量，防止电弧现象出现而破坏微波炉。

除选用适当的反应器外，还须选用适当的反应介质。为了使体系能够更好的吸收微波能量，一般选用极性溶剂作为反应介质。溶于水的有机化合物一般应以水为溶剂，这样可以使成本和污染大大降低。对于不溶于水的有机物可采用低沸点的醇、酮和酯等作为溶剂，也可采用热效率更高的高沸点的极性溶剂，如氯苯、邻二氯苯、1, 2, 4-三氯苯和二甲基甲酰胺（DMF）等，其中DMF具有较大的优越性，因为反应时生成的水可与DMF混溶而不分层。

（三）微波辐射反应操作

微波辐射反应仪器不同，操作方法不同。现以MCR-3型微波化学反应器为例。

1. 操作步骤

（1）接通电源，打开电源开关。电源指示灯、炉灯、液晶屏同时亮起。

（2）微波腔体内必须放置好需要反应的化学物质。

（3）设定工作时段参数　微波反应器分为五个工作时段。每个工段下档位、温度、时间独立可调。

档位输入范围01～10，01为最低档，表示10%功率，10为最高档，表示100%功率。

温度输入范围0～250，表示0℃至250℃。

时间输入范围0～999，表示0秒至999秒。

屏幕上光标跳动位即当前输入位置。

按动触摸面板各键，“嘀”声自动响起，表示本次按键有效。

按动触摸面板0～9数字键，可在光标所在位置输入相应字符，光标所在位置如果已经存在字符，将会被本次输入的字符覆盖。同时光标自动后移到下一个输入位置。

按动触摸面板退格键，可以删除光标所在位置的字符，同时光标自动前移到上一个输入位置。

按动触摸面板左右光标移动键，光标在水平方向左右移动到可输入位置。

按动触摸面板上下光标移动键，光标在垂直方向上下移动到可输入位置。

（4）运行微波化学反应器　按动触摸面板确认键，确认设定的工作时段参数为有效数据。此时液晶屏光标将会消失，不再接收新的输入数据。本次参数将保存在Flash存储器，断电后不会丢失。

按动触摸面板开启键，微波化学反应器按照设定参数开始工作，微波开始发射，液晶屏右下角显示“微波输出中”，并实时显示当前实际温度、有效功率、实际时间。按动触摸面板关闭键，微波化学反应器停止工作，微波不再发射。液晶屏右下角显示“微波已停止”。

微波化学反应器运行中修改反应条件：按动触摸面板设定键，液晶屏光标再次出现，可以修改参数，修改完毕后，必须按动触摸面板确认键进行确认。不必再次按开启键。

2. 磁力搅拌器控制 磁力搅拌器的控制为单独控制、不受微电脑控制，顺时针旋动微波化学反应器门右侧的旋钮，磁力搅拌器的搅拌速度随之提高，反之下降。

3. 操作注意事项

（1）关闭好反应器炉门，在未关闭好炉门的情况下，炉内灯不会亮起，磁控管不会工作，也无微波输出。

（2）严禁在炉腔内无负载的情况下开启微波，以免损伤磁控管。

（3）在微波反应过程中打开微波炉门，程序将停止运行，磁控管停止发射微波。当关上炉门后需要重新输入反应参数，或再次确定设定参数。重新开启。

（4）微波反应器应水平放置，避免磁力搅拌不能正常工作。

（5）请勿将金属物品放入炉腔，避免金属打火和损坏磁控管。

（6）工作完毕后从炉腔拿出器皿时应戴隔热手套，以免高温烫伤。

（7）严禁覆盖反应器的百叶窗，以免散热不良而造成仪器损伤。

（8）请勿使用腐蚀性的化学溶剂擦拭炉身，以免损伤炉身。

（9）做微量或半微量实验时，因载体不能完全吸收所有的微波，会损伤磁控管，所以应在炉腔内放置其他吸波物质用于吸收微波。例如，一定量的甘油。

第三章
有机合成实验

实验十七　环己烯的合成

【实验目的】

1. 掌握以浓硫酸催化环己醇脱水制取环己烯的原理和方法。
2. 学习分馏的原理，初步掌握分馏和水浴蒸馏的基本操作技能。

【实验提要】

环己烯常用在医药、农药中间体和高聚物合成中，如合成赖氨酸、环己酮、苯酚、聚环烯树脂、氯代环己烷、橡胶助剂、环己醇原料等，另外还可用作催化剂溶剂和石油萃取剂、高辛烷值汽油稳定剂，是一种重要的有机化合物。目前工业上采用硫酸或磷酸催化的液相脱水法或苯的部分氢化来制备。对甲苯磺酸是固体有机酸，相对无机酸而言，具有经济、环保、使用安全、对设备腐蚀小和副反应少的优点，是代替硫酸的良好催化剂。

反应历程经过一个二级碳正离子，该碳正离子可以失去质子而成烯，也可与酸的共轭碱反应或与醇反应生成醚。环己烯沸点较低，可采取一边反应一边蒸出产物的方法，提高产率，抑制副反应的发生。

$$\text{OH (环己醇)} \rightleftharpoons \text{O}^{+}\text{H}_2 \rightleftharpoons [\,^{+}\,] + H_2O \rightleftharpoons \text{(环己烯)} + H_3O^{+}$$

【反应式】

$$\text{(环己醇) OH} \xrightarrow[\triangle]{H_2SO_4} \text{(环己烯)} + H_2O$$

【仪器与试剂】

仪器：圆底烧瓶，100ml、50ml 各一个；分馏装置 1 套；常压蒸馏装置 1 套；0～100℃玻璃温度计 1 支；烧杯；量筒，5ml、50ml 各一个；分液漏斗；三角漏斗。

试剂：环己醇 21ml（20g，0.2mol）；浓硫酸 1ml；粗盐；5%碳酸钠溶液；无水氯化钙。

【实验步骤】

在100ml干燥的圆底烧瓶中，放入21ml环己醇（20g，0.2mol）、1ml浓硫酸充分摇振，摇匀后，再加入2～3粒沸石。烧瓶连上分馏柱作分馏装置（见图2-25），用50ml锥形瓶作接收器，外用冰水冷却。将烧瓶在电热套或石棉网上用小火慢慢加热，控制加热速度，使分馏柱上端的温度不超过90℃。当圆底烧瓶中只剩下很少量的残渣并出现阵阵白雾时，即可停止蒸馏。蒸馏时间约需1小时。

将馏出液用0.5～1药匙粗盐饱和，然后加入3～4ml 5%碳酸钠溶液中和微量的酸。将此液体倒入分液漏斗中，振摇后静置。等两层液体分层清晰后，将下层水溶液自漏斗活塞放出，上层的粗产物自漏斗的上口倒入干燥的小锥形瓶中，加入无水氯化钙干燥。用塞子塞好，放置10～15分钟（时时振摇）。将干燥后的粗环己烯通过置有一小块棉花的小漏斗（滤去氯化钙），直接滤入干燥的蒸馏瓶中，加入沸石后用水浴加热蒸馏。收集80～85℃的馏分于已称重的干燥小锥形瓶中。若在80℃以下已有多量液体馏出，可能是由于干燥不够完全所致（氯化钙用量过少或放置时间不够），应将这部分产物重新干燥并蒸馏。称重，计算收率。

【附注与注意事项】

1. 可用磷酸作为催化剂，其用量必须是硫酸用量1倍以上。因其比硫酸的反应活性低很多，对于反应物的破坏要小得多，且不产生难闻气体（用硫酸易生成SO_2副产物）。

2. 环己醇在常温下是黏稠液体（熔点24℃），因而若用量筒量取（约21ml）时应注意转移中的损失。环己醇与硫酸应充分混合，否则在加热过程中可能会局部碳化。

3. 最好用油浴加热，使蒸馏瓶受热均匀。由于反应中环己烯与水形成共沸物（沸点70.8℃，含水10%），环己醇与环己烯形成共沸物（沸点64.9℃，含环己醇30.5%），环己醇与水形成共沸物（沸点97.8℃，含水80%）。因此，在加热时温度不可过高，蒸馏速度不宜太快，以减少未反应的环己醇蒸出。

4. 分液时，水层应尽可能分离完全，否则将增加无水氯化钙的用量，使产物更多地被干燥剂吸附而造成损失。用无水氯化钙干燥较适宜，因其还可除去少量环己醇。

5. 在蒸馏已干燥的产物时，蒸馏所用仪器均应充分干燥。

6. 浓硫酸是一种腐蚀性很强的酸，使用时必须小心。如不慎溅在皮肤上，应立即用大量冷水冲洗。

本实验主要原料及产品的物理常数，见表3-1。

表3-1 主要原料及产品的物理常数

名称	分子量	物态	密度	熔点（℃）	沸点（℃）	折光率	溶解度		
							水	乙醇	乙醚
环己醇	100.16	黏稠液体	$0.9624^{20/4}$	25.5	161.1	1.4641^{20}	溶	溶	溶
环己烯	82.15	无色液体	$0.8102^{20/4}$	-103.5	83	1.4465^{20}	不溶	溶	溶

【思考题】

1. 在粗制的环己烯中，加入精盐使水层饱和的目的何在？
2. 在制备过程中为什么要控制分馏柱顶部的温度？
3. 无水氯化钙作为干燥剂，除可除去水分，还有其他作用吗？

实验十八　正溴丁烷的合成

【实验目的】

1. 掌握制备正溴丁烷的原理和方法。
2. 学会安装带有吸收有害气体的回流装置及分液漏斗的洗涤操作。

【实验提要】

正溴丁烷的制备是将正丁醇在浓硫酸存在下与浓氢溴酸共热制得，对于伯醇，这类反应是按 S_N2 机制进行的。

$$CH_3CH_2CH_2CH_2OH + H^+ \rightleftharpoons H_3CH_2CH_2CH_2C-\overset{+}{O}H_2$$

$$Br^- + H_3CH_2CH_2CH_2C-\overset{+}{O}H_2 \rightleftharpoons CH_3CH_2CH_2CH_2Br + H_2O$$

本实验主反应为可逆反应，提高收率的方法可使氢溴酸过量，氢溴酸毒性大，可用溴化物（常用溴化钠或溴化钾）与过量浓硫酸代替氢溴酸，原位生成氢溴酸参与反应，也可提高氢溴酸的利用率。

$$NaBr + H_2SO_4 \longrightarrow HBr + NaHSO_4$$

浓硫酸在此反应中除与溴化钠作用生成氢溴酸外，还作为脱水剂使平衡向右移动，同时又作为氢离子的来源以增加质子化醇的浓度。但硫酸的存在往往会导致两个重要的副反应，可与醇反应生成硫酸氢酯。

$$CH_3CH_2CH_2CH_2OH + H_2SO_4 \rightleftharpoons CH_3CH_2CH_2CH_2OSO_3H + H_2O$$

此反应是可逆的，当溴代烷生成时醇的浓度降低，平衡向左移动生成醇，因此硫酸氢酯的生成不会直接影响产量。但当加热时，硫酸氢酯会发生消除反应生成烯烃，同时还可以与另一分子醇反应生成醚。这两个副反应都会消耗醇而使溴代烷的产量降低。

$$CH_3CH_2CH_2CH_2OSO_3H \xrightarrow{\triangle} H_3CH_2CHC{=}CH_2 + H_2SO_4$$

$$CH_3CH_2CH_2CH_2OSO_3H + CH_3CH_2CH_2CH_2OH \longrightarrow (CH_3CH_2CH_2CH_2)_2O$$

反应中，为防止反应物醇被蒸出，需采用回流装置；为防止 HBr 逸出污染环境，需安装气体吸收装置。反应结束后进行粗蒸馏，一方面可分离生成的产品正溴丁烷，便于后面的洗涤操作；另一方面，粗蒸过程可进一步使反应趋于完全。

【反应式】

主反应：

$$NaBr + H_2SO_4 \longrightarrow HBr + NaHSO_4$$

$$CH_3CH_2CH_2CH_2OH + HBr \rightleftharpoons CH_3CH_2CH_2CH_2Br + H_2O$$

副反应：

$$2n\text{-}C_4H_9OH \longrightarrow (n\text{-}C_4H_9)_2O + H_2O$$

$$CH_3CH_2CH_2CH_2OH \longrightarrow H_3CH_2CHC{=}CH_2 + H_2O$$

【仪器与试剂】

仪器：100ml 圆底烧瓶；回流装置 1 套；气体吸收装置 1 套；常压蒸馏装置 1 套；0～100℃玻璃温度计 1 支；烧杯；20ml 量筒 2 个；分液漏斗；三角漏斗；50ml 锥形瓶。

试剂：正丁醇 6ml（4.85g，0.065mol）；溴化钠 8.25g（0.08mol）；浓硫酸；饱和碳酸氢钠溶液；2%氢氧化钠溶液；5%碳酸钠溶液；无水氯化钙。

【实验步骤】

在 100ml 圆底烧瓶上安装回流冷凝管，冷凝管的上口接一气体吸收装置（见图 2-1A），用 2%的氢氧化钠溶液作吸收液（注意：勿使漏斗全部埋入水中，以免倒吸）。

在圆底烧瓶中加入 7ml 水，小心分批加入 9.5ml 浓硫酸，混合均匀后冷却至室温。再依次加入 6ml 正丁醇（4.85g，0.065mol）和 8.25g（0.08mol）研细的溴化钠，充分振摇后加入 2 粒沸石，连上气体吸收装置。将烧瓶置于加热套上加热至沸，使反应物保持沸腾而又平稳地回流。由于无机盐水溶液有较大的相对密度，不久会产生分层，上层液体即是正溴丁烷。回流约需 30 分钟，待反应液稍冷后，拆去回流装置，再加入 2 粒沸石，改成蒸馏装置，蒸出粗产物正溴丁烷。

将馏出液移至分液漏斗中，加入 5ml 水洗涤（产物在下层）。产物转入烧杯中，用 4ml 的浓硫酸洗涤，随后小心地转入一个干燥的小烧杯中，尽量除去硫酸层（产物在上层）。有机层再依次用水、饱和碳酸氢钠溶液和水各 5ml 洗涤（产物在下层），洗涤至有机层显中性为止。将粗产物盛于干燥的 50ml 锥形瓶中，加入适量的黄豆颗粒大小的无水氯化钙，间歇振摇锥形瓶，直至液体清亮为止（干燥 10～15 分钟）。

将干燥好的粗产物过滤，蒸馏，收集 99～103℃馏分，称重，计算收率。测定折光率。

【附注与注意事项】

1. 加料时，先加水再加浓硫酸，待酸液冷却后再依次加入正丁醇、溴化钠。加完物料后要充分摇匀，防止硫酸局部过浓，加热时发生氧化副反应，使溶液颜色变深。

2. 正溴丁烷是否蒸完，可从下列几方面判断：

馏出液是否由浑浊变为澄清；反应瓶上层油层是否消失；取一试管收集几滴馏出液，加水摇动，观察有无油珠出现，如无，表示馏出液中已无有机物，蒸馏完成。蒸馏不溶于水的有机物时，常用此法检验。

3. 如水洗后产物尚呈红色，是由于浓硫酸的氧化作用生成游离溴的缘故，可加入几毫

升饱和亚硫酸氢钠溶液洗涤除去。

$$2\ NaBr + 3\ H_2SO_4(浓) \longrightarrow Br_2 + SO_2 + 2\ H_2O + 2\ NaHSO_4$$

$$Br_2 + 3\ NaHSO_3 \longrightarrow 2\ NaBr + NaHSO_4 + 2\ SO_2 + H_2O$$

4. 粗的正溴丁烷中含有少量的副产物正丁醚及未反应的正丁醇等杂质，它们都能溶于浓硫酸而被除去。

5. 各步洗涤，必须注意何层是有机层，可根据水溶性判断。

本实验主要原料及产品的物理常数，见表3－2。

表3－2　主要原料及产品的物理常数

名称	分子量	物态	密度	熔点（℃）	沸点（℃）	折光率	溶解度		
							水	乙醇	乙醚
正丁醇	74.12	无色液体	$0.8098^{20/4}$	－89.2	117.7	1.3993^{20}	7.9^{20}	∞	∞
正溴丁烷	137.03	无色液体	$1.2758^{20/4}$	－112	101.6	1.4401^{20}	不溶	∞	∞

【思考题】

1. 加料时，是否可以先使溴化钠与浓硫酸混合，然后加正丁醇及水？为什么？

2. 反应后的粗产物可能含有哪些杂质？如何除去？

3. 用分液漏斗洗涤产物时，正溴丁烷时而在上层，时而在下层，如不了解产物的密度时可用什么简便的方法加以判别？

4. 用分液漏斗洗涤产物时，为什么振摇后要及时放气？应如何操作？

5. 用无水氯化钙干燥脱水，蒸馏前为什么要先除去氯化钙？

实验十九　正丁醚的合成

【实验目的】

1. 掌握醇分子间脱水制备醚的反应原理和实验方法。

2. 学习共沸脱水的原理和分水器的实验操作。

【实验提要】

正丁醚的分子式是$(C_4H_9)_2O$，相对分子量130.23，为无色液体，有乙醚气味，化学性质较活泼，如氧化和硝化时醚键发生断裂；丁醚与磷酸、五氧化二磷和碘化钾的混合物加热时，生成碘代丁烷；与四氯化钛一起加热生成氯化物；氯化时生成二氯代丁醚。与乙醚类似，正丁醚也易形成易爆的过氧化物，因此使用时需要检查过氧化物。正丁醚用途广泛，用作溶剂、电子级清洗剂，以及有机合成中用作溶剂，也可用于有机酸、蜡、树脂类等物质的精制。

【反应式】

$$2C_4H_9OH \xrightleftharpoons{H_2SO_4} C_4H_9-O-C_4H_9 + H_2O$$

副反应：

$$CH_3CH_2CH_2CH_2OH \xrightarrow{H_2SO_4} C_2H_5CH=CH_2 + H_2O$$

$$CH_3CH_2CH_2CH_2OH \xrightarrow{H_2SO_4} C_2H_5CH_2COOH + SO_2\uparrow + H_2O$$

$$SO_2 + H_2O \longrightarrow H_2SO_3$$

本实验主反应为可逆反应，为了提高产率，利用正丁醇能与生成的正丁醚及水形成共沸物的特性，可把生成的水从反应体系中分离出来。

【仪器与试剂】

仪器：100ml 三口瓶；球形冷凝管；分水器；温度计；125ml 分液漏斗；50ml 蒸馏瓶。

试剂：正丁醇 18.5ml（0.2mol）；浓硫酸 3.0ml；5% 氢氧化钠溶液；无水氯化钙；饱和氯化钙溶液。

【实验步骤】

在 100ml 三口烧瓶中，加入 18.5ml 正丁醇、3.0ml 浓硫酸和几粒沸石，摇匀后，一口装上温度计，温度计插入液面以下，另一口装上分水器，分水器的上端接一回流冷凝管（图 2-3A）。先在分水器内放置（$V-2.0$）ml 水，另一口用塞子塞紧。然后将三口瓶放在石棉网上小火加热至微沸，进行分水。反应中产生的水经冷凝后收集在分水器的下层，上层有机相积至分水器支管时，即可返回烧瓶。大约经 40 分钟后，三口瓶中反应液温度可达 134～136℃。当分水器全部被水充满时停止反应。若继续加热，则反应液变黑并有较多副产物烯生成。

将反应液冷却到室温后倒入盛有 30ml 水的分液漏斗中，充分振摇，静置后弃去下层液体。上层粗产物依次用 15ml 水、10ml 5%氢氧化钠溶液、10ml 水和 10ml 饱和氯化钙溶液洗涤，用 1～2g 无水氯化钙干燥。干燥后的产物过滤倾入 50ml 蒸馏瓶中蒸馏，收集 140～144℃馏分，计算产率。

纯正丁醚的沸点 142.4℃，n_D^{20} 1.3992。

【附注与注意事项】

1. 本实验根据理论计算失水体积为 1.8ml，但实际分出水的体积略大于计算量，故分水器放满水后先放掉约 2.0ml 水。

2. 制备正丁醚的较适宜温度是 130～140℃，但开始回流时，温度很难达到，因为正丁醚可与水形成共沸点物（沸点 94.1℃，含水 33.4%）；另外，正丁醚与水及正丁醇形成三元共沸物（沸点 90.6℃，含水 29.9%，正丁醇 34.6%），正丁醇也可与水形成共沸物（沸点 93℃，含水 44.5%），故应在 100～115℃之间反应半小时之后才可达到 130℃以上。

3. 在碱洗过程中，不要剧烈摇动分液漏斗，否则会生成乳浊液，分离困难。

4. 正丁醇溶在饱和氯化钙溶液中，而正丁醚微溶。

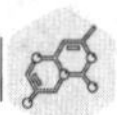

【思考题】

1. 如何得知反应已经比较完全？
2. 反应物冷却后为什么要倒入 30ml 水中？各步洗涤的目的何在？
3. 如果反应温度过高，反应时间过长，可导致什么结果？
4. 如果最后蒸馏前的粗品中含有丁醇，能否用分馏的方法将其除去？为什么？

实验二十 环己酮的合成

【实验目的】

1. 掌握用环己醇制备环己酮的原理和方法。
2. 通过比较不同的氧化剂，选出较好的合成方法。

【实验提要】

氧化反应是有机化学中广泛应用的反应之一。常用的氧化剂有铬酸、高锰酸钾、硝酸和过氧乙酸等。在进行反应时，只要选择适宜的氧化剂就能达到各种氧化目的。例如在温和条件下可以将醇选择性地氧化成羰基化合物，在剧烈的条件下却能使芳香族化合物的烷基侧链氧化成芳香酸。

本实验选用次氯酸钠或重铬酸钾为氧化剂使环己醇氧化为环己酮，是仲醇氧化成酮的一个典型例子。在温和的酸性介质中酮对氧化剂比醛稳定得多，因此在氧化过程中不会发生伯醇氧化时的副反应。

为使氧化反应完全，必须考虑反应中所用氧化剂的用量，因此必须平衡氧化反应的方程式。根据化合物中氧化数的规定，每个氢原子的氧化数为+1，每个氧原子的氧化数为−2。由于环己醇在反应中只有 C-1 发生变化，因此在平衡反应式时可以略去 C-1 两旁的基团，只需考虑 C-1 氧化数的变化。

$$\text{C-1氧化数的变化 } 0 \xrightarrow{+2} +2$$
$$\text{Cl氧化数的变化 } +1 \xrightarrow{-2} -1$$

氧化数变化正好相同，因此它们的系数为 1:1。

$$\text{环己醇(OH)} + ClO^- \longrightarrow \text{环己酮(O)} + Cl^-$$

正负电荷正好平衡，则可直接用水平衡 H 和 O 的数目，得到如下方程式：

$$\text{环己醇(OH)} + ClO^- \longrightarrow \text{环己酮(O)} + Cl^- + H_2O$$

方法一

【反应式】

$$\text{环己醇 (OH)} \xrightarrow[\text{HOAc}]{\text{NaClO}} \text{环己酮 (O)}$$

【仪器与试剂】

仪器：250ml 三口烧瓶；搅拌器；玻璃温度计，0～100℃及 0～200℃各 1 支；Y 形管；滴液漏斗；分液漏斗；常压蒸馏装置 1 套；烧杯；量筒；三角漏斗；锥形瓶。

试剂：环己醇 10.4ml(10.0g，0.1mol)；冰乙酸 25ml；次氯酸钠水溶液 75ml(约 1.8mol/L)；碘化钾-淀粉试纸；饱和亚硫酸氢钠溶液 5ml；碳酸钠 7.0g；氯化钠 8.0g；乙醚 25ml；无水硫酸镁。

【实验步骤】

在 250ml 三口烧瓶中分别装置搅拌器、温度计及 Y 形管。Y 形管的一口装置滴液漏斗，另一口接回流冷凝管。瓶中加入 10.4ml 环己醇（10.0g，0.1mol）和 25ml 冰乙酸，在滴液漏斗内放入 75ml 次氯酸钠水溶液（约 1.8mol/L）。开动搅拌，在冰水浴冷却下，逐滴加入次氯酸钠水溶液，使瓶内温度维持在 30～35℃之间。当所有次氯酸钠溶液加完后，反应液从无色变为黄绿色，用碘化钾-淀粉试纸检验呈蓝色，否则应补加次氯酸钠溶液直至变色。在室温下继续搅拌 15 分钟，然后加入饱和亚硫酸氢钠溶液 1～5ml，直至反应液变成无色和对碘化钾-淀粉试纸不显蓝色为止。

反应混合物中加入 60ml 水进行蒸馏，收集 45～50ml 馏出液（含有环己酮、水和乙酸）。在搅拌下，分批加入 6.5～7.0g 碳酸钠中和乙酸到反应液呈中性为止。然后加入约 8g 氯化钠，使之变成饱和溶液。将混合液倒入分液漏斗，分出环己酮。水层用 25ml 乙醚萃取，合并环己酮与乙醚萃取液，用无水硫酸镁干燥。蒸馏收集 150～155℃馏分。称重，计算收率。

纯环己酮的沸点为 155℃。

【附注与注意事项】

1. 用间接碘量法测定次氯酸钠的摩尔浓度。用移液管吸取 10ml 次氯酸钠溶液于 500ml 容量瓶中，用蒸馏水稀释至刻度，摇匀后用移液管量取 25ml 溶液，加入 50ml 0.1mol/L 盐酸和 2g 碘化钾。用 0.1mol/L 硫代硫酸钠溶液滴定析出碘，在滴定到近终点时加入 5ml 0.2%淀粉溶液，以防止较多碘被淀粉胶粒包住，经换算后，次氯酸钠的浓度 = $[(0.1/2) \times V] \times 500/(25 \times 10)$。式中，$V$ 为耗去的硫代硫酸钠溶液的体积。

2. 假如混合物的碘化钾-淀粉试验未显正反应，可再加入 5ml 次氯酸钠溶液，以保证有过量的次氯酸钠存在，使氧化反应完全。

3. 加水蒸馏产品实际是一种简化了的水蒸气蒸馏。

4. 水的馏出量不宜过多，否则即使采用盐析，仍不可避免有少量环己酮溶于水中而损失掉。环己酮在水中的溶解度在 31℃时为 2.4g。

5. 次氯酸钠是具有刺激性的强氧化剂，操作时应小心，避免与皮肤接触。实验最好在通风柜内进行。

6. 环己酮易燃，应注意防火。

方法二

【反应式】

$$\text{环己醇 (OH)} \xrightarrow[H_2SO_4]{NaCr_2O_7} \text{环己酮 (O)}$$

【仪器与试剂】

仪器：500ml 圆底烧瓶；搅拌器；玻璃温度计，0～100℃及 0～200℃各 1 支；滴液漏斗；分液漏斗；常压蒸馏装置 1 套；烧杯；量筒；三角漏斗；锥形瓶。

试剂：浓硫酸 20ml；环己醇 21ml（20g，0.2mol）；重铬酸钠 21g（0.07mol）；草酸；食盐；无水碳酸钾。

【实验步骤】

在 500ml 圆底烧瓶内，加入 120ml 冰水，慢慢分批加入 20ml 浓硫酸，充分混合后，小心加入 21ml 环己醇（20g，0.2mol）。在上述混合液内放入一支温度计，将溶液冷至 30℃以下。

在 100ml 烧杯中将 21g 重铬酸钠（$Na_2Cr_2O_7 \cdot 2H_2O$，0.07mol）溶解于 12ml 水中。将此溶液分数批滴加到圆底烧瓶中，并不断振摇使充分混合。氧化反应开始后，混合物迅速变热，并且橙红色的重铬酸盐变成墨绿色的低价铬盐，控制滴加速度，保持烧瓶内反应温度在 55～60℃之间。如果温度过高可在冷水浴或流水下适当冷却。待前一批重铬酸盐的橙红色完全消失之后，再滴加下一批。加完后继续振摇。直至温度有自动下降的趋势为止。然后加入少量草酸（约需 1g），使反应液完全变成墨绿色，以破坏过量的重铬酸盐。

在反应瓶内加入 100ml 水，再加几粒沸石，装成蒸馏装置，将环己酮与水一并蒸馏出来，环己酮与水能形成沸点为 95℃的共沸混合物。直至馏出液不再浑浊后再多蒸 15～20ml（收集馏液 80～100ml），用食盐（需 15～20g）饱和馏液，在分液漏斗中静置后分出有机层，用无水碳酸钾干燥。蒸馏，收集 150～156℃的馏分。称重，计算收率。

纯环己酮的沸点为 155℃。

【附注与注意事项】

次氯酸钠法与重铬酸钠法相比，其优点是避免使用有致癌危险的铬盐。但此法有氯气逸出，操作时应在通风橱中进行。

本实验主要原料及产品的物理常数，见表 3－3。

表 3-3 主要原料及产品的物理常数

名称	分子量	物态	密度	熔点（℃）	沸点（℃）	折光率	溶解度		
							水	乙醇	乙醚
环己醇	100.16	黏稠液体	$0.9624^{20/4}$	25.5	161.1	1.4641^{20}	稍溶	溶	溶
环己酮	98	无色油状液体	$0.9478^{20/4}$	-16.4	155.7	1.4507^{20}	微溶	溶	溶

【思考题】

1. 制备环己酮时，当反应结束后，为什么要加入草酸，如果不加入草酸有什么不妥？

2. 盐析的作用是什么？

3. 用高锰酸钾的水溶液氧化环己酮，应得到什么产物？

4. 如欲将乙醇氧化成乙醛，应采取哪些措施以避免其进一步氧化成乙酸？

实验二十一　呋喃甲醇和呋喃甲酸的合成

【实验目的】

1. 掌握利用呋喃甲醛制备呋喃甲醇和呋喃甲酸的原理和方法，从而加深对 Cannizzaro 反应的认识。

2. 进一步熟悉低沸点物质蒸馏和粗产品的纯化操作。

【实验提要】

制备呋喃甲醇和呋喃甲酸，简便的方法是利用 Cannizzaro 反应。即在浓的强碱存在下，不含α-H 的醛自身进行的氧化还原反应，即一分子被氧化成酸，另一分子被还原成醇。芳香醛、甲醛以及三取代的乙醛都能发生这类反应。

【反应式】

$$\text{(呋喃环)-CHO} \xrightarrow{\text{浓 NaOH}} \text{(呋喃环)-CH}_2\text{OH} + \text{(呋喃环)-COOH}$$

$$\text{(呋喃环)-COONa} \xrightarrow{\text{H}^+} \text{(呋喃环)-COOH}$$

【仪器与试剂】

仪器：100ml 烧杯；滴液漏斗；常压蒸馏装置 1 套；分液漏斗；抽滤装置 1 套；玻璃温度计，0～100℃、0～200℃各 1 支；量筒；三角漏斗；锥形瓶。

试剂：新蒸馏的呋喃甲醛 8.2ml（9.6g，0.1mol）；33%NaOH 溶液 7.5ml；乙醚；25%盐酸；刚果红试纸；无水硫酸镁。

【实验步骤】

量取 7.5ml 33% NaOH 溶液于 100ml 烧杯中，冰水浴冷却至约 5℃，在不断搅拌下，慢慢滴加 8.2ml（9.6g，0.1mol）新蒸馏的呋喃甲醛（约 15 分钟内加完），控制反应温度在 8～12℃时搅拌 15 分钟、室温搅拌 25 分钟后，反应即可完成，得到淡黄色浆状物。

在搅拌下向反应混合物加入 7～8ml 水，使浆状物刚好完全溶解。将溶液转入分液漏斗中，用乙醚每次 8ml 萃取 4 次，合并有机相，无水硫酸镁干燥 1 小时以上。过滤，水浴蒸去乙醚（回收），换空气冷凝管再蒸馏收集 169～172℃的呋喃甲醇馏分，称重，计算收率。

纯呋喃甲醇的沸点为 169.5℃。

在乙醚提取后的水溶液中，边搅拌边滴加 25%的盐酸至刚果红试纸变蓝，pH 为 2～3，有晶体析出。冷却，抽滤。固体粗产物先用少量水洗涤 1～2 次后再用水重结晶，得白色针状呋喃甲酸，干燥，称重，计算收率，测熔点。

纯呋喃甲酸的熔点为 133℃。

【附注与注意事项】

1. 本实验也可用人工搅拌。这个反应是在两相间进行的，欲使反应正常进行，必须充分搅拌，也可加入少许相转移催化剂聚乙二醇（1g，相对分子质量 400）。呋喃甲醇和呋喃甲酸的制备也可以在相同的条件下，采用反加的方法，即将氢氧化钠溶液滴加到呋喃甲醛中，两者产率相仿。

2. 纯呋喃甲醛为无色或浅黄色液体，但暴露在空气中或久置后颜色易变为红棕色甚至棕褐色。使用前需蒸馏，收集 155～162℃馏分。

3. 反应温度高于 12℃，则反应温度极易上升而难以控制，致使反应物变成深红色，因此应慢慢滴加氢氧化钠；若低于 8℃，则反应太慢，可能积累一些呋喃甲醛。一旦发生反应，则过于猛烈，增加副反应，影响产率及纯度。

4. 在反应过程中，会有许多呋喃甲酸钠析出。加水溶解，可使黄色浆状物转为溶液。若加水过多，会导致呋喃甲醇的溶解损失。

5. 蒸馏回收乙醚要注意安全。

【思考题】

1. 本实验根据什么原理来分离呋喃甲酸和呋喃甲醇？

2. 为什么需控制反应温度在 8～12℃之间？如何控制？

3. 乙醚萃取后的水溶液用盐酸酸化，这一步为什么是影响呋喃甲酸产物收率的关键？如何保证酸化完全？

实验二十二　乙酸乙酯的合成

【实验目的】

1. 熟悉有机酸合成酯的一般原理及方法。

2. 掌握蒸馏、分液漏斗的使用等操作。

【实验提要】

羧酸与醇的直接酯化反应是制备酯的重要途径。酯化反应的特点是速度慢、历程复杂、可逆平衡、酸性催化。常用的催化剂有浓硫酸、盐酸、磺酸、强酸性阳离子交换树脂等。

本实验采用浓硫酸催化冰醋酸与乙醇反应制备乙酸乙酯。考虑乙醇比冰醋酸成本低，可以采取乙醇过量的方法，但这样反应混合物中会有过多的乙醇，可造成后续的蒸馏分离中产生的乙酸乙酯、乙醇和水形成共沸物，影响产品的纯度。若采取冰醋酸过量的方法，可以使乙醇转化比较完全，且在某种程度上能够避免乙酸乙酯、乙醇和水形成二元、三元共沸物而给分离带来的困难。

【反应式】

$$CH_3COOH + CH_3CH_2OH \underset{110\sim120℃}{\overset{H_2SO_4}{\rightleftharpoons}} CH_3COOCH_2CH_3 + H_2O$$

【仪器与试剂】

仪器：100ml 三口烧瓶；回流装置 1 套；滴液漏斗；分液漏斗；常压蒸馏装置 1 套；0～200℃玻璃温度计 1 支；烧杯；量筒；三角漏斗；锥形瓶。

试剂：冰醋酸 12ml（约 12.6g，0.21mol）；95%乙醇 24ml；浓硫酸 12ml；饱和碳酸钠溶液；饱和氯化钠溶液；饱和氯化钙溶液；无水硫酸镁。

【实验步骤】

在 100ml 三口烧瓶中，放入 12ml 95%乙醇，在振摇下分批加入 12ml 浓硫酸使混合均匀，并加入几粒沸石。旁边两口分别插入 60ml 滴液漏斗及温度计。漏斗末端及温度计的水银球浸入液面以下，距瓶底 0.5～1cm。中间一口装一蒸馏弯管与直形冷凝管连接，冷凝管末端连一接液管，伸入 50ml 锥形瓶中。

将 12ml 95%乙醇及 12ml 冰醋酸（约 12.6g，0.21mol）的混合液，由 60ml 滴液漏斗滴入蒸馏瓶内 6～8ml。然后将三口烧瓶用电热套小火加热，使瓶中反应液温度升到 110～120℃。这时在蒸馏管口应有液体蒸出，再从滴液漏斗慢慢滴入其余的混合液。控制滴入速度和馏出速度，使其大致相等，并维持反应液温度在 110～120℃之间，滴加完毕后，继续加热数分钟，直到温度升高到 130℃时不再有液体馏出为止。

馏出液中含有乙酸乙酯及少量乙醇、乙醚、水和醋酸。在此馏出液中慢慢加入饱和碳酸钠溶液（约 10ml），不时摇动，直到无二氧化碳气体逸出（用湿 pH 试纸检验，酯层应呈中性）。将混合液移入分液漏斗，充分振摇（注意活塞放气）后，静置。分去下层水溶液，酯层用 10ml 饱和食盐水洗涤后。再每次用 10ml 饱和氯化钙溶液洗涤两次。弃去下层液，酯层自漏斗上口倒入干燥的 50ml 锥形瓶中，用无水硫酸镁（或无水硫酸钠）干燥。

将干燥的粗乙酸乙酯滤入干燥的 50ml 蒸馏瓶中，加入沸石后在水浴上进行蒸馏。收集 73～78℃的馏分，称重，计算收率。

 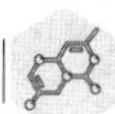

【附注与注意事项】

1. 本实验所采用的酯化方法，仅适用于合成沸点较低的酯类。优点是能连续进行，用较小容积的反应瓶制得较大量的产物。对于沸点较低的酯类，若采用相应的酸和醇回流加热来制备，常不够理想。

2. 温度不宜过高，否则会增加副产物乙醚的含量。滴加速度太快会使醋酸和乙醇来不及作用而被蒸出。

3. 碳酸钠必须洗去，否则下一步用饱和氯化钙溶液洗去醇时，会产生絮状的碳酸钙沉淀，造成分离困难。为减少酯在水中的溶解度（每 17 份水溶解 1 份乙酸乙酯），故用饱和食盐水洗。

4. 乙酸乙酯与水或醇能形成二元和三元共沸物，其组成及沸点见表 3-4。

表 3-4　乙酸乙酯与水或醇形成的共沸物组成及沸点

沸点（℃）	组成（%）		
	乙酸乙酯	乙醇	水
70.2	82.6	8.4	9.0
70.4	91.9		8.1
71.8	69.0	31.0	

由表 3-4 可知，若洗涤不净或干燥不够时，都使沸点降低，影响产率。

本实验主要原料及产品的物理常数，见表 3-5。

表 3-5　主要原料及产品的物理常数

名称	分子量	物态	密度	熔点（℃）	沸点（℃）	折光率	溶解度		
							水	乙醇	乙醚
冰醋酸	60	无色液体	1.049	16.6	118.1	1.3718	∞	∞	∞
乙醇	46.07	无色液体	0.7893	-114.7	78.5	1.3622	∞	∞	∞
乙酸乙酯	88.11	无色液体	$0.9003^{20/4}$	-83	77.06	1.39006	8.62^{20}	∞	∞

【思考题】

1. 酯化反应有什么特点，本实验如何创造条件促使酯化反应尽量向生成物方向进行？

2. 本实验可能有哪些副反应？

3. 在酯化反应中，用作催化剂的硫酸量，一般只需醇重量的 3%，本实验为何用了 12ml？

4. 如果采用醋酸过量是否可以？为什么？

实验二十三　乙酸正丁酯的合成

【实验目的】

1. 掌握制备乙酸丁酯的原理和方法。
2. 学习使用分水器的实验操作。

【实验提要】

酯化反应一般进行得很慢，如果加入少量催化剂（如 0.3% H_2SO_4 等），同时给反应物加热，可以大大加快酯化反应速度。通常采用这两种方法促使反应物在较短时间内达到平衡。

根据酯化是可逆反应的特点，常采取增加某一反应物的用量或不断移去生成物来破坏原有的平衡，达到提高另一原料的利用率和酯的产率。工业上生产乙酸正丁酯就是使用了过量的乙酸。

乙酸正丁酯、正丁醇和水三者形成 b.p.90.7℃的三元恒沸混合物，其蒸气的重量百分组成为正丁醇 27.4%、乙酸正丁酯 35.2%、水 37.3%。冷凝成液体时分为两层，上层以酯和醇为主，下层以水为主（97%）。

本实验采用乙酸过量，并不断移去反应生成的水以提高反应产率。

乙酸正丁酯有刺激性香味，是重要的有机溶剂。

【反应式】

$$CH_3COOH + CH_3CH_2CH_2CH_2OH \underset{\Delta}{\overset{H^+}{\rightleftharpoons}} CH_3COOCH_2CH_2CH_2CH_3 + H_2O$$

【仪器与试剂】

仪器：150ml 三口瓶；分水回流装置 1 套；分液漏斗；常压蒸馏装置 1 套；0～200℃玻璃温度计 1 支；烧杯；量筒；三角漏斗；锥形瓶。

试剂：正丁醇 13.6ml（11.1g，0.15mol）；乙酸 9.5ml（9.9g，0.165mol）；浓硫酸；饱和碳酸钠溶液；饱和氯化钙溶液；无水硫酸钠。

【实验步骤】

在 150ml 三口瓶中加入 13.6ml（11.1g，0.15mol）正丁醇、9.5ml（9.9g，0.165mol）乙酸和 1 粒沸石。摇匀后，在三口瓶上装分水器、温度计，分水器上装回流冷凝管，温度计必须插至液面以下。在电热套上加热回流，10 分钟后观察现象（分水器中液体有无分层，反应温度有无变动），停止加热。稍冷后，打开瓶口，闻一下是什么气味？

把回流冷凝液转回三口瓶内，加入 5 滴浓硫酸和 1 粒沸石，加热回流注意观察现象并与未加浓硫酸前比较。反应温度逐渐上升，在 80℃左右加热 15 分钟后，再提高温度使反应处于回流状态。当回流冷凝液不再有明显水分时（计算一下应该生成多少水，根据收得的水量粗略地估计酯化完成的程度），且反应温度达 123℃左右不再上升时（为什么？需

30～45 分钟）则可停止加热。

冷却后，将粗产物转移到烧杯中，慢慢加入 5ml 饱和碳酸钠溶液，不断搅拌至不再有二氧化碳气泡产生（酯层用 pH 试纸检验，应呈中性，先用一滴水润湿试纸，再用一滴酯试验），转移至分液漏斗中，分去水层，酯层用 15ml 水（为什么）、15ml 饱和氯化钙溶液洗涤，粗产品用无水硫酸钠（或无水硫酸镁）干燥。蒸馏收集 122～127℃馏分，称重，计算收率。

【附注与注意事项】

1. 浓硫酸在反应中起催化作用，故只需少量。加入浓硫酸后要振荡均匀，否则易局部过浓，加热后炭化，必要时可用冷水冷却。

2. 本实验利用形成的共沸混合物将生成的水去除。共沸物的沸点：乙酸正丁酯-水沸点为 90.7℃，正丁醇-水沸点为 93℃，乙酸正丁酯-正丁醇沸点为 117.6℃，乙酸正丁酯-正丁醇-水沸点为 90.7℃。

3. 分水器中应预先加入一定量的水，并做好标记。由生成的水量可以判断反应进行的程度。

4. 在反应刚开始时，一定要控制好升温速度，在 80℃左右加热 15 分钟后再开始加热回流，以防乙酸过早蒸出，影响收率。

本实验主要原料及产品的物理常数，见表 3-6。

表 3-6 主要原料及产品的物理常数

名称	分子量	物态	密度	熔点（℃）	沸点（℃）	折光率	溶解度		
							水	乙醇	乙醚
乙酸	60	无色液体	1.049	16.6	118.1	1.3718	∞	∞	∞
丁醇	74.12	无色液体	0.8097	-89.2	117.7	1.3993	7.9	∞	∞
乙酸丁酯	116	无色液体	0.883	-77.9	126.5	1.3941	微溶	溶	溶

【思考题】

1. 本实验中，反应液在加入硫酸前后的反应现象有何不同？为什么？
2. 酯化反应有什么特点？本实验如何创造条件促使酯化反应的进行？
3. 粗产品中有哪些杂质？用什么方法可除去？
4. 如何运用化合物的物理常数指导实验操作和分析实验现象？

实验二十四 乙酸异戊酯的合成

【实验目的】

1. 掌握乙酸异戊酯的制备方法。
2. 熟悉酯化反应原理，掌握乙酸异戊酯的制备方法。

3. 学会利用萃取洗涤和蒸馏的方法纯化液体有机物的操作技术。

4. 了解酯化反应的特点和提高产率的措施。

【实验提要】

酯类化合物广泛存在于自然界中，从柳树皮中可以提取出乙酰水杨酸，在蜜蜂的叮刺液中存在乙酸异戊酯。大部分酯具有广泛的用途。有些酯可作为食用油、脂肪、塑料以及油漆的溶剂。有些酯具有令人愉快的香味，是廉价的香料。更为奇特的是，有的酯是某些昆虫的性引诱剂，有的酯则起着昆虫间传递信息的作用。乙酸异戊酯是蜜蜂响应信息素的成分之一。蜜蜂在叮刺侵犯者时就会分泌出乙酸异戊酯，使其他蜜蜂“闻信”前来群起而攻之。

乙酸异戊酯又名醋酸异戊酯，分子式为 $C_7H_{14}O_2$，为无色液体，不溶于水，易溶于乙醇、乙醚等有机溶剂，有香蕉和梨的气味，由异戊醇与醋酸在催化剂存在下酯化而成。微溶于水，溶于乙醇和乙醚。用作果子香精、无烟火药、喷漆、清漆、氯丁橡胶等的溶剂，也可用于纺织品的染色和加工。

酯化反应是可逆的，本实验采取加入过量冰醋酸，除去反应中生成的水，使反应不断向右进行，提高酯的产率。生成的乙酸异戊酯中混有过量的冰醋酸、未完全转化的异戊醇、起催化作用的硫酸及副产物醚类，经过洗涤、干燥和蒸馏予以除去。

【反应式】

$$H_3C-\overset{\overset{O}{\|}}{C}-OH + HOCH_2CH_2\overset{\overset{CH_3}{|}}{C}HCH_3 \underset{\triangle}{\overset{H_2SO_4}{\rightleftharpoons}} CH_3\overset{\overset{O}{\|}}{C}-OCH_2CH_2\overset{\overset{CH_3}{|}}{C}HCH_3 + H_2O$$

【仪器与试剂】

仪器：圆底烧瓶（100ml）；球形冷凝管；分水器；蒸馏烧瓶（100ml）；直形冷凝管；接液管；分液漏斗（100ml）；量筒（25ml）；温度计（200℃）；锥形瓶（100ml）；电热套。

试剂：异戊醇；冰醋酸；硫酸（98%）；碳酸钠溶液（10%）；食盐水（饱和）；硫酸镁（无水）。

【实验步骤】

酯化：在干燥的 100ml 圆底烧瓶中加入 8.1ml 异戊醇、9.6ml 冰乙酸、2ml 浓硫酸、几粒人造沸石，检查装置气密性后，装回流冷凝管开始加热。用电热套（或甘油浴）缓缓加热，当温度升至约 108℃时，三颈瓶中的液体开始沸腾。继续升温，控制回流速度，反应温度达到 130℃时，反应基本完成，约需 1.5 小时。

洗涤：停止加热，稍冷后拆除回流装置。将烧瓶中的反应液倒入分液漏斗中，用 15ml 冷水淋洗烧瓶内壁，洗涤液并入分液漏斗。充分振摇，接通大气静置，待分界面清晰后，分去水层。再用 15ml 冷水重复操作一次。然后酯层用 20ml 10% 碳酸钠溶液分两次洗涤。最后再用 15ml 饱和食盐水洗涤一次。

干燥：经过水洗、碱洗和食盐水洗涤后的酯层由分液漏斗上口倒入干燥的锥形瓶中，加入 2g 无水硫酸镁，配上塞子，充分振摇后，放置 30 分钟。

蒸馏：安装一套普通蒸馏装置。将干燥好的粗酯小心滤入干燥的蒸馏烧瓶中，放入1～2粒沸石，加热蒸馏。用干燥的量筒收集138～142℃馏分，量取体积并计算产率。

【附注与注意事项】

1. 加浓硫酸时，要分批加入，并在冷却下充分振摇，以防止异戊醇被氧化。

2. 回流酯化时，要缓慢均匀加热，以防止碳化并确保完全反应。

3. 分液漏斗使用前要涂凡士林试漏，防止洗涤时漏液，造成产品损失。

4. 碱洗时放出大量热并有二氧化碳产生，因此洗涤时要不断放气，防止分液漏斗内的液体冲出来。

5. 最后蒸馏时仪器要干燥，不得将干燥剂倒入蒸馏瓶内。

6. 冰醋酸具有强烈刺激性，应在通风橱内取用。

【思考题】

1. 制备乙酸异戊酯时，使用的哪些仪器必须是干燥的，为什么？

2. 酯化反应制得的粗酯中含有哪些杂质？是如何除去的？洗涤时能否先碱洗再水洗？

3. 酯可用哪些干燥剂干燥？为什么不能使用无水氯化钙进行干燥？

酯化反应——三种酯的制备讨论

酯化反应实验前分组讨论：

实验二十二、实验二十三、实验二十四可合并成一次实验，每组同学只选做其中一个实验（课时允许三个酯都做）。因此，实验前可安排学生认真预习后分组进行讨论。实验结束后，要求收集各组的实验数据，并作分析讨论和小结。同学们可围绕下面问题进行讨论：

1. 三种酯的合成都属于酯化反应，但反应装置完全不同，应如何选用合适的反应装置？它们能否互换装置？

2. 三种装置各自有什么特点，安装时应注意哪些问题？每种装置是否都适合这三种酯的制备？为什么？

3. 所做的酯化反应，影响产率的关键因素是什么？

4. 指出这三种酯化反应的异同点。

5. 通过查阅文献，能否找到更多的酯化反应装置，并列举更优的实验方案？请说出这些反应装置各自的优缺点。

实验二十五　乙酰水杨酸的合成

方法一　常规方法

【实验目的】

1. 学习酰化反应的原理和方法。

2. 进一步掌握重结晶的操作技术。

【实验提要】

水杨酸（即邻羟基苯甲酸）是一个双官能团化合物，既有羟基，又有羧基。因此它能进行两种不同的酯化反应。水杨酸与过量甲醇作用能制备水杨酸甲酯（即冬青油）。本实验中，水杨酸与乙酸酐作用可制备乙酰水杨酸（即阿司匹林）。

为加快反应速度，通常加入少量浓硫酸或磷酸等作催化剂。浓硫酸或磷酸等能破坏水杨酸分子内羟基和羧基间形成的氢键，从而使酰化反应易于进行。

该反应若温度过高，则有利于水杨酰水杨酸酯和乙酰水杨酸酯副反应的发生，以及产生少量的高分子聚合物。

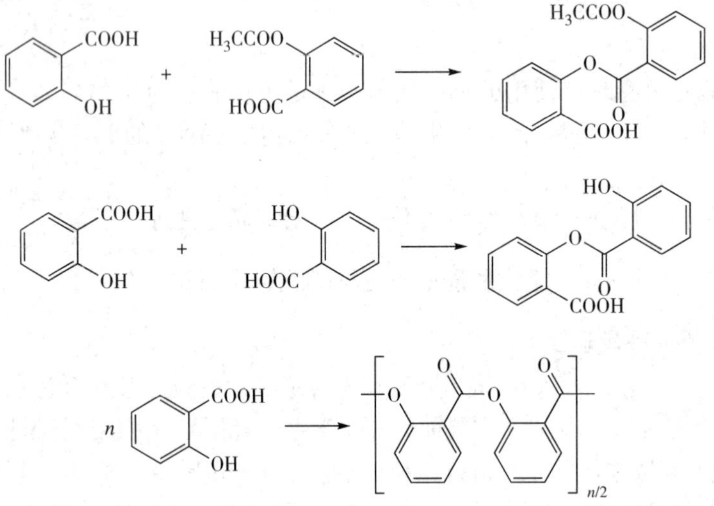

为了除去这部分杂质，可将水杨酸变成钠盐，利用高聚物不溶于水的特性将其分离除去。监测反应是否完全，可以利用水杨酸与三氯化铁水溶液的显色反应，若反应完全，应呈阴性。

【反应式】

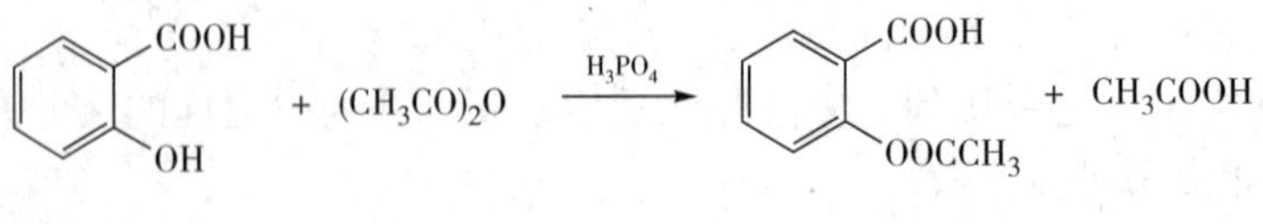

$$\text{C}_6\text{H}_4(\text{OH})\text{COOH} + (\text{CH}_3\text{CO})_2\text{O} \xrightarrow{\text{H}_3\text{PO}_4} \text{C}_6\text{H}_4(\text{OOCCH}_3)\text{COOH} + \text{CH}_3\text{COOH}$$

【仪器与试剂】

仪器：100ml 锥形瓶；100ml 烧杯；抽滤装置 1 套；0～100℃玻璃温度计 1 支；量筒。

试剂：水杨酸 2.76g（0.02mol）；乙酸酐 8ml（0.08mol）；浓磷酸；10%的碳酸氢钠溶液 40ml；18%盐酸 20ml；三氯化铁试液。

【实验步骤】

在 100ml 干燥的锥形瓶中加入 2.76g 水杨酸（0.02mol）、8ml 乙酸酐（0.08mol）和 10 滴浓磷酸。

振摇使固体溶解，然后水浴加热同时用玻璃棒搅拌 10 分钟，控制浴温在 85～90℃。待反应物冷却到室温后，在振摇下慢慢加入 26～28ml 水。在冰浴中冷却后，抽滤收集产物，用 50ml 冰水洗涤晶体，抽干。将粗产物转移到 100ml 烧杯中，在搅拌下加入 40ml 10%的碳酸氢钠溶液，当不再有二氧化碳放出后，抽滤除去少量高聚物固体。滤液倒至 100ml 烧杯中，在不断搅拌下慢慢加入 20ml 18%盐酸，这时析出大量晶体。

将混合物在冰浴中冷却，使晶体析出完全。抽滤，用少量冰水洗涤晶体 2～3 次。干燥后称重，计算收率。测定熔点。取少量产物进行分析，假如对三氯化铁试验为正反应，产物可用甲苯或乙酸乙酯重结晶提纯。

纯粹乙酰水杨酸的熔点为 135℃。

【附注与注意事项】

1. 乙酸酐和浓磷酸具有很强的腐蚀性，使用时须小心。如溅在皮肤上，应立即用大量水冲洗。

2. 仪器应干燥，也要对药品进行干燥处理，需采用新蒸馏的乙酸酐，收集其 139～140℃的馏分。

3. 加水分解过量乙酸酐时会产生大量的热量，甚至使反应物沸腾，因此操作时必须小心。

4. 乙酰水杨酸受热后易分解，熔点不明显，测定时，可先加热至 110℃左右，再将待测样品置入其中测定，一般在 132～135℃。

表 3－7　主要原料及产品的物理常数

名称	分子量	物态	密度	熔点（℃）	沸点（℃）	溶解度		
						水	乙醇	乙醚
乙酸酐	102	无色液体	$1.0802^{20/4}$	−73.1	140	13.6 冷分解	∞	∞
水杨酸	138.12	白色结晶		157.9		0.22	溶	溶
乙酰水杨酸	180.16	白色结晶		135		0.33	微溶	微溶

【思考题】

1. 在水杨酸的乙酰化反应中，加入磷酸的作用是什么？

2. 用化学方程式表示在合成阿司匹林时产生少量高聚物的过程。

3. 纯净的阿司匹林对 10%三氯化铁显示负反应，但是由 95%乙醇重结晶得到的阿司匹林有时却显示正反应，试解释其结果。

方法二　超声方法

【实验目的】

1. 掌握分子碘催化合成乙酰水杨酸的原理。

2. 了解超声波辐射技术在有机合成中的应用。

【实验提要】

乙酰水杨酸，俗名阿司匹林，又称醋柳酸，相对分子量 180.16，白色针状、片状或结晶性粉末，无臭，微带酸味。密度 1.35g/cm^2，熔点 135～138℃。其在干燥空气中稳定，遇潮则缓慢水解成水杨酸和醋酸，微溶于水，溶于乙醇、乙醚、氯仿，也溶于碱溶液，同时分解。

乙酸水杨酸是历史悠久且应用广泛的非甾体类解热镇痛药，可用于治疗伤风、发热、头痛、神经痛、急性风湿性关节炎等疾病。乙酰水杨酸制备工艺较简单，合成方法有浓硫酸催化法、维生素 C 催化法、一水硫酸氢钠催化法、对甲苯磺酸催化法、碳酸钠催化微波合成法等。随着环保意识及绿色化学理念的普及，科研人员正努力探索且积极寻求环境友好、高产率、低成本的合成方法。超声波辅助碘催化合成乙酰水杨酸法具有原材料易得、成本低、合成途径简洁、反应条件温和等优点。

声化学（US）是 20 世纪 80 年代后期发展起来的超声与化学的交叉学科，主要是利用超声空穴效应形成局部热点，在极端微环境中诱发化学反应。作为一种新的能量形式，不仅可以改善反应条件、加快反应速度和提高反应产率，还可以使一些常规条件下不能进行或很难进行的反应得以顺利完成。

分子碘作为催化剂在有机合成中得到广泛应用，它不仅具有良好的催化活性，而且具有低廉、易得，对环境无污染的特点。本实验利用分子碘作为催化剂，在超声波辐射下由水杨酸和醋酸酐反应快速合成得到，效果良好。碘催化酰化反应是醋酐与碘形成络合物而使碘分子极化，然后亲核进攻醇生成酯和酰基次碘盐，而酰基次碘盐能消去碘使反应循环进行。

【反应式】

O, OH, OH + $(CH_3CO)_2O$ $\xrightarrow{I_2}$ O, OH, O, O, CH_3

【仪器与试剂】

仪器：50ml 锥形瓶；超声波清洗器；磁力搅拌器；温度计；抽滤装置。

试剂：水杨酸；醋酸酐（新蒸）；碘；乙醇；蒸馏水。

【实验步骤】

准确称取水杨酸 1.20g（0.11mol）和新蒸馏的醋酸酐 2.4ml（约 0.22mol），碘 0.05g，加入到 50ml 磨口锥形瓶中。稍加震荡，将三角瓶置于超声波清洗器中固定，在超声波输出功率 300W 下辐射 15 分钟。反应结束后，稍微冷却，加入蒸馏水 20ml，充分搅拌，冷却，使结晶完全。抽滤，用少量蒸馏水洗涤，干燥后得到乙酰水杨酸粗品。粗产物用乙醇–水混合溶剂（$V_{乙醇}:V_{水}=1:1$）重结晶提纯，碘完全升华，干燥后得到白色针状晶体。称重，

计算产率，测定熔点。

【附注与注意事项】

1. 超声空穴效应：液体中的微小泡核在超声的作用下被激活，表现为泡核的震荡、生长、收缩及崩溃，微泡的形成和破裂伴随着能量的释放，使溶液中出现微区和极短时间高温高压（毫微秒的时间间隔内温度可达 2000～3000℃和压力可达数百兆帕）。这些能量可以用来打开化学键，促使反应的进行。

2. 由于醋酐中杂质水干扰反应，因此，醋酸酐使用前需要重蒸纯化，所用的仪器必须充分干燥。

实验二十六　2-甲基-2-己醇的合成

【实验目的】

1. 掌握用格氏反应制备 2-甲基-2-己醇的原理和方法。
2. 巩固使用分液漏斗萃取的操作。
3. 掌握易燃物质的蒸馏及高沸物蒸馏的操作技术。

【实验提要】

卤代烃或溴代芳香烃在无水乙醚等溶剂中与金属镁反应生成的烃基卤化镁 RMgX，称为格氏试剂。

$$RX + Mg \xrightarrow{\text{无水乙醚}} RMgX$$

用格氏试剂所进行的反应为格氏反应（Grignard reaction）。人们对这类反应进行了广泛深入的研究，发现格氏试剂是一种极为有用的试剂，可以进行许多反应，在有机合成上极有价值，其主要反应如下：

$$RMgX + \underset{R_2}{\overset{R_1}{>}}C{=}O \longrightarrow R-\underset{R_2}{\overset{R_1}{C}}-OMgX \xrightarrow{H_3O^+} R-\underset{R_2}{\overset{R_1}{C}}-OH$$

R_1, R_2 = 氢或烷基

$$RMgX + R_1-\overset{O}{\overset{\|}{C}}-Z \longrightarrow R-\underset{R}{\overset{R_1}{C}}-OMgX \xrightarrow{H_3O^+} R-\underset{R}{\overset{R_1}{C}}-OH$$

Z = 烷氧基或氯

$$RMgX + \underset{O}{H_2C-CH_2} \longrightarrow RCH_2CH_2OMgX \xrightarrow{H_3O^+} RCH_2CH_2OH$$

$$RMgX + CO_2 \longrightarrow RCOOMgX \xrightarrow{H_3O^+} RCOOH$$

$$RMgX + R_1C{\equiv}N \longrightarrow R-\underset{R_1}{C}{=}NMgX \xrightarrow{H_3O^+} R-\overset{O}{\overset{\|}{C}}-R_1$$

…………

各种卤代烃都能和镁在乙醚溶液中起反应制得格氏试剂。卤代烃的活性次序为：

碘代烃＞溴代烃＞氯代烃

苄基卤代烃、烯丙基卤代烃＞叔卤代烃＞仲卤代烃＞伯卤代烃＞乙烯基卤

芳香型和乙烯型氯化物因活性差，需要在四氢呋喃等沸点较高的溶剂中才能生成格氏试剂。

用于制备格氏试剂的卤代烃和溶剂都必须经过严格的干燥处理，且不能含有—COOH、—OH、$—NH_2$等含有活泼氢的官能团。因为微量的水既会阻碍卤代烃和镁之间的反应，还会破坏格氏试剂。此外，格氏试剂还能与空气中的O_2、CO_2发生反应，同时存在偶联反应等副反应。因此格式反应必须在无水无氧的条件下进行，格氏试剂也不宜长期保存。

$$RMgX + H_2O \longrightarrow RH + Mg(OH)X$$

$$RMgX + CO_2 \longrightarrow RCOOMgX \xrightarrow{H_2O} RCOOH$$

$$RMgX + 2O_2 \longrightarrow 2\,RCOOMgX \xrightarrow{H_2O} ROH + Mg(OH)X$$

$$2\,RX + Mg \longrightarrow R—R + MgX_2$$

$$RMgX + RX \longrightarrow R—R + MgX_2$$

用苄基卤代烃、烯丙基卤代烃等较活泼的卤代烃时，偶联产物会增多。这时，可以采取搅拌、控制卤代烃的滴加速度、降低溶液浓度和低温反应等措施减少副反应的发生。

格氏反应是一个放热反应，所以卤代烷的滴加速度不宜过快，必要时反应瓶可用冷水冷却。当反应开始后，应调节滴加速度，使反应物保持微沸为宜。对于活性较差的卤代烃，以及在反应不易进行时，可以采取轻微加热或加入少许碘粒促进反应发生。

格氏试剂中，由于碳原子的电负性比镁原子的大，碳-金属键是极性共价键，带部分负电荷的碳亲核性显著，是增长碳链的重要方法，在有机合成中用途广泛。其中，格氏试剂与醛或酮的反应是合成结构复杂醇的最有效方法，通常包括加成和水解两步反应。首先，格氏试剂与醛或酮发生加成反应，再经水解生成相应的醇。第二步水解时，常用稀盐酸或稀硫酸。由于水解时放热，对于酸性条件下极易脱水的醇，最好用氯化铵溶液进行水解，同时需要冷水浴冷却。

由于乙醚溶剂中的氧具有未共享电子对，格氏试剂可以与两分子醚配位结合使其溶于其中。若使用了烷烃等作溶剂，则生成的格氏试剂覆盖在镁表面，使反应不能继续进行。

$$(C_2H_5)_2O \rightarrow \underset{R}{\overset{X}{Mg}} \leftarrow O(C_2H_5)_2$$

本实验采用无水乙醚作为溶剂。由于乙醚具有很大蒸气压，故格氏试剂与空气中的O_2、CO_2发生的副反应并不显著。因此，本实验没有采用氮气保护。若要得到高产率的格氏试剂，应在氮气中进行反应。

【反应式】

$$n\text{-}C_4H_9Br + Mg \xrightarrow{\text{无水乙醚}} n\text{-}C_4H_9MgBr$$

$$n\text{-}C_4H_9MgBr + CH_3COCH_3 \xrightarrow{\text{无水乙醚}} n\text{-}C_4H_9C(OMgBr)(CH_3)_2$$

$$n\text{-}C_4H_9C(OMgBr)(CH_3)_2 + H_2O \xrightarrow{H^+} H_3CH_2CH_2CH_2C\text{-}C(OH)(CH_3)\text{-}CH_3$$

【仪器与试剂】

仪器：250ml三口烧瓶；回流装置1套；干燥管；滴液漏斗；常压蒸馏装置1套；0～200℃玻璃温度计1支；烧杯；量筒，20ml和50ml各1个；分液漏斗；三角漏斗；锥形瓶。

试剂：金属镁3.1g（0.13mol）；无水乙醚65ml；正溴丁烷（干燥）13.5ml（17g，0.13mol）；丙酮（干燥）9.5ml（0.13mol）；10%硫酸100ml；5%碳酸钠溶液30ml；无水碳酸钾。

【实验步骤】

在250ml三口烧瓶上分别装置搅拌器、冷凝管和滴液漏斗，在冷凝管及滴液漏斗的上口装置氯化钙干燥管。瓶内放置3.1g（0.13mol）镁屑、15ml无水乙醚及1小粒碘。在滴液漏斗中加入13.5ml（17g，0.13mol）正溴丁烷和15ml无水乙醚，混合均匀。先往三口烧瓶中滴入3～4ml混合液，数分钟后反应开始，碘的颜色消失，镁表面有明显的气泡形成，溶液呈微沸状态，出现轻微混浊，乙醚自行回流。若不发生反应，可用温水浴温热。反应开始比较剧烈，待反应缓和后，自冷凝管上端加入25ml无水乙醚。开始搅拌，并滴入其余的正溴丁烷溶液，控制滴加速度，维持乙醚溶液呈微沸状态。加完后，用温水浴加热回流15分钟。此时如镁屑已作用完全，则可在冷水浴冷却下自滴液漏斗加入9.5ml（7.5g，0.13mol）丙酮和10ml无水乙醚的混合溶液，加入速度仍维持乙醚微沸。加完后，在室温继续搅拌15分钟。有时溶液中可能有白色黏稠状固体析出。

将反应瓶在冰水浴冷却和搅拌下，自滴液漏斗分批加入100ml 10%硫酸溶液以分解产物（开始滴入宜慢，以后可逐渐加快）。加酸后搅拌一定要充分，直至反应物由白色黏稠状完全转变为无色透明液体。待分解完全后，将溶液倒入分液漏斗，分出醚层，并转入干燥的锥形瓶中。水层每次用25ml乙醚萃取2次，合并醚层，用30ml 5%碳酸钠溶液洗涤1次，用无水碳酸钾干燥。

将干燥后的粗产物乙醚溶液滤入干燥的蒸馏瓶中，用温水浴蒸馏，回收乙醚后换用空气冷凝管，再在电热套上加热蒸馏，收集137～141℃的馏分，称量，计算收率。

【附注与注意事项】

1. 所有的反应仪器及试剂必须充分干燥（正溴丁烷用无水氯化钙干燥后重蒸；丙酮用无水碳酸钾干燥，并重蒸馏纯化）。

所用仪器，在烘箱中烘干后，取出稍冷即放入干燥器中冷却。或将仪器取出后，在开口处用塞子塞紧，以防止在冷却过程中玻璃壁吸附空气中的水分。

2. 整个实验都用乙醚，所以严禁明火！

3. 安装搅拌器时应注意：搅拌棒应保持垂直，其末端不要触及瓶底；装好后应先用手旋动搅拌棒，试验装置无阻滞后，方可开动搅拌器。

4. 本实验采用表面光亮的镁条。镁条使用前用细砂纸将其表面擦亮，剪成 2mm 左右的镁屑。

5. 为了使开始时正溴丁烷局部浓度较大，易于发生反应，故搅拌应在反应开始后进行。若 5 分钟后反应仍不开始，可用温水浴或用电吹风温热。

6. 2-甲基-2-己醇与水能形成共沸物，因此必须很好地干燥，否则前馏分将大大增加。

主要原料及产品的物理常数，见表 3－8。

表 3－8　主要原料及产品的物理常数

名称	相对分子量	物态	密度	熔点（℃）	沸点（℃）	折光率	溶解度		
							水	乙醇	乙醚
1-溴丁烷	137.03	无色液体	$1.2758^{20/4}$	－112	101.6	1.4401^{20}	不溶	∞	∞
丙酮	58.08	无色液体	$0.7899^{20/4}$	－95.3	56.5	1.3588^{20}	∞	∞	∞
2-甲基-2-己醇	116.2	无色液体	$0.8119^{20/4}$		143	1.4175^{20}	微溶	∞	∞

【思考题】

1. 在将格氏试剂与丙酮加成物水解前的各步中，为什么使用的药品仪器均必须绝对干燥？为此应采取什么措施？

2. 如反应未开始前，加入大量正溴丁烷有什么不妥？

3. 本实验有哪些可能的副反应，如何避免？

4. 为什么本实验得到的粗产物不能用无水氯化钙干燥？你在实验中用过哪几种干燥剂？试述它们的应用范围。

实验二十七　己二酸的合成

【实验目的】

1. 学习制备己二酸的原理和方法。

2. 巩固重结晶的操作。

【实验提要】

己二酸（ADA）是最重要的脂肪族二元酸，可与己二胺等多官能团的化合物进行缩合反应。目前国外大多数己二酸生产厂家都采用环己醇和环己酮混合物所组成的 KA 油为原料的硝酸氧化工艺路线。国内外实验室中也大多采用浓硝酸或高锰酸钾直接氧化法制备己二酸。用硝酸作为氧化剂反应非常剧烈，伴有大量二氧化氮毒气放出，既危险又污染环境。

因而本实验采用高锰酸钾的碱性溶液将环己酮氧化成己二酸。反应按如下途径进行：

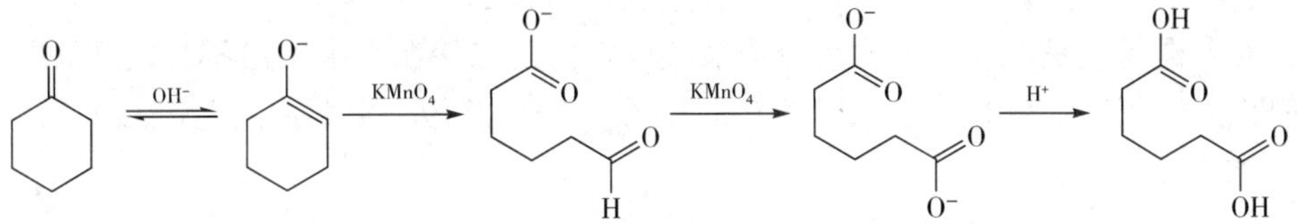

环己酮是对称酮，在碱作用下只能得到一种烯醇型离子，氧化生成单一的化合物，若为不对称酮，就会产生两种烯醇型离子。每一种烯醇型离子氧化得到不同产物，氧化后得到复杂的产物，因而在合成上用途不大。

己二酸的制备可选用不同的氧化剂、不同的介质条件，可通过查阅资料进行设计性实验，选择较为合理的合成路线与方法。

【反应式】

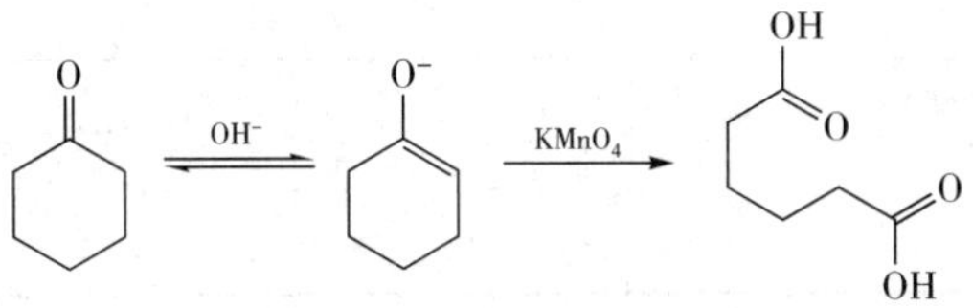

【仪器与试剂】

仪器：500ml 锥形瓶；回流装置 1 套；抽滤装置 1 套；0～100℃玻璃温度计 1 支；烧杯；三角漏斗；量筒。

试剂：高锰酸钾 12.6g（0.08mol）；0.3mol/L 氢氧化钠溶液 100ml；环己酮 4ml（3.79g，0.039mol）；亚硫酸氢钠；浓盐酸；活性炭。

【实验步骤】

在 500ml 锥形瓶中装置好温度计。瓶内放入 12.6g 高锰酸钾（0.08mol），100ml 0.3mol/L 氢氧化钠溶液和 4ml 环己酮（3.79g，0.039mol，逐滴加入）。注意反应温度，如反应物温度超过 45℃时，应用冷水浴适当冷却，然后保持 45℃反应 25 分钟，加热至微沸 5 分钟使反应完全。取一滴反应混合物放在滤纸上检查高锰酸钾是否还存在，若有未反应的高锰酸钾存在，会在棕色二氧化锰周围出现紫色环。假如有未反应的高锰酸钾存在则可加少量的固体亚硫酸氢钠直至点滴试验呈负性。抽气过滤反应混合物，用 10ml 水充分洗涤滤饼，滤液置于烧杯中，在石棉网上加热浓缩到 20ml 左右，用浓盐酸酸化使溶液 pH = 1～2 后，再多加 2ml 浓盐酸冷却后抽滤。得白色晶体即为己二酸，烘干，称重，计算收率。

纯己二酸的熔点 152℃。

【附注与注意事项】

1. 此反应是放热反应，反应开始后会使混合物超过 45℃，假如在室温下反应开始 5 分钟后，混合物温度还不能上升至 45℃，则可小心温热至 40℃，使反应开始。

2. 高锰酸钾是强氧化剂，不能将它与醇、醛等易氧化的有机化合物保存在一起。

3. 在石棉网上加热至微沸时，要不断振摇或搅拌，否则液体极易暴沸冲出容器。

4. 最好是将滤饼移于烧杯中，经搅拌浓缩后再抽滤。

5. 为了提高收率，最好用冰水冷却溶液以降低己二酸在水中的溶解度，己二酸于各种温度下在水中的溶解度（100g 水中溶解的克数）见表 3-9。主要原料及产品的物理常数，见表 3-10。

表 3-9　己二酸在水中的溶解度

温度（℃）	15	34	50	70	87	100
溶解度	1.44	3.08	8.46	34.1	94.8	100

表 3-10　主要原料及产品的物理常数

名称	分子量	物态	密度	熔点（℃）	沸点（℃）	折光率	溶解度		
							水	乙醇	乙醚
环己酮	98	无色油状液体	$0.9478^{20/4}$	−16.4	155.7	1.4507^{20}	微溶	溶	溶
己二酸	146	白色结晶	1.366	152	330.5		微溶	溶	溶

【思考题】

1. 写出环己酮氧化成己二酸的平衡方程式，并计算此反应中理论所需高锰酸钾的用量。

2. 用碱性高锰酸钾氧化 2-甲基环己酮时，预期会得到哪些产物？

3. 除了用环己酮为原料制备己二酸外，能否选用环己醇或环己烯为原料制备己二酸？如果能，请写出反应式，并设计实验方案。

实验二十八　乙酸对硝基苄酯的合成

【实验提要】

本实验采用乙酸钠与对硝基溴苄作用，生成乙酸对硝基苄酯，可以作为适用薄层色谱法监测反应进程的一个典例。

【反应式】

$$CH_3COONa + BrH_2C\text{—}C_6H_4\text{—}NO_2 \longrightarrow H_3CCOOH_2C\text{—}C_6H_4\text{—}NO_2$$

【仪器与试剂】

仪器：100ml 三口烧瓶；回流装置 1 套；搅拌装置 1 套；抽滤装置 1 套；烧杯；量筒。

试剂：对硝基溴苄 1.0g；三水合乙酸钠 0.75g；乙酸乙酯；石油醚；乙醇。

【实验步骤】

在 100ml 三口烧瓶中加入对硝基溴苄 1.0g 和乙醇 25ml。称取三水合乙酸钠 0.9g 溶于 5ml 水中，将其加入烧瓶中，混匀。

安装回流冷凝管，在水浴上搅拌加热 5 分钟后用毛细管吸取少量的反应液在氧化铝 G 薄板上点样，点样的斑点直径不大于 3mm，10 分钟以后如此再进行一次。在同一块板上点第二个斑点，以后每隔 10 分钟取样点在薄板上。

取对硝基溴苄少许溶于乙酸乙酯中（3%溶液），并在点样板上点样以资比较。

以体积比为 1:2 的乙酸乙酯和石油醚（沸程为 80～100℃）作为展开剂，在层析缸中将色谱展开。当展开剂上升到板的 2/3 以上的位置时，将薄层取出，并立即在溶剂上升的前沿位置划一条线作为标记。等薄板干了以后，先可用紫外光直接照射几分钟，进行观察。然后将薄板置于充满碘蒸气的缸内，出现斑点并标出斑点的位置，计算 R_f 值。

当反应出现最高收率后，将反应混合物倾入 100ml 水中，充分的混合，不久就会产生沉淀，用小布氏漏斗抽滤，得固体乙酸对硝基苄酯。产物用少量乙醇重结晶。干燥后得乙酸对硝基苄酯纯品，熔点 78℃。

【附注与注意事项】

1. 操作时应注意对硝基溴苄对眼睛和皮肤有刺激作用。
2. 氧化铝 G 薄板制作完成后，在烘箱中 150℃烘 4 小时，然后置于硅胶干燥器中备用。
3. 产品的 R_f 值为 0.70～0.75。
4. 出现最高收率最少要反应 20～30 分钟。

实验二十九　苯氧乙酸的合成

【实验提要】

芳氧基乙酸及其衍生物是一类非常重要的化合物，具有较强的生物活性。例如，芳氧基乙酸、芳氧基乙酸芳酯及芳氧基乙酰芳胺具有调节植物生长的活性。目前，以苯氧乙酸为母体分子，设计合成药效高、选择性好，使用安全的新农药，仍然是人们十分关注的研究课题。

芳氧基乙酸的合成方法有液-液两相催化、固-液两相催化、三相催化等，这些方法反应条件温和，收率较高，但需要昂贵的相转移催化剂，且后处理较麻烦。本实验利用超声波辐射固-液相合成苯氧乙酸，反应时间短，条件温和，收率高且后处理方便。

【反应式】

$$C_6H_5OH \xrightarrow[ClCH_2COOH]{NaOH} C_6H_5OCH_2COONa \xrightarrow{HCl} C_6H_5OCH_2COOH$$

【仪器与试剂】

仪器：超声波清洗器；蒸馏装置 1 套；圆底烧瓶；量筒。

试剂：苯酚 0.35g（0.0042mol）；氯乙酸 0.4g（0.0042mol）；氢氧化钠；乙腈；浓盐酸；乙醇。

【实验步骤】

在干燥的 100ml 圆底烧瓶中分别加入苯酚 0.35g（0.0042mol）、固体氢氧化钠 0.92g（0.0228mol）、氯乙酸 0.4g（0.0042mol）、25ml 乙腈。室温下，将圆底烧瓶置于超声波清洗器的水槽中，在功率为 500W 下超声辐射反应 45 分钟。取出圆底烧瓶，蒸去溶剂乙腈，得到固体。加入约 6ml 水用玻璃棒搅拌为乳液，用浓盐酸酸化至刚果红试纸变色，充分冷却，抽滤，用少量水洗，干燥。用 3:2 乙醇-水溶液重结晶，得白色固体，称重，计算收率。

纯苯氧乙酸为白色固体，熔点 98～99℃。

【附注与注意事项】

1. 在实验之前，必须做好预习，了解超声波清洗器的操作方法和操作注意事项。
2. 加盐酸酸化时，注意滴加速度不能过快，以免出现油状物。
3. 关闭超声波清洗器之后，才能用温度计测试清洗槽内的水温。

实验三十　苦杏仁酸的合成

【实验提要】

苦杏仁酸，学名苯乙醇酸，又称扁桃酸（mandelic acid），可作为医药中间体，用于合成环扁桃酸酯、扁桃酸乌洛托品及阿托品类解毒剂；还可用作测定铜和锆的试剂。其合成方法主要有苯甲醛合成法、苯乙酮衍生法、相转移催化法。苯甲醛合成法使用了剧毒的氰化物，苯乙酮衍生法使用了有毒的氯气，而相转移催化法反应条件温和、操作简单、收率高。需要指出的是，用化学法合成的苦杏仁酸是外消旋体，只有通过手性拆分才能获得对映异构体。

反应式为：

$$CHCl_3 + NaOH \longrightarrow Cl_2C: + NaCl + H_2O$$

$$C_6H_5CHO \xrightarrow{Cl_2C:} \text{(2,2-二氯-3-苯基环氧乙烷)} \xrightarrow{重排} C_6H_5CHClCOCl$$

$$C_6H_5CHO + CHCl_3 \xrightarrow[苄基三乙基氯化铵]{50\%\ NaOH} C_6H_5CH(OH)COOH$$

本实验采用相转移催化剂苄基三乙基氯化铵催化苯甲醛、氯仿，在碱性条件下通过卡宾加成反应直接生成苦杏仁酸。

【反应式】

$$C_6H_5CHO + CHCl_3 \xrightarrow[\text{苄基三乙基氯化铵}]{50\%\ NaOH} C_6H_5CH(OH)COOH$$

【仪器与试剂】

仪器：搅拌装置 1 套；回流装置 1 套；滴液漏斗；抽滤装置 1 套；蒸馏装置 1 套；0～100℃玻璃温度计 1 支；锥形瓶；量筒。

试剂：苯甲醛 3.5g（0.033mol）；苄基三乙基氯化铵 0.5g；氯仿 8g（5.3ml，0.067mol）；50%氢氧化钠溶液；乙醚；50%硫酸。

【实验步骤】

在 150ml 三口瓶中，加入 3.5g（0.033mol）苯甲醛，0.5g 苄基三乙基氯化铵和 8g（5.3ml，0.067mol）氯仿。开动搅拌器缓慢加热，待温度升到 55～60℃时，从滴液漏斗中缓慢的滴加 8ml 50%氢氧化钠溶液，控制滴加速度，使反应温度控制在 55～60℃。滴加完毕以后，在该温度范围内继续搅拌反应 1 小时。

反应结束，冷却至室温，将反应混合物倒入 50ml 水中，用乙醚萃取 8ml × 2，以除去未反应的氯仿等有机物。此时水相呈亮黄色透明状。水相用 50%硫酸酸化至 pH = 1～2，用乙醚萃取 8ml × 3，合并 3 次乙醚萃取液，用无水硫酸钠干燥。

常压蒸馏，除去乙醚，得苦杏仁酸的粗产物。称重，计算收率。

粗产物用甲苯重结晶，得纯品，称纯品质量，计算收率。纯品测定熔点和红外光谱，苦杏仁酸熔点 121.3℃。

【附注与注意事项】

1. 本实验为两相反应，剧烈搅拌有利于加速反应。
2. 用甲苯重结晶时，1g 苦杏仁酸的甲苯用量约为 1ml，可作参考。

实验三十一　*α*-溴代苯乙酮的合成

【实验目的】

1. 掌握溴代反应的原理和操作方法。
2. 了解 *α*-溴代苯乙酮的多种合成方法。

【实验提要】

α-溴代苯乙酮及其衍生物是有机合成中重要的中间体，被广泛应用于医药、农药等精细化学品的合成。例如：非甾体抗炎药芳基丙酸类药物、雌激素类药物雷洛昔芬的合成。*α*-

溴代苯乙酮通过苯乙酮 α 位的溴化反应制备得到。常用的溴代试剂有液溴、溴化铜，*N*-溴代丁二酰亚胺（NBS）、溴型季铵盐等。用液溴作为溴化剂时，液溴价格低，但反应选择性较差、毒性大，产生的废酸污染环境，对设备有腐蚀性。用溴化铜作为溴化剂时，反应较为温和，易于控制，反应生成的溴化亚铜可以通过过滤去除。NBS 的选择性较好但价格较高，工业上难以大规模使用。

【反应式】

$$\text{PhCOCH}_3 + CuBr_2 \xrightarrow[\text{reflux, 3 h}]{CHCl_3/EtOAc} \text{PhCOCH}_2\text{Br}$$

【仪器与试剂】

仪器：三口烧瓶；回流装置 1 套；抽滤装置 1 套；分液漏斗；旋转蒸发仪；熔点测定仪。

试剂：苯乙酮；乙酸乙酯；氯仿；溴化铜；无水硫酸钠；无水乙醇。

【实验步骤】

取 2.4g（0.02mol）苯乙酮、25ml 乙酸乙酯和 25ml 氯仿置于 250ml 三口烧瓶中，装上回流冷凝管并在冷凝管顶端套上气球，加热搅拌至回流，将 8.8g（0.04mol）$CuBr_2$ 分批加入三口烧瓶中，反应液变成青绿色并产生大量红棕色气体。反应回流 3 小时后，薄层层析（TLC）监测反应完全，停止反应。趁热过滤，滤饼用乙酸乙酯洗涤，合并有机相，将滤液倒入分液漏斗中，用饱和食盐水 2×10ml 洗涤至无色，分液，有机相用无水硫酸钠干燥 2 小时，过滤，旋蒸除去乙酸乙酯和氯仿，冷却后得到白色晶体。干燥，称重，计算产率，测定熔点。白色晶体可用无水乙醇进一步重结晶纯化。

纯 α-溴代苯乙酮的熔点 48～51℃。

【附注与注意事项】

1. 注意控制溴化铜的加入量，防止溴蒸气溢出。
2. 注意控制反应温度和时间，预防二溴代副产物的生成。

实验三十二　6-苯基咪唑并［2, 1-*b*］噻唑的合成

【实验目的】

1. 掌握制备咪唑并［2, 1-*b*］噻唑杂环的原理和操作方法。
2. 了解咪唑并［2, 1-*b*］噻唑及其衍生物的应用。

【实验提要】

咪唑并［2,1-*b*］噻唑因其特殊的骨架单元表现出广泛的生物活性，其衍生物具有抗

菌、抗癌、免疫调节、抗病毒、杀虫、抗心律失调等多种功效。奥普力等市售农药都以咪唑杂环为骨架。咪唑并［2,1-*b*］噻唑杂环6位取代对其生物活性影响比较大，药物左旋咪唑就是由6-苯基咪唑并［2,1-*b*］噻唑构成的主要结构单元。通过咪唑并［2,1-*b*］噻唑杂环C—H键活化引入不同的官能团是合成各种新型咪唑并［2,1-*b*］噻唑衍生物的重要途径。

【反应式】

N　S　NH_2　+　O　Br　1) acetone, reflux, 3h　2) HCl (2N), reflux, 2h　N　S　N

【仪器与试剂】

仪器：圆底烧瓶；回流冷凝管；抽滤装置1套；熔点测定仪。

试剂：2-氨基噻唑；*α*-溴代苯乙酮；丙酮；浓氨水；盐酸。

【实验步骤】

取100ml圆底烧瓶，加入2.0g（0.02mol）2-氨基噻唑，4.0g（0.02mol）*α*-溴代苯乙酮和40ml丙酮。搅拌回流3小时，冷却至室温，抽滤，固体用少量丙酮洗涤。将上述固体加入到70ml 2mol/L的盐酸中，搅拌回流2小时，冷却至室温。用浓氨水中和，析出固体后，抽滤，少量水洗涤，干燥，称重，计算产率，测定熔点。

6-苯基咪唑并［2,1-*b*］噻唑的熔点145～146℃。

【附注与注意事项】

固体粗产品用丙酮洗涤可除去少量未反应完全的原料。

实验三十三　6-苯基噻唑并[3,2-*b*]-1,2,4-三氮唑的合成

【实验目的】

1. 掌握制备噻唑并［3,2-*b*]-1,2,4-三氮唑的原理和操作方法。
2. 了解噻唑并［3,2-*b*]-1,2,4-三氮唑及其衍生物的应用。

【实验提要】

1,2,4-三氮唑及其稠环衍生物具有广泛的生物活性，1,2,4-三氮唑多用作农用杀菌剂，例如丙环唑、戊唑醇、羟菌唑、呋醚唑等。将噻唑环和三氮唑环稠合后可得到噻唑并［3,2-*b*]-1,2,4-三氮唑杂环衍生物，噻唑并［3,2-*b*]-1,2,4-三氮唑杂环表现出良好的抗病毒、抗癌、抗细菌活性。由于多样的生物活性，噻唑并［3,2-*b*]-1,2,4-三氮唑杂环的合成及功能化成为人们研究的热点。

【反应式】

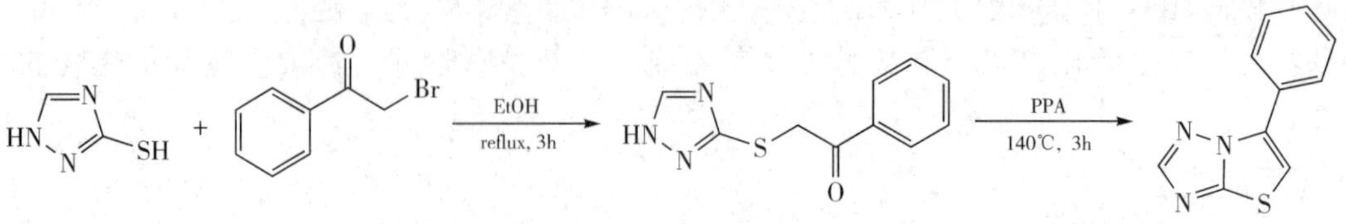

EtOH, reflux, 3h → PPA, 140℃, 3h

【仪器与试剂】

仪器：圆底烧瓶；回流冷凝管；抽滤装置1套；分液漏斗；旋转蒸发仪。

试剂：3-巯基-1,2,4-三氮唑；*α*-溴代苯乙酮；无水乙醇；多聚磷酸；碳酸氢钠；乙酸乙酯；无水硫酸钠。

【实验步骤】

取500ml圆底烧瓶，加入5g（50.0mmol）3-巯基-1,2,4-三唑、10g（50.0mmol）*α*-溴代苯乙酮和250ml无水乙醇，搅拌加热回流反应2小时，然后室温下继续搅拌12小时，析出大量白色晶体，抽滤，干燥，称重。产品可直接进行下一步反应。

取50ml圆底烧瓶，加入2g（9.1mmol）2-（1*H*-1,2,4-三唑-3-甲硫基）-1-苯乙酮和8g（23.7mmol）多聚磷酸（PPA），加热至140℃反应3小时，冷却至室温，缓慢加入饱和碳酸氢钠水溶液至中性，水相用3×10ml乙酸乙酯萃取，合并有机相，加入无水硫酸钠干燥，过滤，减压蒸除溶剂，得粗产品，干燥，称重，计算产率，测定熔点。粗产品可用石油醚进一步重结晶纯化。

6-苯基噻唑并［3,2-*b*］-1,2,4-三氮唑的熔点80～81℃。

【附注与注意事项】

1. 多聚磷酸具有腐蚀性，使用过程要规范操作。
2. 注意控制加入饱和碳酸氢钠水溶液的速度。

实验三十四　2-苯基中氮茚的合成

【实验目的】

1. 掌握制备中氮茚的原理和操作方法。
2. 了解中氮茚及其衍生物的应用。

【实验提要】

中氮茚及其衍生物在生物、医药以及光电材料等领域均有广泛的应用，可以用作除草剂、色素、磷酸酯酶抑制剂以及抗癌、抗菌、抗病毒药物等。通过中氮茚C—H键活化引入不同的官能团是合成各种中氮茚衍生物的重要途径。

【反应式】

$$\text{2-甲基吡啶} + \text{PhCOCH}_2\text{Br} \xrightarrow[\text{2) } K_2CO_3 \text{ (1 eq.), } H_2O\text{, 65℃, 5h}]{\text{1) acetone, 65℃, 5h}} \text{2-苯基中氮茚}$$

【仪器与试剂】

仪器：圆底烧瓶；回流冷凝管；抽滤装置1套；熔点测定仪。

试剂：2-甲基吡啶；*α*-溴代苯乙酮；丙酮；碳酸钾；水。

【实验步骤】

取100ml圆底烧瓶，加入0.98g（0.01mol）2-甲基吡啶、1.00g（0.01mol）*α*-溴代苯乙酮和15ml丙酮。65℃搅拌5小时，冷却至室温，抽滤，固体用少量丙酮洗涤。将上述固体加入到15ml水中，加入1.38g碳酸钾，65℃搅拌3小时，冷却至室温。抽滤，少量水洗涤滤渣，干燥，称重，计算产率，测定熔点。

2-苯基中氮茚的熔点212～213℃。

【附注与注意事项】

注意控制反应时间，第二步反应不超过5小时。

实验三十五　2-苯基咪唑并［1,2-*a*］吡啶的合成

【实验目的】

1. 掌握制备咪唑并［1,2-*a*］吡啶的原理和操作方法。
2. 了解咪唑并［1,2-*a*］吡啶及其衍生物的应用。

【实验提要】

咪唑并［1,2-*a*］吡啶衍生物是一类非常重要的含氮杂环化合物，它们由五元环咪唑部分和六元环吡啶部分构成基本骨架。该类化合物具有抗炎、抗溃疡、抗肿瘤、抗病毒、镇定催眠等药理活性。目前很多药品中含有咪唑并［1,2-*a*］吡啶类化合物，如血管扩张药奥普力农（olprinone）、抗焦虑药阿吡坦（alpidem）和沙立吡坦（saripidem）、安眠药佐利米定（zolimidine）、抗溃疡药（soraprazan）、麻醉药奈可吡坦（necopidem）。

【反应式】

$$\text{2-氨基吡啶} + \text{PhCOCH}_2\text{Br} \xrightarrow[\text{EtOH, 78℃, 4h}]{NaHCO_3} \text{2-苯基咪唑并[1,2-}a\text{]吡啶}$$

【仪器与试剂】

仪器：100ml 圆底烧瓶；回流冷凝管；抽滤装置 1 套；分液漏斗；旋转蒸发仪。

试剂：2-氨基吡啶；*α*-溴代苯乙酮；无水乙醇；碳酸氢钠；乙酸乙酯；无水硫酸钠。

【实验步骤】

取 100ml 圆底烧瓶，加入 0.94g（0.01mol）2-氨基吡啶与 1.00g（0.01mol）的 *α*-溴苯乙酮，随后加入 1.26g（0.15mol）碳酸氢钠，用 15ml 无水乙醇溶解，78℃下搅拌，加热回流 4 小时，TLC 检测，反应完全，冷却至室温，旋干反应溶剂，加入水和乙酸乙酯各 15ml 萃取分离，收集有机相，无水硫酸钠干燥，旋干溶剂后柱层析（石油醚:乙酸乙酯＝5:1，*V*/*V*），收集纯的滤液，旋干得棕黄色固体，称重，计算产率，测定熔点。

2-苯基咪唑并［1,2-*a*］吡啶的熔点 135～136℃。

实验三十六　环戊二烯与顺丁烯二酸酐的环加成

【实验目的】

1. 掌握 Diels-Alder 反应原理及方法。
2. 熟悉环戊二烯的重蒸操作。

【实验提要】

双烯合成反应即 Diels-Alder 反应，是德国化学家 Otto Diels 和他的学生 Kust Alder 发现的，他们也因此获得 1950 年的诺贝尔化学奖。双烯合成反应被称为在 20 世纪 20 年代有机合成方面最重要的发现。链状或环状共轭双键化合物与含有双键或三键的不饱和化合物可进行［4＋2］加成环化反应生成六元环。这类反应通常是在加热条件下进行的，收率较高，是有机化学合成反应中非常重要的碳–碳键形成的手段，也是当代有机合成中常用的反应。

当双烯上含有烷基、烷氧基等给电子基团或亲双烯体上含有羧基、羰基、酯基等吸电子基团时，反应速率加快，反应更容易进行。此反应是一步发生的协同反应，不存在活泼的反应中间体，具有可逆性和立体定向的顺式加成的特点。

本实验利用环戊二烯与顺丁烯二酸酐发生 Diels-Alder 反应可得双环［2.2.1]-2-庚烯-5,6-二酸酐，主要生成内型而不是外型产物，可用著名的分子轨道对称守恒原理予以解释。

所得产物的酸酐结构很容易水解为二羧酸产物，因此反应需在无水条件下进行。

【反应式】

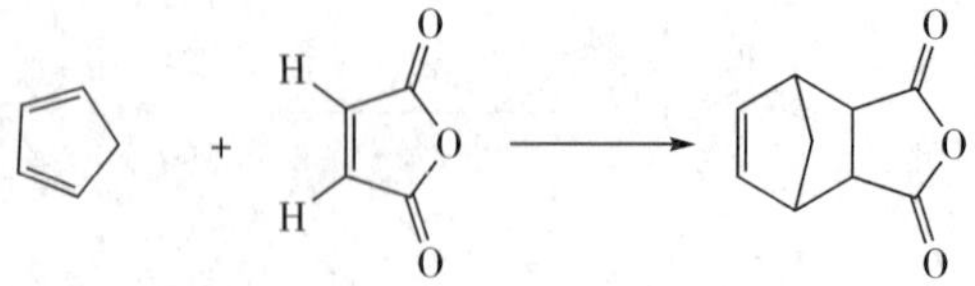

【仪器与试剂】

仪器：锥形瓶；抽滤装置 1 套；回流装置 1 套；量筒。

试剂：顺丁烯二酸酐 3g（0.03mol）；乙酸乙酯；环戊二烯 2.31g（3ml，0.035mol）；石油醚（沸程：60～90℃）。

【实验步骤】

在 100ml 锥形瓶中放入 3g（0.03mol）顺丁烯二酸酐和 10ml 乙酸乙酯，用水浴加热使固体物溶解，再加入 10ml 石油醚（沸程 60～90℃）。冷却至室温后再用冰水冷却，此时可能析出少量沉淀，但不影响反应。加入 2.31g（3ml，0.035mol）新制备的环戊二烯，在冰浴中振摇反应液，直到白色固体析出。放热停止，用水浴加热使固体物溶解，再让其缓慢的冷却得白色针状结晶，抽滤，干燥，称重，计算收率。测定熔点。

双环［2.2.1]-2-庚烯-5,6-二酸酐的熔点 164～165℃。

【附注与注意事项】

1. 市售的环戊二烯都是二聚体，将二聚体加热到 170℃以上，就可以热裂解成为环戊二烯单体。

$\xrightarrow{\triangle}$

用一只 200mm 长的刺形（Vigreux）分馏柱，缓慢进行分馏即可分出环戊二烯单体（沸点 42℃）。对热裂解反应开始应缓慢加热，控制分馏柱顶端温度计的温度不超过 45℃。环戊二烯的接收器要放在冰水浴中，蒸出环戊二烯并备用，并且要尽快使用，最好在 1 小时内使用完毕。为防止爆炸，蒸馏瓶内环戊二烯不可蒸干。

2. 顺丁烯二酸酐如放置过久，使用前须用三氯甲烷重结晶，10g 顺丁烯二酸酐加约 15ml 三氯甲烷进行溶解重结晶。纯的顺丁烯二酸酐熔点为 60℃。

实验三十七　5,10,15,20-四苯基卟啉的合成

【实验目的】

1. 掌握卟啉的多种合成方法。
2. 熟悉微波反应装置及其操作方法。

【实验提要】

光合作用膜中最重要的绿色素——叶绿素（镁卟啉），是光合作用中捕获光的主要成分。诺贝尔奖得主 Dr.Richard Willstatter 和 Dr.Hans Fisher 还发现，叶绿素的分子与人体的红细胞的分子在结构上很相似，唯一的区别就是各自的核心为镁原子与铁原子。除此之外，人们还发现生物体内与催化、氧的输运和能量转移等相关的重要细胞器中存在许多天然卟啉及其金属配合物，如细胞色素、氧化酶、过氧化氢酶、电子转移蛋白、血红蛋白和肌红蛋

白等生物大分子中均含有卟啉（porphyrin）。

卟啉是一类由四个吡咯类亚基的 *α*-碳原子通过次甲基桥（═CH—）互联而形成的大分子杂环化合物。其母体化合物为卟吩（porphin，$C_{20}H_{14}N_4$），有取代基的卟吩即称为卟啉。因其 18π 电子的高度共轭体系呈现深颜色，同时被称为紫质，广泛存在于自然界与生物体内。卟啉常与金属离子配合形成金属卟啉而存在，如血红蛋白中的铁卟啉、血蓝素（铜卟啉）、叶绿素中的镁卟啉、维生素 B_{12}（钴卟啉）、细胞色素 P450 等都有卟啉骨架结构。卟啉与金属卟啉的独特物化性质及光学特征，使其在电化学催化、气体传感、医药、光学材料、纺织等领域均有良好的应用前景。

本实验采用两种方法，分别是 Alder 法和微波法进行 5,10,15,20-四苯基卟啉的合成。对比两种方法，Alder 法是传统卟啉合成方法，需采用大量腐蚀性的丙酸，且反应时间较长；微波法则在无溶剂条件下反应，避免了使用大量有害溶剂及氧化剂，兼具反应时间短、效率高的特点，是一种绿色的合成方法。

【反应式】

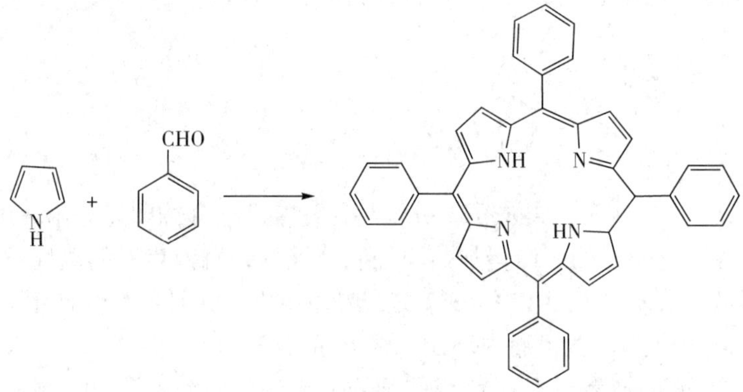

方法一　Alder 法

【仪器与试剂】

仪器：回流装置 1 套；抽滤装置 1 套；锥形瓶；量筒。

试剂：苯甲醛 4.452g（0.042mol）；吡咯 3.0ml（0.043mol）；丙酸。

【实验步骤】

将 100ml 丙酸、苯甲醛 4.452g（0.042mol）置于 250ml 的三口烧瓶中，组装回流冷凝装置，搅拌加热至 125～130℃。称取重蒸的吡咯 3.0ml（0.043mol）溶于 10ml 的丙酸后，通过恒压滴液漏斗逐滴加入到反应液中，滴入时间控制在 20 分钟左右，回流反应 1 小时，停止反应后冷却至室温，将反应液移入锥形瓶中，放入冰箱中冷藏 3 小时以上。

将锥形瓶取出放置至室温后，抽滤，固体用 500ml 水少量多次洗涤，直到滤液无色，固体呈深紫色至紫色，干燥后，用二氯甲烷与石油醚混合液进行重结晶，得紫色晶体，称

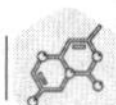

重，计算收率。

取些微固体用少量二氯甲烷溶解，爬小板（展开剂比例 $V_{二氯甲烷}:V_{石油醚}=1:1$），在 365nm 紫外光照射下显红色荧光的点即为四苯基卟啉。

【附注与注意事项】

1. 丙酸是可燃液体，低毒，对黏膜有刺激作用，有杀菌作用。当皮肤上沾染丙酸时要用大量清水冲洗。

2. 吡咯的沸点为 131℃，重蒸需采用减压蒸馏。其蒸气与空气可形成爆炸性混合物，遇明火、高热能引起燃烧爆炸。操作时需注意。

3. 本实验也可在冷藏后进行蒸馏，回收丙酸，减少废液，保护环境。

方法二　微波法

【仪器与试剂】

仪器：微波反应器；回流装置 1 套；抽滤装置 1 套；紫外灯；锥形瓶；量筒。

试剂：苯甲醛 0.42g（0.004mol）；吡咯 0.26g（0.004mol）；硅胶 2g；乙酸乙酯；二氯甲烷；石油醚（沸程 60～90℃）。

【实验步骤】

将 0.42g 苯甲醛和 0.26g 吡咯加入至 25ml 锥形瓶中混合均匀，再加入 2g 硅胶，塞住锥形瓶，使其混合，直到混合液均匀地完全吸附在硅胶上。放入微波反应器中，用一块耐热玻璃盖好，600W 功率下以 2 分钟为间隔，加热 5 次，共 10 分钟。

反应结束后，取出锥形瓶，冷却至室温，加入 15ml 乙酸乙酯，抽滤除去硅胶。蒸去乙酸乙酯，再用 1ml 二氯甲烷萃取残留物，过滤。用薄层色谱法分析产品混合物（实验方法参照方法一）。用石油醚:乙酸乙酯 = 7:1 的展开剂展开，紫色色带即为 5,10,15,20-四苯基卟啉。也可将薄板放在紫外灯 365nm 波长下照射，显红色荧光的色带即产物。刮下产物色带，用适量乙酸乙酯萃取，过滤，蒸馏除去溶剂，称重，计算收率。

【附注与注意事项】

1. 在实验之前，必须了解微波反应器的操作方法和注意事项。

2. 混合硅胶时，若仍可见液体流动，可适量补加硅胶至完全吸附。

3. 放入微波反应器的玻璃一定要用耐热玻璃，以防发生危险。

4. 微波反应结束后，拆除装置时需戴手套，以免烫伤。

5. 点样时切勿过量上样，以免出现拖尾现象。

实验三十八　5,10,15,20-四苯基卟啉锌的合成

【实验目的】

1. 掌握金属卟啉的合成方法。

2. 熟悉薄层层析跟踪反应的操作方法。

【实验提要】

卟啉中心的四个氮原子易被金属离子取代生成金属卟啉化合物，卟啉分子和金属离子一般以 1:1 的比例配位形成平面化合物，也可以与金属离子在特殊的条件下生成 2:1 或 3:2 夹心结构的配合物，然而由于卟啉结构和性质上的差别以及金属离子粒径和最外层电子排布的不同，致使合成金属卟啉的方法存在很大的不同。合成金属卟啉的方法有醋酸/醋酸盐法、吡啶法、乙酰丙酮金属盐法、苯酚法、DMF 法、有机金属化合物法、金属羰基化合物法等。

金属锌卟啉化合物的合成相对其他金属卟啉容易，反应溶剂可选择 DMF、二氯甲烷、四氢呋喃等对卟啉溶解性较好的有机溶剂。本实验采用低毒性的四氢呋喃作为反应溶剂，反应条件温和，收率高。

【反应式】

NH N N HN

$Zn(OAc)_2$

THF, reflux

N N Zn N N

【仪器与试剂】

仪器：磁力搅拌 1 套；回流装置 1 套；抽滤装置 1 套；锥形瓶；量筒。

试剂：5,10,15,20-四苯基卟啉 4.452g（0.042mol）；二水合醋酸锌 0.66g（3.00mmol）；四氢呋喃；无水乙醇；二氯甲烷。

【实验步骤】

在 150ml 单口圆底烧瓶中，加入 5,10,15,20-四苯基卟啉 0.37g（0.6mmol）、80ml 四氢呋喃，搅拌至卟啉完全溶解。0.66g（3.0mmol）二水合醋酸锌溶于 30ml 无水乙醇中，并将其倒入上述反应体系中。加热回流，搅拌反应，薄层层析（TLC）跟踪反应至原料反应完全。停止反应，降至室温，改成蒸馏装置，去除溶剂，加入 50ml 二氯甲烷溶解粗产品，倒入分液漏斗中，5×20ml 水洗除去未反应的锌盐。分出有机相，无水硫酸钠干燥 30 分钟，过滤，滤液蒸去溶剂，干燥，得到紫红色固体产物。

【附注与注意事项】

1. 卟啉在四氢呋喃中溶解不彻底，可补加少量四氢呋喃或稍稍加热使之溶解。

2. TLC 跟踪反应时，需在同一个小板上点卟啉原料、反应液两个点进行比对，确定反应进程。当反应液中卟啉原料点彻底消失时意味着反应完毕，可停止反应进行后处理。

实验三十九　离子液体 1-甲基-3-丁基咪唑溴盐的合成

【实验目的】

1. 掌握 1-甲基-3-丁基咪唑溴盐的制备方法。
2. 熟悉室温离子液体的含义及其在有机合成中的作用。

【实验提要】

离子液体（ionic liquids）主要是指完全由有机正离子和无机或有机负离子所组成的，在室温或接近室温下呈液体状态的盐类。有时候离子液体也被称为“低温熔盐”（molten salts），因为与经典熔盐的熔点（＞800℃）相比，离子液体具有低得多的熔点（一般被认为＜100℃）。对于这类化合物的低熔点，一般认为是正离子的不对称性起主要作用，即“不对称正离子和负离子结合松散的特点”是导致其在室温下呈液态的主要原因。

离子液体的发展历史可追溯到 1914 年 Walden 报道的不稳定低温熔盐$(EtNH_2)^+HNO_3^-$，在 20 世纪 90 年代的几十年中，离子液体的发展主要集中在氯化铝和杂环（如咪唑、吡啶、哌啶）卤盐的混合体系，这类离子液体因 $AlCl_3$ 而具备 Lewis 酸性，被广泛用于 Friedel-Crafts 反应、Ziegler-Natta 反应、Diels-Alder 环加成反应，以及过渡金属催化的烯烃聚合反应、烯烃加氢反应等。但其共同缺点是对水、空气敏感性以及对底物、催化剂的兼容性较差。1992 年，Wilkes 领导的研究小组合成了低熔点、抗水解、稳定性强的 1-乙基-3-甲基咪唑四氟硼酸盐［Emim］BF_4 离子液体。基于 Wilkes 等人的研究工作，人们开始清楚地认识到离子液体决不仅限于氯铝酸盐熔融体，而且，阴离子与阳离子的广泛结合可以产生众多不同种类的低熔点的盐。从此，具有不同功能的新型离子液体不断地出现，其应用领域也日益地得到扩展，离子液体制备与应用研究进入了迅速发展的时代。

离子液体种类繁多，改变阳离子与阴离子的不同组合，可以设计合成出不同的离子液体。以正离子的不同进行分类，可分为季铵盐离子液体、季磷盐离子液体、咪唑盐离子液体、吡啶盐离子液体。按照酸碱性的不同进行分类，可分为酸性离子液体（能接收电子或给出质子的离子液体）、碱性离子液体（能给出电子或接收质子的离子液体）、中性离子液体。

离子液体常规合成方法主要有一步法和两步法。本实验采用一步法合成 1-甲基-3-丁基咪唑溴盐（［Bmim］Br）。该反应是原子经济性反应，投入的原料全部转化为产物，符合当前绿色化学的要求。

【反应式】

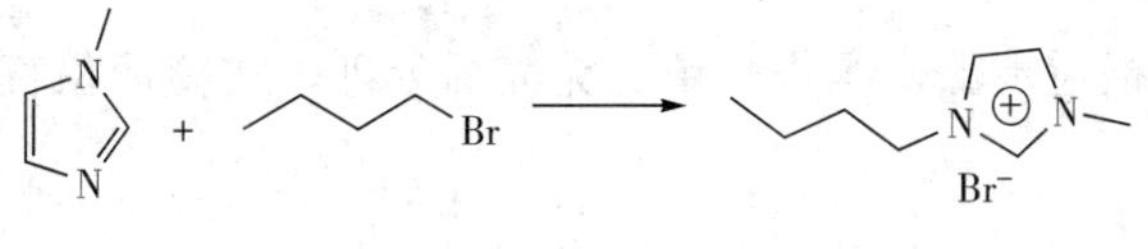

【仪器与试剂】

仪器：磁力搅拌 1 套；回流装置 1 套；100ml 圆底烧瓶；量筒。

试剂：1-甲基咪唑 6.00g（0.074mol）；正溴丁烷 10.00g（0.072mol）；1,1,1-三氯乙烷。

【实验步骤】

在 100ml 圆底烧瓶中加入 1-甲基咪唑 6.00g（0.074mol），再加入 1,1,1-三氯乙烷 40ml 作溶剂，在磁力搅拌的条件下，用恒压滴液漏斗缓慢滴加正溴丁烷 10.00g（0.072mol），约 40 分钟滴完，溶液变浑浊。

将恒压滴液漏斗撤下，换上球形回流冷凝管，加热回流 2 小时，反应完毕。

换蒸馏装置将 1,1,1-三氯乙烷蒸出，得到［Bmim］Br，为红棕色黏稠液体。

【附注与注意事项】

1. 注意控制搅拌速度和滴加速度，搅拌速度要快，滴加速度应慢。

2. 滴完后迅速换球形回流冷凝管，1,1,1-三氯乙烷的沸点为 73～76℃，应控制回流速度，不宜过快。加热至约 80℃，需要蒸馏约 40 分钟才能将 1,1,1-三氯乙烷完全蒸出。

3. 得到的离子液体为红棕色黏稠液体，可以不经过处理直接作为催化剂和溶剂应用于有机化合物的合成。

实验四十　氯化胆碱-尿素低共熔溶剂的合成

【实验目的】

1. 掌握氯化胆碱-尿素的制备方法。
2. 熟悉低共熔溶剂的含义及其在有机合成中的作用。

【实验提要】

低共熔溶剂（deep eutectic solvent，DES）通常是由一定物质的量比的氢键受体（hydrogen bond acceptor，HBA）如季铵盐和氢键供体（hydrogen bond donor，HBD）如酰胺、羧酸、多元醇等通过氢键结合形成的一种低共熔混合物，具有制备简单、价格低廉、环境友好、挥发性低、溶解能力强、结构可设计、易生物降解等特点，被认为是一种新型的绿色溶剂，在电化学、生物催化、分离提纯、纳米技术等诸多领域中已得到广泛应用。

氯化胆碱-尿素是 2003 年 Abbott 等（*Chem.Commun.*，2003，70-71）报道的首个 DES，调整它们的比例，发现当氯化胆碱与尿素的摩尔比为 1:2 时，它们的混合物熔点最低达到 12℃，即在室温下呈透明液体状态，而正常情况下氯化胆碱的熔点为 302℃，尿素的熔点为 133℃。

本实验参考文献报道步骤，操作简单，无需后处理，实验现象直观。

【反应式】

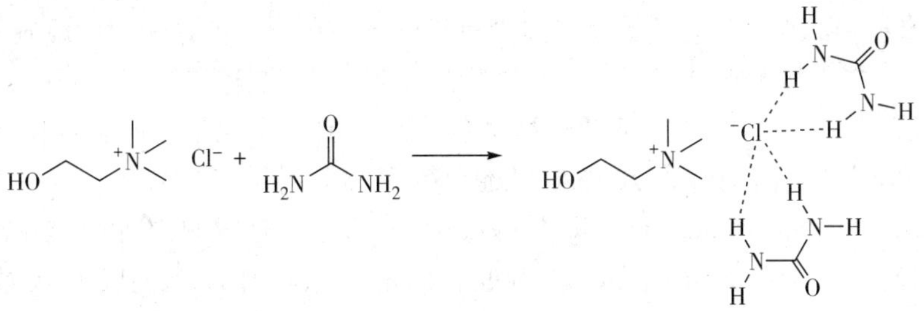

【仪器与试剂】

仪器：磁力搅拌 1 套；100ml 圆底烧瓶；电子天平。

试剂：氯化胆碱 1.39g（0.01mol）；尿素 1.2g（0.02mol）。

【实验步骤】

称取氯化胆碱 1.39g（0.01mol）、尿素 1.2g（0.02mol）于圆底烧瓶中，加热至 60℃搅拌反应，白色固体慢慢变成无色透明液体，当所有固体消失时即反应完成，停止反应，所得液体即氯化胆碱-尿素低共熔溶剂。

【附注与注意事项】

按本实验方法制备的氯化胆碱-尿素低共熔溶剂凝固点为 12℃，当天气寒冷，室温低于 12℃时，所得溶液会缓慢析出白色晶体，这时适当稍加热又会恢复液体状态。

实验四十一　无溶剂反应

【实验目的】

1. 掌握无溶剂反应的含义及其在有机合成中的作用。
2. 熟悉 Aldol 反应。

【实验提要】

在传统的有机化合物合成过程中，有机溶剂是最常用的介质，可以使反应物分散到同相中，降低黏度等，但是其毒性和试剂难回收对环境有不利影响。近年来绿色合成应运而生，产生了许多取代传统有机溶剂的绿色化学方法，如以水和二氧化碳作为超临界流体溶剂及以室温离子液体为溶剂的方法，而最彻底的方法还是完全不用溶剂的无溶剂有机反应。无溶剂有机反应最初被称为固态有机反应，主要是通过研磨、光、热、微波以及超声等方法，在不加溶剂或加入微量溶剂并且固体物直接接触的条件下，进行化学反应。实验结果表明，有机无溶剂反应，具有更高效的反应选择性。因此，20 世纪 90 年代初人们明确提出“无溶剂有机合成”，既包括经典的固-固反应，又包括气-固反应和液-固反应。无溶剂有机合成主要采用以下方法实现：①常规加热或微波辅助加热合成法；②固相研磨合成法；③球磨或超声波辅助合成法；④载体负载合成法。

无溶剂操作常可以简化反应步骤，加快反应速度，提高产率和选择性。因为其转化率高、副产物少，所以后处理也比传统反应较为容易。另外，无溶剂操作还可与超临界二氧化碳萃取等方法相结合，进行后处理，减少有机溶剂使用量。但是无溶剂反应还有一些局限性，部分反应不能使用此方法，对于放热剧烈的反应，也很难使用无溶剂操作。而且无溶剂反应的机制研究还不是很清楚，工业化程度也不高，要从实验室走向工业化生产还需在理论和实践中做大量工作。所以，这些难题还有待于我们科学工作者进一步的研究和探索。

Aldol 反应（Aldol reaction）即羟醛缩合反应。具有 α-H 的醛，在碱催化下生成碳负离子，然后碳负离子作为亲核试剂对醛酮进行亲核加成，生成 β-羟基醛，β-羟基醛受热脱水成不饱和醛。在稀碱或稀酸的作用下，两分子的醛或酮可以互相作用，其中一个醛（或酮）分子中的 α-氢加到另一个醛（或酮）分子的羰基氧原子上，其余部分加到羰基碳原子上，生成一分子 β-羟基醛或一分子 β-羟基酮。这个反应叫作羟醛缩合或醇醛缩合。通过醇醛缩合，可以在分子中形成新的碳碳键，并增长碳链。

本实验引用自 Fumio Toda 发表在 *J. Chem. Soc. Perkin Trans. I* 上的文献，反应时间短，收率高，分离简便，可很好地体现无溶剂反应的优点。

【反应式】

O　CH$_3$　+　O　NaOH　O　CH$_3$

【仪器与试剂】

仪器：研钵 1 套；抽滤装置 1 套。

试剂：对甲基苯甲醛 1.5g（0.0125mol）；苯乙酮 1.5g（0.0125mol）；氢氧化钠 0.5g（0.0125mol）。

【实验步骤】

称取对甲基苯甲醛 1.5g（0.0125mol）、苯乙酮 1.5g（0.0125mol）、氢氧化钠 0.5g（0.0125mol），混合到研磨器中，室温下研磨 5 分钟，可观察到混合物变成浅黄色固体，用水将固体多次冲洗过滤，洗至滤液接近中性，即得产物。干燥，称重计算收率（文献报道收率为 97%）。

【附注与注意事项】

后处理过程中，需注意氢氧化钠加水会放热。

实验四十二　以氯苄为原料经苯甲醛六步合成二苯基乙酸

【实验目的】

1. 掌握无溶剂反应的含义及其在有机合成中的作用。

2. 熟悉 Aldol 反应。

【实验提要】

二苯基乙酸是一种有机合成通用试剂及重要的药物合成中间体。以二苯基乙酸为原料合成的阿托匹纳用于治疗帕金森病、锥体外系强直、各种运动过度、锥体性痉挛、平滑肌痉挛和胃酸分泌过多，对支气管哮喘及胃和十二指肠溃疡疗效特别显著。二苯基乙酸与硫酰氯作用得二苯基乙酸氯，然后与二乙氨基乙醇起缩合反应制成的屈生丁盐酸盐，是一种良好的平滑肌抑制药，并有向神经性及向肌性作用，对胃、肠、子宫、输尿管、输胆管及支气管等呈有效的平滑肌抑制作用，是一种疗效很好的药物。还可由其合成杀鼠剂敌鼠钠盐。

二苯基乙酸有以下几种合成方法：①氯苄为原料经氰化、溴化、苯基化和水解。②苯与乙醛酸或乙醛酸酯反应。③苯甲醛经二苯乙醇酸再还原。

本实验以氯苄为原料，经二苯基羟乙酸六步合成二苯基乙酸。

【总反应式】

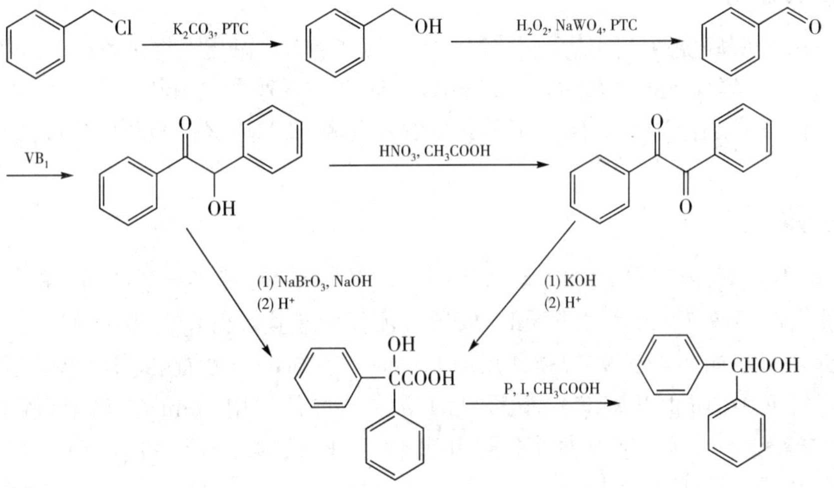

第一步　氯苄经水解制苯甲醇

【仪器与试剂】

仪器：机械搅拌反应装置 1 套；250ml 三口烧瓶；蒸馏装置 1 套。

试剂：氯苄 9.5ml（10.1g，0.08mol）；碳酸钾 8g（0.06mol）；50%溴化四乙基铵水溶液，2ml；无水硫酸镁；乙醚或甲基叔丁基醚；无水硫酸镁或碳酸钾。

【实验步骤】

在装有机械搅拌器的 250ml 三口烧瓶里加入碳酸钾水溶液（8g 碳酸钾溶于 80ml 水中）及 2ml 50%溴化四乙基铵水溶液，加 1 粒沸石。装上回流冷凝管和恒压滴液漏斗，在滴液漏斗中装 9.5ml 苯氯甲烷。开动搅拌器。加热至回流，将氯苄滴入三口烧瓶中。滴加完毕以后，继续搅拌回流反应时间共 2 小时。

停止加热，冷却到30～40℃，不要低于30℃，否则碱会析出，给分离带来困难。把反应液移入分液漏斗中，分出油层。碱液用甲基叔丁基醚萃取4次，每次用6ml甲基叔丁基醚。合并萃取液和粗苯甲醇。用无水硫酸镁或碳酸钾干燥。

将干燥透明的苯甲醇乙醚溶液倒入50ml蒸馏烧瓶里，安装好蒸馏装置。先在热水浴上蒸出甲基叔丁基醚，然后改用空气冷凝管，在加热包中加热蒸馏。收集200～208℃的馏分。产品约5.5g。

实验所需时间：6小时。

【附注与注意事项】

1. 可用其他相转移催化剂替换，如三乙基苄基氯化铵。

2. 纯苯甲醇为无色透明液体，沸点205.4℃，d_4^{20} 1.0419，n_D^{20} 1.5396。

第二步　苯甲醇经氧化制苯甲醛

【仪器与试剂】

仪器：50ml圆底烧瓶；回流反应装置；磁力搅拌装置；减压蒸馏装置；水蒸气蒸馏装置。

试剂：苯甲醇6.5ml（6.5g，0.06mol）；H_2O_2（30%）7.5ml（相当于0.069mol）；$Na_2WO_4 \cdot 2H_2O$ 0.2g；硫酸氢四正丁基铵0.2g；甲基叔丁基醚；饱和硫代硫酸钠溶液；无水硫酸镁。

【实验步骤】

在50ml圆底烧瓶中，依次加入硫酸氢四正丁基铵0.2g、带二分子结晶水的钨酸钠0.2g、30%的过氧化氢溶液7.5ml和水10ml，安装回流反应装置，开动磁力搅拌5分钟后，加入苯甲醇6.5g，水浴加热，在90℃搅拌反应3小时，冷却，分出油层，用甲基叔丁基醚萃取水层两次，每次用10ml甲基叔丁基醚。合并油层与醚层，用10ml饱和硫代硫酸钠溶液洗涤，用无水硫酸镁干燥。常压蒸馏回收甲基叔丁基醚，减压蒸馏收集59～61℃/1.33kPa（10mmHg）馏分。产品约0.5g。

实验所需时间：4小时。

【附注与注意事项】

1. 可以采用水蒸气蒸馏的方法分离粗产物。反应3小时后，加入适量的硫代硫酸钠饱和溶液，然后改成蒸馏装置（简易水蒸气装置），蒸出苯甲醛和水的混合物，至温度计读数达到100℃停止蒸馏。

2. 硫代硫酸钠除去未转化的过氧化氢。

3. 纯苯甲醛为无色透明液体，沸点178℃，n_D^{22} 1.5463。

第三步　苯甲醛在维生素B_1催化下缩合得安息香

【仪器与试剂】

仪器：100ml圆底烧瓶；回流冷凝器；热过滤装置。

试剂：苯甲醛 20ml（20.8g，0.196mol）；95%乙醇 40ml；维生素 B_1 3.5g（0.01mol）；3mol/L 氢氧化钠 3ml。

【实验步骤】

维生素 B_1 的噻唑环上 2-位在碱的作用下可生成碳负离子，可催化安息香缩合反应。

在 100ml 圆底烧瓶上装有回流冷凝器，加入 3.5g（0.01mol）维生素 B_1 和 7ml 水，使其溶解，加入 30ml 95%乙醇。在冰浴冷却下，自冷凝管顶端，边摇动边逐滴加入 3ml 3mol/L 氢氧化钠，约需 5 分钟。当碱液加入一半时溶液呈淡黄色，随着碱液的加入溶液的颜色也变深。

快速量取 20ml（20.8g，0.196mol）苯甲醛，倒入反应混合物中，加入沸石后于 60～70℃水浴上加热 90 分钟（或用塞子把瓶口塞住于室温放置 48 小时以上），此时溶液的 pH＝8～9。反应混合物经冷却后即有白色晶体析出。抽滤，用 100ml 冷水洗涤，干燥后粗产品重 14～15g，熔点 132～134℃，产率 60%～70%。用 95%乙醇重结晶，每克产物约需乙醇 6ml。纯化后产物为白色结晶，熔点 134～136℃。

【附注与注意事项】

为确保维生素 B_1 稳定，盐酸硫胺素（维生素 B_1）在碱性条件下受热容易分解，维生素 B_1 醇水溶液加碱时必须在冰浴冷却和搅拌下慢慢加入，加热时也不可过于激烈。

第四步　安息香经硝酸氧化得二苯基乙二酮

【仪器与试剂】

仪器：250ml 三口烧瓶；回流装置 1 套；搅拌装置 1 套；抽滤装置 1 套；0～100℃玻璃温度计 1 支；烧杯；量筒。

试剂：安息香；冰醋酸；浓硝酸；二氯甲烷；甲醇。

【实验步骤】

在 250ml 三口烧瓶上装有回流冷凝器、温度计、搅拌装置。将 6.0g 安息香和 30ml 冰醋酸及 15ml 浓硝酸（70%，比重 1.42）混合均匀。将此反应混合物在加热套或水浴上加热至液体温度为 85～95℃，此后每隔 15～20 分钟用毛细管取出少量的反应液。

在 7.5cm×2.0cm 薄层板上点样 2～3 次，每次约数微升（μl），并将薄层板放置使醋酸和硝酸挥发，然后用二氯甲烷展开，用碘蒸气显色。如此不断地观察安息香是否已经全部转化为二苯基乙二酮。

当安息香已全部（或接近全部）转化为二苯基乙二酮后，将反应冷却并加入 120ml 水和 120g 冰的混合物。此时有黄色的二苯基乙二酮结晶出现。

抽滤，少量冰水洗，干燥，用甲醇进行重结晶，计算收率。测定熔点。

二苯基乙二酮沸点：346～348℃，熔点：95℃。

【附注与注意事项】

1. 浓硝酸有极强的氧化性和腐蚀性，操作时必须佩戴防护眼镜和防护手套。

2. 试验中使用的展开剂是二氯甲烷。

3. 观察安息香是否已经全部转化前，首先使用安息香、二苯基乙二酮的标准样品和两者的混合样在 7.5cm×2.0cm 薄层板上点样，二氯甲烷展开，观察三个样品的差别，并测定安息香、二苯基乙二酮的 R_f 值以便后面观测。

4. 点样时，用毛细管吸取适量样品，食指放在其上端，毛细管的下端与硅胶板接触的瞬间轻轻松动上端的食指，溶液自然从点样管出来，迅速提起点样管，反复操作点出的斑点既小又均匀。但要注意样品溶液不能太浓，浓度太大，点下的样品不能被硅胶很好的吸收，不利于分离。

5. 样品点不能浸入展开剂。薄板在展开时，展开剂上升到板 2/3 以上的位置时即可取出，注意不能让展开剂上升超过薄板的最上端，否则将无法计算 R_f 值。

第五步　二苯基乙二酮经重排得二苯基乙醇酸

【仪器与试剂】

仪器：50ml 圆底烧瓶；回流装置 1 套；抽滤装置 1 套；烧杯；量筒；锥形瓶。

试剂：二苯基乙二酮；氢氧化钾；活性炭；浓盐酸；95%乙醇。

【实验步骤】

在 10ml 锥形瓶中将 1.3 氢氧化钾溶于 3ml 水中，冷却至室温后待用。

在 50ml 圆底烧瓶中，加入 1.3g 二苯基乙二酮和 5ml 95%乙醇，温热使固体溶解，在振摇下加入冷的氢氧化钾溶液。加入沸石，加热回流，直至原先的蓝紫色转变成棕色为止（需 25～30 分钟）。加入 17ml 水和适量活性炭回流脱色 5～10 分钟，趁热过滤。滤液转入烧杯中，于冰水浴中边搅拌边滴加浓盐酸，酸化至 pH＝2 左右。抽滤，用少量冷水洗涤晶体，用 1:3 的乙醇水溶液重结晶，得产品，称重，计算收率，测熔点。

纯二苯基乙醇酸熔点为 149～150℃。

【附注与注意事项】

1. 酸化不能太快，以免出现油状物。

2. 浓盐酸具有强腐蚀性，取用时需小心。

第四步与第五步合并　安息香直接合成二苯基乙醇酸

【仪器与试剂】

仪器：150ml 三口瓶；搅拌器；回流冷凝管；抽滤装置；热过滤装置。

试剂：氢氧化钠 12.5g（0.3125mol）；溴酸钠 2.75g（0.019mol）；二苯羟乙酮 11.5g；1:3 硫酸 33ml。

【实验步骤】

在 150ml 三口瓶中，装置搅拌器、温度计和回流冷凝管。加入氢氧化钠 12.5g（0.3125mol）、溴酸钠 2.75g（0.019mol）、水 25ml。搅拌使溶解。加入二苯羟乙酮 11.5g，

继续搅拌。加热升温到 85℃，经 TLC 点板分析至反应完全，约需 1.5 小时。搅拌下，缓慢倒入加有 100ml 水的 250ml 烧杯中，再搅拌 20 分钟。过滤，滤液中加入 1:3 硫酸 33ml，搅拌。过滤，干燥。产品熔点 149～150℃。

二苯乙醇酸，又叫二苯基羟乙酸，白色单斜针状结晶，味苦，在高温时熔融成深红色。分子式 $C_{14}H_{12}O_3$，相对分子质量 228.24，沸点 180℃，熔点 149～151℃。易溶于热水、乙醇、乙醚，微溶于冷水和丙酮。其钾盐极易溶于水，溶液呈红色；其铅盐为无定形沉淀，加热时变成深红色溶液。

实验时间需 4～5 小时。

【附注与注意事项】

二苯乙醇酸重结晶—混合溶剂（乙醇-水）重结晶操作有两种。①已知溶剂比例，按单一溶剂操作，15%乙醇用量 25～30ml/g（粗）；②先用良性溶剂（95%乙醇，4ml/g）加热溶解，趁热过滤，滤液在加热下用不良性溶剂（水）调成热饱和溶液，然后静置冷却析出结晶。

第六步　二苯基乙醇酸经还原得二苯基乙酸

【仪器与试剂】

仪器：250ml 三口瓶；磁力搅拌器；回流冷凝管；抽滤装置；热过滤装置。

试剂：二苯基羟乙酸 25g（0.11mol）；冰醋酸 60ml；红磷 4g；碘 1.2g；乙醇 65ml；亚硫酸氢钠 6g。

【实验步骤】

在 250ml 三口瓶中，放入磁子，装上回流冷凝管，加入 60ml 冰醋酸、4g 红磷、1.2g 碘，摇动至碘作用完毕。加入 1ml 水及 25g（0.11mol）二苯基羟乙酸。加热回流 2.5 小时，反应完全后，趁热抽滤，除去过量红磷。另用 5～6g 亚硫酸氢钠溶于 250ml 水中，充分搅拌，过滤。将趁热抽滤的反应液倒入此亚硫酸氢钠溶液中，除去过量的碘。冷却，抽滤，冷水洗涤，干燥。产量为 22～23g，理论产量的 94%～97%。熔点为 141～144℃。可用 50%的热乙醇 125ml 重结晶，冷却。重结晶产品的熔点 144～145℃。

产品外观为白色至类白色结晶粉末，易溶于热水，溶于乙醇、乙醚、氯仿，微溶于冷水。

【附注与注意事项】

1. 原料与产品熔点非常接近。产品中二苯羟乙酸的检测：将少量产品放入冷的浓硫酸溶液中，即使有微量二苯羟乙酸存在，硫酸也会变为红色。

2. 亚硫酸氢钠溶液，应对石蕊试纸呈酸性，否则，二苯基乙酸在浓硫酸溶液中会部分溶解。

实验四十三　以环已醇为原料经环戊酮五步合成环戊胺

环戊胺是重要的精细化工中间体，广泛用于农药、医药和日用化工产品的合成。以其为原料制得的环戊烯基氧氨嘧啶具有抗肿瘤及抗过氧化作用。环戊胺的合成路线主要有五条。①1,3-环戊二烯制得环戊醇，再催化氨解。②1,3-环戊二烯的催化氨化。③环戊酮与羟胺反应再还原。④环戊酮的催化氨解。⑤环戊烷羧酸经环戊烷甲酰胺和霍夫曼降解。

环戊酮主要用于生产香料和医药，还可用作溶剂等。以环戊酮为原料可以生产茉莉家族香料中的二氢茉莉酮酸甲酯、茉莉酮酸甲酯、2-正戊基环戊酮、三甲基戊基环戊酮、2-环戊基环戊酮、*δ*-癸内酯、*δ*-环戊基-*δ*-内酯、戊内酯和白兰酮等系列香料品种。由环戊酮和氰乙酸甲酯反应，然后经水解、环合制得的盐酸丁螺环酮是重要的抗焦虑药；由环戊酮与氰化钠反应后成盐，水解成酰胺后与戊酰氯反应，最后与叠氮化钠反应制得的厄贝沙坦，是血管紧张素Ⅱ受体拮抗剂，是临床上用量较大的抗高血压药；由环戊酮合成的洛索洛芬钠是一种副作用小、疗效高的非甾体类抗炎镇痛药；环戊酮 Mannich 碱具有很好的抗炎活性。环戊酮也可用于橡胶合成、生化研究和用作杀虫剂。由于它对各种树脂具有很好的溶解性能，在电子行业作为溶剂得到广泛应用。环戊酮的合成路线主要有六条。①以 4-戊烯酮为原料进行的还原环化法。②以 1-亚胺基-2-氰基环戊烷为原料。③以环戊烯为原料的非催化剂直接氧化法和 Waker 型催化剂氧化法。④环戊醇脱氢氧化。⑤以己二酸为原料的高温催化脱羧环化法。⑥己二酸酯的 Diechmann 缩合水解法。

本实验以环己醇为原料经五步合成环戊胺。

【总反应式】

环己醇（OH） $\xrightarrow{NaClO_2}$ 环己酮（O） $\xrightarrow{KMnO_4}$ 己二酸（COOH，COOH） $\xrightarrow{Ba(OH)_2}$ 环戊酮（O）

$\xrightarrow{H_2NOH,\ HCl}$ 环戊酮肟（NOH） $\xrightarrow{Na\ +\ C_2H_5OH}$ 环戊胺（NH_2）

第一步 环己醇经氧化制环己酮

【仪器与试剂】

仪器：250ml 三口烧瓶；搅拌器；玻璃温度计，0～100℃及 0～200℃各 1 支；Y 形管；滴液漏斗；分液漏斗；常压蒸馏装置 1 套；烧杯；量筒；三角漏斗；锥形瓶。

试剂：环己醇，10.4ml（10.0g，0.1mol）；冰乙酸，25ml；次氯酸钠水溶液，75ml（约 1.8mol/L）；碘化钾-淀粉试纸；饱和亚硫酸氢钠溶液，5ml；碳酸钠，7.0g；氯化钠，8g；乙醚，25ml；无水硫酸镁。

【实验步骤】

在 250ml 三口烧瓶中分别装置搅拌器、温度计及 Y 形管。Y 形管的一口装置滴液漏斗，另一口接回流冷凝管。瓶中加入 10.4ml 环己醇（10.0g，0.1mol）和 25ml 冰乙酸，在滴液

 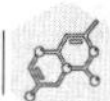

漏斗内放入 75ml 次氯酸钠水溶液（约 1.8mol/L）。开动搅拌，在冰水浴冷却下，逐滴加入次氯酸钠水溶液，使瓶内温度维持在 30～35℃之间。当所有次氯酸钠溶液加完后，反应液从无色变为黄绿色，用碘化钾–淀粉试纸检验呈蓝色，否则应补加次氯酸钠溶液直至变色。在室温下继续搅拌 15 分钟，然后加入饱和亚硫酸氢钠溶液 1～5ml，直至反应液变成无色和对碘化钾–淀粉试纸不显蓝色为止。

反应混合物中加入 60ml 水进行蒸馏，收集 45～50ml 馏出液（含有环己酮、水和乙酸）。在搅拌下，分批加入 6.5～7.0g 碳酸钠中和乙酸到反应液呈中性为止。然后加入约 8g 氯化钠，使之变成饱和溶液。将混合液倒入分液漏斗，分出环己酮。水层用 25ml 乙醚萃取，合并环己酮与乙醚萃取液，用无水硫酸镁干燥。干燥后的粗产物乙醚液先用水浴回收乙醚，再改用电热套加热蒸馏，收集 150～155℃馏分。称重，计算收率。

纯环己酮沸点为 155℃。

【附注与注意事项】

1. 用间接碘量法测定次氯酸钠的浓度。用移液管吸取 10ml 次氯酸钠溶液于 500ml 容量瓶中，用蒸馏水稀释至刻度，摇匀后用移液管量取 25ml 溶液，加入 50ml 0.1mol/L 盐酸和 2g 碘化钾。用 0.1mol/L 硫代硫酸钠溶液滴定析出碘，在滴定到近终点时加入 5ml 0.2% 淀粉溶液，以防止较多碘被淀粉胶粒包住，经换算后，

$$\text{次氯酸钠的浓度} = [(0.1/2) \times V] \times 500/(25 \times 10)$$

式中，V 为耗去的硫代硫酸钠溶液的体积。

2. 假如混合物用碘化钾–淀粉试验未显正反应，可再加入 5ml 次氯酸钠溶液，以保证有过量的次氯酸钠存在，使氧化反应完全。

3. 加水蒸馏产品实际上是一种简化了的水蒸气蒸馏。

4. 水的馏出量不宜过多，否则即使采用盐析，仍不可避免有少量环己酮溶于水中而损失掉。环己酮在水中的溶解度在 31℃时为 2.4g。

5. 可采用实验五十第九步制备新鲜的次氯酸钠溶液。次氯酸钠是具有刺激性的强氧化剂，操作时应小心，避免与皮肤接触。实验最好在通风柜内进行。

第二步　环己酮经氧化制己二酸

【仪器与试剂】

仪器：250ml 三颈瓶，1 个；搅拌器，1 套；回流冷凝管，1 根；0～100℃温度计，1 根。

试剂：环己酮，4ml（3.79g，0.039mol）；高锰酸钾，12.6g（0.08mol）；0.3mol/L 氢氧化钠，100ml；亚硫酸氢钠；浓盐酸。

【实验步骤】

在 250ml 三颈瓶中分别装置搅拌器、温度计和回流冷凝管。瓶内放入 12.6g 高锰酸钾（0.08mol）、100ml 0.3mol/L 氢氧化钠溶液和 4ml 环己酮（3.79g，0.039mol）。控制反应温度至 40℃，使反应开始。如反应物温度超过 45℃时，应用冷水浴适当冷却，然后保持温度

45℃ 25 分钟，再加热至微沸 5 分钟使反应完全。此时应不断搅拌，否则极易暴沸冲出容器。取一滴反应混合物放在滤纸上检查高锰酸钾是否还存在，若有未反应的高锰酸钾存在，会在棕色二氧化锰周围出现紫色环。假如有未反应的高锰酸钾存在，则可加少量的固体亚硫酸氢钠直至点滴试验呈负性。抽气过滤反应混合物，将滤饼移于烧杯中，加水搅拌后再抽滤，滤液置于烧杯中，加热浓缩到 20ml 左右，用浓盐酸酸化使溶液 pH＝1～2 后，再多加 2ml 浓盐酸。冰水浴中冷却 10 分钟后过滤。用水重结晶时加活性炭脱色，得白色晶体即为己二酸，烘干，称重，计算收率。

己二酸的熔点 152℃。

【附注与注意事项】

产品过滤前，最好用冰水冷却溶液以降低己二酸在水中的溶解度，己二酸不同温度下在水中溶解度见表 3－11。

表 3－11　己二酸在水中的溶解度

温度（℃）	15	34	50	70	87	100
溶解度	1.44	3.08	8.46	34.1	94.8	100

第三步　己二酸经缩合制环戊酮

【仪器与试剂】

仪器：蒸馏装置，1 套；200～360℃的温度计。

试剂：己二酸 20g（0.14mol）；氢氧化钡 1g；碳酸钾。

【实验步骤】

将 20g 己二酸与 1g 氢氧化钡放在研钵中充分研混后，转移到 50ml 梨形烧瓶中，安装蒸馏装置，从蒸馏头直口插入一支 360℃的温度计，温度计末端水银球距瓶底 0.5cm。在加热包或金属浴中升温至 285～295℃，环戊酮与水慢慢蒸出，保温直到溜出液很少、反应瓶中只剩少量残留物为止，约需 1.5～2 小时。

将溜出液移入分液漏斗中，加固体碳酸钠使水饱和，分去水层，有机层转移到小锥形瓶中，用无水碳酸钾干燥，滤除碳酸钾，对液体进行蒸馏，收集 128～131℃馏分。计算收率。

环戊酮为无色液体，分子式为 C_5H_8O，相对分子量为 84.12，是无色油状液体，沸点 130.6℃，熔点－58.2℃，n_D^{20} 1.4366，相对密度 0.9509（20℃），闪点 26℃。易燃，易聚合。不溶于水，溶于醇、醚等多数有机溶剂。

实验所需时间 4 小时。

【附注与注意事项】

可用相同质量的氟化钾代替氢氧化钡。

第四步 环戊酮经肟化制环戊酮肟

【仪器与试剂】

仪器：150ml 圆底烧瓶；溶剂回收装置；抽滤装置。

试剂：环戊酮，9.75g（0.117mol）；碳酸氢钠，12.3g（0.15mol）；盐酸羟胺，7.65g；乙醚，150ml。

【实验步骤】

150ml 圆底烧瓶中，加入环戊酮 9.75g（0.117mol）、碳酸氢钠 12.3g（0.15mol）及 50ml 水，搅拌下慢慢滴加盐酸羟胺的水溶液（7.65g 溶于 60ml 水中），室温搅拌反应 3 小时后，置于冰水浴中冷却，有白色固体析出，抽滤。熔点 52～54℃。

环戊酮肟，CAS：1192-28-5，分子式 C_5H_9NO，相对分子量 99.13，熔点 53～55℃，沸点 196℃，闪点 198℃。

第五步 环戊酮肟经还原制环戊胺

【仪器与试剂】

仪器：500ml 三口瓶；蒸馏装置；分液漏斗。

试剂：环戊酮肟，5.2g（0.053mol）；无水乙醇，240ml；金属钠，30g（0.766mol）；乙醚，100ml；氢氧化钠。

【实验步骤】

环戊酮肟 5.2g（0.053mol），先溶于 120ml 无水乙醇中，慢慢分次加入已切成小片的金属钠 30g（0.766mol），加入过程中补加 120ml 乙醇，加热使乙醇回流 3 小时。反应液呈白色的黏稠状态，直至金属钠完全作用完。蒸馏回收乙醇。残留物用固体氢氧化钠调 pH 至 11。用乙醚提取 3 次，每次 30ml。用固体氢氧化钠干燥，回收乙醚。分馏，收集 104～106℃馏分，为无色液体，且有氨味。产量 2.8g，收率 62.4%。

环戊胺为无色液体，具有氨的特殊气味。CAS：1003-03-8，密度 0.863g/ml，沸点 106～108℃，折射率 1.450。可溶于水、醇和醚等。

【附注与注意事项】

金属钠颗粒的大小直接影响还原反应的速度。用镊子从瓶中取出金属钠块，用双层滤纸吸干溶剂，用刀切去金属钠表面的氧化层，快速称量，用剪刀或小刀切成小块或细条，立即分次放入反应体系中。

第四章
精细有机化学品合成实验

实验四十四　β-萘乙醚的制备

【实验目的】

1. 掌握制备 β-萘乙醚的方法。
2. 了解相转移催化剂的作用特点。

【实验提要】

β-萘乙醚，又名橙花素、2-乙氧基萘。为白色片状晶体，具有温和的橙花香。常用于软饮料、冰淇淋、糖果、烘烤食品等。熔点 37℃，沸点 282℃，适用于调配茉莉型、橙花型皂用香精和低档的化妆品香精。由 β-萘酚和碘乙烷在相转移催化剂四丁基溴化铵存在下反应而成。

【反应方程式】

$$\text{β-萘酚(OH)} + NaOH + CH_3CH_2I \xrightarrow[H_2O,\ Reflux]{Bu_4N^+Br^-} \text{β-萘乙醚}(OC_2H_5) + NaI + H_2O$$

【仪器与试剂】

仪器：控温磁力搅拌器 1 套；100ml 圆底烧瓶；回流冷凝管；分液漏斗；漏斗；蒸馏装置 1 套

试剂：β-萘酚；NaOH；水；四丁基溴化铵；碘乙烷；乙醚；无水氯化钙。

【实验步骤】

在带有回流冷凝器的 100ml 圆底烧瓶中放置 2.880g（0.02mol）β-萘酚，加入 0.920g（0.023mol）NaOH 的 30ml 水溶液、0.65g（0.002mol）四丁基溴化铵，室温下磁力搅拌 5 分钟，再加入 3.588g（0.023mol）碘乙烷，搅拌回流至反应物颜色褪去。用 60ml 乙醚分 4 次提取，醚层用质量分数为 5%的 NaOH 水溶液 15ml 洗 1 次、每次用 15～20ml 水洗 2～3 次至中性，醚层用无水 $CaCl_2$ 干燥，滤除干燥剂后蒸馏除去溶剂得产物。称重，计算收率。

【附注与注意事项】

1. 相转移催化剂四丁基溴化铵加入少量即可，加入太多，反应速率增加不明显。

2. 酚与碘代乙烷的摩尔比以低于 1:1 为好，碘代乙烷加入太多，会增加后处理的困难，而且酚过量时，反应不完全。反应颜色也不会褪尽，不易观察反应终点。

【思考题】

1. 还有什么方法可以合成β-萘乙醚？请写出反应方程式。

2. 四丁基溴化铵的作用原理是什么？

3. 随着反应的进行，混合物颜色变浅，原因是什么？

实验四十五　香兰素的制备

【实验目的】

1. 了解香兰素的性质和用途。

2. 掌握香兰素的合成方法。

3. 熟悉高压釜、水蒸气蒸馏、减压蒸馏操作。

4. 了解使用氯仿的甲酰化反应。

【实验提要】

香兰素，4-羟基-3-甲氧基苯甲醛，为白色至微黄色针状结晶，具有类似香荚兰豆的香气，味微甜。相对分子量 152.15，熔点 81～83℃，沸点 284～285℃，易溶于乙醇、乙醚、氯仿、冰醋酸和热挥发性油，溶于水、甘油，对光不稳定，在空气中逐渐氧化，遇碱易变色。工业上主要用于配制香草、巧克力、奶油等香精，也可直接用作饼干、糕点、冷饮、糖果等的食用香料。由邻硝基氯苯经甲氧基化取代反应、硝基的还原反应、氨基的重氮化水解反应，再经 Reimer-Tiemann 甲酰化反应而制得。

甲氧基化产物邻硝基苯甲醚，又名邻硝基茴香醚，相对分子量 153.14，为无色至浅黄色易燃液体，熔点 9.4℃，沸点 277℃，相对密度 1.2540，折射率 1.5620。溶于乙醇和乙醚，不溶于水，能随水蒸气蒸发。广泛用于染料、医药、香料等工业，可用来制造邻氨基苯甲醚、色酚 AS-OL、红色基 B、直接湖蓝 6B、活性溶蓝 KD-7G、净洗剂 LS 等。

还原产物邻氨基苯甲醚，为浅红色或浅黄色油状液体，暴露在空气中变成浅棕色。相对分子量 123.5，熔点 6.2℃，沸点 224℃，相对密度 1.0923，折射率 1.5730，闪点 98℃。溶于稀的无机酸、乙醇和乙醚，微溶于水，能随水蒸气蒸发，易燃。可用于制取偶氮染料、冰染染料及色酚 AS-OL 等，以及愈创木酚、安痢平等。

重氮化、水解反应产物邻羟基苯甲醚，又名愈创木酚，相对分子量 124.13，为一种白色或微黄色结晶或无色至淡黄色透明油状液体，有特殊芳香气味，自然界中存在于愈创木酚树脂、松油和硬木干馏油中，是一种重要的精细化工中间体，广泛应用于医药、香料及染料的合成。

【反应方程式】

甲氧基化反应：

$$\text{(NO}_2\text{, Cl)} + CH_3OH + KOH \longrightarrow \text{(NO}_2\text{, OCH}_3\text{)} + KCl + H_2O$$

还原反应：

$$2\ \text{(NO}_2\text{, OCH}_3\text{)} + 3\ Sn + 12\ HCl \longrightarrow 2\ \text{(NH}_2\text{, OCH}_3\text{)} + 3\ SnCl_4 + 4\ H_2O$$

重氮化、水解反应：

$$\text{(NH}_2\text{, OCH}_3\text{)} + NaNO_2 + 2\ H_2SO_4 \longrightarrow \text{(N}_2^+HSO_4^-\text{, OCH}_3\text{)} + NaHSO_4 + 2\ H_2O$$

$$\text{(N}_2^+HSO_4^-\text{, OCH}_3\text{)} + 2\ H_2O \longrightarrow \text{(OH, OCH}_3\text{)} + H_2SO_4 + N_2\uparrow$$

Reimer-Tiemann 甲酰化反应：

$$\text{(OH, OCH}_3\text{)} + CHCl_3 + 3\ NaOH \xrightarrow{Et_3N} \text{(OH, OCH}_3\text{, CHO)} + 3\ NaCl + 2\ H_2O$$

【仪器与试剂】

仪器：控温磁力搅拌器 1 套；高压釜；圆底烧瓶；三口烧瓶；回流冷凝管；分液漏斗；小漏斗；常压蒸馏装置 1 套；减压蒸馏仪 1 套；水蒸气蒸馏仪 1 套；抽滤装置 1 套。

试剂：氢氧化钾；甲醇；邻硝基氯苯；氮气；乙醚；氢氧化钾；锡粒；盐酸；氢氧化钠；浓硫酸；亚硝酸；淀粉碘化钾试纸；氨基磺酸或尿素；硫酸铜；无水硫酸钠；95%乙醇；三乙胺；氯仿；食盐；苯；无水硫酸镁。

【实验步骤】

1. 甲氧基化反应 将 36.5g（0.65mol）氢氧化钾溶于 400ml 甲醇中，在甲醇中再溶解 100g（0.63mol）邻硝基氯苯。移入 1L 高压釜中，通氮气排净空气，密闭高压釜，加热，在 120～130℃保温 5 小时，压力约 0.65MPa（表压）。反应结束后，冷却，滤除生成的氯化钾。滤液移入蒸馏烧瓶中，蒸去甲醇。将剩余物进行减压蒸馏（在真空度为 2659Pa 时，

粗邻硝基苯甲醚沸点为140～160℃）。粗邻硝基苯甲醚用200ml乙醚溶解稀释，加氢氧化钾干燥后蒸去乙醚。常压下蒸出邻硝基苯甲醚，收集沸点为258～265℃的馏分，计算产率。

2. 还原反应　将60g邻硝基苯甲醚及94g碎锡粒加入带有温度计、回流冷凝器的反应烧瓶，搅拌，分批加入6当量盐酸，使反应液保持在沸腾状态。盐酸全部加完后，加热回流2小时。冷却，加入氢氧化钠溶液，使反应液呈碱性。用水蒸气蒸馏蒸出邻氨基苯甲醚。将馏出物中的邻氨基苯甲醚层分出，水层用200ml乙醚分三次萃取。将萃取液与邻氨基苯甲醚合并，用氢氧化钾干燥，蒸除乙醚，收集218～228℃之间的馏分，得到浅黄色油状物邻氨基苯甲醚，计算产率。

3. 重氮化、水解反应　将35g浓硫酸和35ml水配成的溶液加至200ml冰水中，搅拌下将31g邻氨基苯甲醚溶于其中，冷却。将18g亚硝酸钠溶解在50ml水，冷却后，在搅拌下加入邻氨基苯甲醚中，温度不超过5℃。用淀粉碘化钾试纸测试反应终点（试纸显蓝色），过量的亚硝酸用氨基磺酸或尿素破坏，冷却重氮液。

在1L三口烧瓶中加入70g硫酸铜和70ml水，加热至沸腾，并向三口瓶中通入蒸汽流进行水蒸气蒸馏。同时向瓶中滴加重氮液，调节加入速度，让生成的泡沫不进入冷凝管，而馏出液均匀流入接收器。当馏出液中不含有邻羟基苯甲醚气味时，蒸馏结束。

接下来进行邻羟基苯甲醚的提纯。向馏出液中加入20g氢氧化钠，重新进行水蒸气蒸馏，主要杂质苯甲醚可通过蒸馏除去。将蒸馏的残余液冷却，用稀硫酸中和至对刚果红试纸呈蓝色，愈创木酚析出。用水蒸气将愈创木酚蒸出，馏出液用食盐水饱和，用50ml苯提取三次。萃取液用无水硫酸钠干燥，蒸馏除去苯。残余物减压蒸馏，收集81～91℃/1330Pa馏分，熔点33℃。计算产率。

4. 甲酰化反应　在三口烧瓶中加入12.4g愈创木酚、45ml质量分数95%乙醇、15g固体氢氧化钠及0.2g三乙胺。在回流温度下，于1小时内加入氯仿10ml（14.8g，0.124mol），回流反应1～2小时。反应结束后，用稀硫酸调pH为7，过滤除去氯化钠，用乙醇充分洗净残渣。合并滤液并用水蒸气蒸馏，除去三乙胺、氯仿和2-羟基-3-甲氧基苯甲醛，直到无油珠出现停止蒸馏。剩下的反应液用80ml乙醚分三次萃取。乙醚萃取液用无水硫酸镁干燥，蒸去乙醚，冷却得到白色晶体。将上述白色晶体1～1.3份（质量）溶于40～60℃的热水中，上层为香兰素水层，下层为杂质层。分层，减压浓缩，得到香兰素，熔点80～82℃，沸点284～285℃。计算产率。

【附注与注意事项】

1. 在使用高压釜前要仔细阅读使用说明，操作时要确保密闭，注意安全。

2. 水蒸气蒸馏时，要适当控制水蒸气流量，不要太大，以免冲料。

3. 重氮盐很活泼，无需分离提纯，直接用水蒸气蒸馏法水解制备邻羟基苯甲醚。

4. 重氮化反应应在低温下进行，反应温度不超过5℃。

5. 减压蒸馏与水蒸气蒸馏的分离原理、装置与操作均不同，注意它们的区别和应用范围。

【思考题】

1. 减压蒸馏与水蒸气蒸馏有何不同？实验中为何有时用前者，有时用后者处理反应产物？

2. 甲氧基化反应有什么特点？

3. 用水蒸气蒸馏法水解制备愈创木酚有何优点？

实验四十六　肉桂酸的制备

【实验目的】

1. 熟悉利用 Perkin 反应制备肉桂酸的原理与方法。

2. 掌握水蒸气蒸馏的基本原理与操作方法。

【实验提要】

肉桂酸是一个非常典型的精细化学品，既可作为香料、保鲜剂、防腐剂使用，同时又是很多高附加值精细化学品如香料、医药、农药、甜味剂、塑料和感光树脂等的原料或中间体。合成肉桂酸的经典方法为 Perkin 法，自实现工业化以来，其工艺日趋完善，但该法收率较低，耗能多，原料价格高。近年来，研究人员对该法作了很多改进，此外还有苯乙烯-CCl_4 法，Knoevenagel 法等。

芳香醛与羧酸酐在弱碱催化下生成 α, β-不饱和酸的反应称为 Perkin 反应。此反应的实质是酸酐与芳醛之间的羟醛缩合，所用催化剂一般是该酸酐所对应的羧酸的钾盐或钠盐，也可以使用碳酸钾、醋酸钾或叔胺作催化剂。

上述肉桂酸的合成方法大多存在步骤多、周期长、操作烦琐且后处理复杂、工业废水污染大等缺点。近年来化学界倡导绿色有机合成化学，用无溶剂微波促进 Knoevenagel 缩合反应合成肉桂酸，收率很高，而且反应时间短（仅几分钟），后处理简单，无需有机溶剂，无有毒有害的三废排放，是一个非常成功且洁净的绿色化学合成工艺。

方法一　Perkin 反应合成肉桂酸

【反应方程式】

$$C_6H_5CHO + H_2C(COOH)_2 \xrightarrow[MW]{NH_4OAc} C_6H_5CH{=}CH{-}COOH + CO_2\uparrow + H_2O$$

【仪器与试剂】

仪器：控温磁力搅拌器 1 套；100ml 圆底烧瓶；500ml 圆底烧瓶；空气冷凝管；氯化钙干燥管；水蒸气蒸馏仪 1 套；抽滤装置 1 套。

试剂：无水醋酸钾；苯甲醛；醋酸酐；碳酸钠；活性炭；浓盐酸。

【实验步骤】

在干燥的 100ml 圆底烧瓶中放入 3g 碾细的、新熔融过的无水醋酸钾粉末，5ml 新蒸馏过的苯甲醛和 7ml 醋酸酐，振摇使三者混合。装上空气冷凝管，搅拌加热回流。先加热至 160℃左右，保持 45 分钟，然后升温至 170～180℃，保持 1.5 小时。将反应物趁热倒入盛有 50ml 水的 500ml 圆底烧瓶内，原烧瓶用 50ml 沸水分两次洗涤，洗涤液也倒入 500ml 烧瓶中。一边充分摇动烧瓶，一边慢慢加入少量碳酸钠固体（7.0～7.5g），直至反应混合物呈弱碱性。然后进行水蒸气蒸馏，蒸出未作用的苯甲醛至馏出液无油珠状为止。剩余物中加入少许活性炭，加热回流 10 分钟，趁热过滤。滤液小心地用浓盐酸酸化，将热溶液放入冷水浴中，搅拌冷却。

待肉桂酸完全析出后，抽滤，产物用少量水洗涤干净，挤压除去水分，在 100℃以下干燥（在空气中晾干），产物可用热水或 50%乙醇重结晶纯化，计算产率。纯肉桂醛为无色结晶，熔点 133℃，相对密度 1.046～1.052，折光率 1.619～1.623。

方法二　无溶剂微波促进 Knoevenagel 缩合反应合成肉桂酸

【反应方程式】

$$C_6H_5CHO + H_2C(COOH)_2 \xrightarrow[\text{MW}]{NH_4OAc} C_6H_5CH{=}CHCOOH + CO_2\uparrow + H_2O$$

【仪器与试剂】

仪器：微波反应仪 1 套；50ml 圆底烧瓶；空气冷凝管；抽滤装置 1 套。

试剂：苯甲醛；丙二酸；醋酸铵；水；乙醇。

【实验步骤】

在 50ml 圆底烧瓶中加入 4.3g（0.04mmol）苯甲醛、4.2g（0.04mmol）丙二酸和 3.1g（0.04mmol）醋酸铵，摇匀后放进微波炉，装上空气冷凝管。火力键置“高火”，调节电流控制一定功率，微波辐射数分钟，该反应 640W 时，辐射 6 分钟，产率较高。反应剧烈，反应混合物完全熔融成液体并有大量 CO_2 气体放出。稍冷，取出反应瓶，加入约 50ml 冷水，产物即变为固体，将固体产物搅碎，抽滤，用冷水充分浸润、洗涤两次，抽干后，干燥即得较纯的浅黄色产物肉桂酸。用含水乙醇（体积比：水/乙醇 = 1/3）重结晶，得白色针状结晶性粉末，熔点为 132～133℃。计算产率。

【附注与注意事项】

1. 将晶体醋酸钾置蒸发皿中加热至熔融，继续加热并不断搅拌。约 120℃时出现固体，继续加大火力加热，直到醋酸钾再次熔融，停止加热，置干燥器中放冷，碾碎，备用。该反应用无水碳酸钾的催化效果比无水碳酸钠好。

2. 本实验所用苯甲醛不能含有苯甲酸，因苯甲醛久置会部分氧化产生苯甲酸，不但影响反应的进行，还会混入产物不易分离，故在使用前需要纯化。方法是先用10%碳酸钠溶液洗涤至pH等于8，再用清水洗至中性，然后用无水硫酸镁干燥，干燥时可加入少量锌粉防止氧化。将干燥好的苯甲醛进行减压蒸馏，收集（79±1）℃/3333Pa或（69±1）℃/2000Pa或（62±1）℃/1333Pa的馏分。也可加入少量锌粉进行常压蒸馏，收集177～179℃馏分。新开瓶的苯甲醛不必洗涤，可直接进行减压或常压蒸馏。

3. 此处不能用氢氧化钠代替碳酸钠，因未反应的苯甲醛在此情况下可能发生歧化反应，生成的苯甲酸难以分离纯化。

4. 如用红外灯干燥，应注意控制温度不要过高。

【思考题】

1. 具有何种结构的醛能发生Perkin反应？
2. Perkin反应合成肉桂酸中为什么要进行水蒸气蒸馏？蒸出液中含有什么有机物？
3. 简述微波促进反应的原理。

实验四十七　香豆素的制备

【实验目的】

1. 掌握Perkin反应原理和芳香族羟基内酯的制备方法。
2. 进一步掌握真空蒸馏的原理和操作技术，学会空气冷凝管的使用。
3. 熟练掌握重结晶操作技术。

【实验提要】

香豆素，学名邻羟基桂酸内酯，是一种具有黑香豆浓重香味及巧克力气息的白色结晶物。相对密度0.935，熔点68～70℃，沸点297～299℃。香豆素常用于紫罗兰、素心兰、葵花、兰花等日用化妆品香精中。不溶于冷水，溶于热水、乙醇、乙醚和氯仿。

芳香醛与脂肪酸酐在碱性催化剂作用下进行缩合，生成β-芳基丙烯酸类化合物的反应，称为Perkin缩合反应。所使用的碱催化剂一般是与所用脂肪酸酐相应的脂肪酸碱金属盐。香豆素最初就是利用Perkin缩合反应，用水杨醛与乙酸酐在乙酸钠存在下一步反应得到的，它是香豆酸的内酯。

【反应方程式】

$$\text{水杨醛 (CHO, OH)} + (CH_3CO)_2O \xrightarrow{NaOAc} \text{香豆素} + CH_3COOH + H_2O$$

【仪器与试剂】

仪器：回流装置1套；无水氯化钙干燥管1支；抽滤装置1套；250ml三口烧瓶1个；250ml锥形瓶1个；250ml烧杯1个。

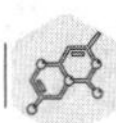

试剂：水杨醛；醋酸酐；无水醋酸钠；无水碳酸钠；95%乙醇。

【实验步骤】

在装有回流装置（冷凝管顶部装上附有无水氯化钙干燥管）的 250ml 三口烧瓶中加入 5.5ml（0.05mol）水杨醛、13.5ml（0.15mol）醋酸酐和 10.3g（0.13mol）无水醋酸钠，搅拌溶解后加热回流反应 2 小时。稍冷，将反应液倒入 250ml 锥形瓶中，加入 10ml 水，并置于冰水浴中冷却，有结晶析出。抽滤，滤饼用 10%碳酸钠溶液洗涤至中性。抽滤，冷水洗涤 1～2 次。干燥，称重，计算收率。固体用 95%乙醇重结晶，可得到白色针状晶体。

【附注与注意事项】

1. Perkin 反应须在无水条件下进行，本实验所用仪器、量具必须是干燥的，所有原料也需干燥无水，反应期间也应避免水进入反应瓶。

2. 需要注意的是此内酯是由顺式香豆酸脱水环化得到的。一般在生成肉桂酸的反应中，生成的产物总是反式的，两个大的基团 HOC_6H_4—和—COOH 分别位于双键的两侧，但是反式体不能生成内酯，因此环内酯的形成可能是促使产生顺式异构体的一个因素。事实在本反应中，也会产生少量反式香豆酸，但其不能进行内酯环化。

反式香豆酸　　　　顺式香豆酸

【思考题】

1. Perkin 反应制备香豆素的催化剂还有哪些？

2. 写出合成香豆素的反应机制。

实验四十八　医药中间体与原料药——苯佐卡因的制备

【实验目的】

1. 掌握苯佐卡因的制备方法。

2. 掌握酯化反应和还原反应的操作技术。

【实验提要】

苯佐卡因，化学名为对氨基苯甲酸乙酯，为无色斜方形结晶或白色结晶粉末，熔点 88～90℃。无臭，味微苦，难溶于水，能溶于杏仁油、橄榄油、稀酸，易溶于醇、醚、三氯甲烷。

主要用作局部麻醉药，用于创伤面、溃疡面及痔疮等止痒止痛，使用浓度 5%～20%。一般来讲，苯佐卡因不单独使用，而是制成复方制剂。例如复方苯佐卡因软膏，配伍氧化锌、苯酚以及桉叶油。氧化锌作为收敛剂能够减轻皮肤表面炎性的渗液。苯酚为消毒防腐药物具有抑菌作用，同时也具有一定的止痛作用。桉叶油具有抗菌抗炎的作用，因此上述几种成分配伍可以用于治疗皮肤小面积轻度的烫伤、烧伤。

也可作为紫外线吸收剂，用于防晒类和晒黑类化妆品，在光和空气中化学性质稳定，对皮肤安全，还具有在皮肤上成膜的能力。能有效地吸收 UVB 区域 280～320nm 的紫外线，添加量通常为 4%左右。还可用作药物合成和有机合成中间体。

【反应方程式】

$$p\text{-}O_2N\text{-}C_6H_4\text{-}COOH \xrightarrow[H^+]{C_2H_5OH} p\text{-}O_2N\text{-}C_6H_4\text{-}COOC_2H_5 \xrightarrow{Fe/H^+} p\text{-}H_2N\text{-}C_6H_4\text{-}COOC_2H_5$$

【仪器与试剂】

仪器：回流装置 1 套；抽滤装置 1 套；干燥管 1 支；250ml 三口烧瓶 1 个；100ml 圆底烧瓶 1 个；250ml 烧杯 1 个。

试剂：对硝基苯甲酸；无水乙醇；浓硫酸；碳酸钠；无水氯化钙；铁粉；95%乙醇；冰乙酸；活性炭；沸石。

【实验步骤】

1. 酯化 在装有回流装置（冷凝管顶部安装附有氯化钙的干燥管）的 100ml 圆底烧瓶中加入 8.4g（0.05mol）对硝基苯甲酸、26.2ml（0.45mol）无水乙醇和 3ml 浓硫酸，磁力搅拌，加热回流 1.5 小时至反应液澄清透明。稍冷，将反应液倒入 100ml 冰水中，析出白色结晶，抽滤。滤饼用 5%碳酸钠溶液调 pH＝7.5～8.0，最后用少量蒸馏水洗涤。滤饼干燥，得到对硝基苯甲酸乙酯，计算收率。本品为无色或浅黄色针状结晶，熔点 57～59℃，沸点 182～186℃。易溶于乙醇和乙醚，不溶于水。

2. 还原 在装有回流装置的 250ml 三口烧瓶中分批加入 15g（0.27mol）铁粉、50ml 蒸馏水、15ml 95%乙醇和 2.5ml 冰醋酸，机械搅拌，于沸水浴上加热 10 分钟，然后加入 6g（0.03mol）对硝基苯甲酸乙酯和 15ml 95%乙醇，快速搅拌下反应 1 小时，将 35ml 10%碳酸钠溶液慢慢加入到反应液中，搅拌 15 分钟，趁热抽滤。滤液冷却后析出结晶，抽滤，滤饼用少量蒸馏水洗涤 2 次，得到对氨基苯甲酸乙酯，计算粗产率。

3. 精制提纯 将对氨基苯甲酸乙酯（苯佐卡因）粗品置于装有回流装置的 100ml 圆底烧瓶中，加入 10～15 倍（ml/g）50%乙醇，加热溶解。稍冷却，加活性炭脱色（活性炭用量视粗品颜色而定），加热回流 20 分钟。趁热抽滤（布氏漏斗、抽滤瓶应预热）。将滤液趁热转移到烧杯中，自然冷却。待结晶完全析出后，抽滤，滤饼用少量 50%乙醇洗涤 2 次，干燥，计算收率。

【附注与注意事项】

1. 酯化反应须在无水条件下进行，如有水进入反应系统中，收率将降低。要求原料干

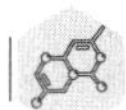

燥无水，所用仪器、量具干燥无水，反应期间避免水进入反应瓶。

2. 对硝基苯甲酸乙酯及少量未反应的对硝基苯甲酸均溶于乙醇，但均不溶于水。反应完毕，将反应液倒入大量冰水中，乙醇的浓度降低，对硝基苯甲酸乙酯及对硝基苯甲酸便会析出。

3. 还原反应中，因铁粉比重大，沉于瓶底，必须将其搅拌起来，才能使反应顺利进行。

【思考题】

1. 酯化反应为可逆反应，为使反应向正反应方向进行，提高收率，通常可采取哪些措施？本实验中采用了什么措施？

2. 简述铁粉还原硝基化合物为胺的反应机制。

3. 固体物质通常采用什么方法精制提纯？

实验四十九　医药中间体与原料药——5-丁基巴比妥酸的制备

【实验目的】

1. 了解巴比妥酸的结构和应用。

2. 掌握巴比妥酸制备的反应原理。

【实验提要】

丙二酸和尿素缩合形成的环状丙二酰脲称为巴比妥酸，二烃基取代巴比妥酸是镇静催眠药物，如二乙基巴比妥酸是镇静药，当用量增加到 3～4 倍时成为催眠药，药量再增加就成为麻醉剂，过量服用就会中毒甚至引发死亡。

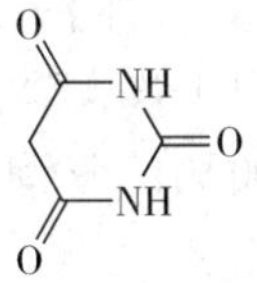

巴比妥酸 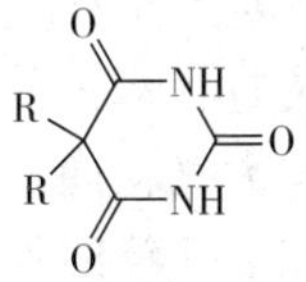　　　　巴比妥（二取代巴比妥酸）

巴比妥类化合物最初是由著名化学家拜尔合成的。这类化合物的合成是利用丙二酸酯亚甲基上的活泼氢，与醇钠作用形成丙二酸酯碳负离子，再与卤代烃进行亲核取代，生成二取代丙二酸酯，最后用尿素进行氨解，得到巴比妥类药物。

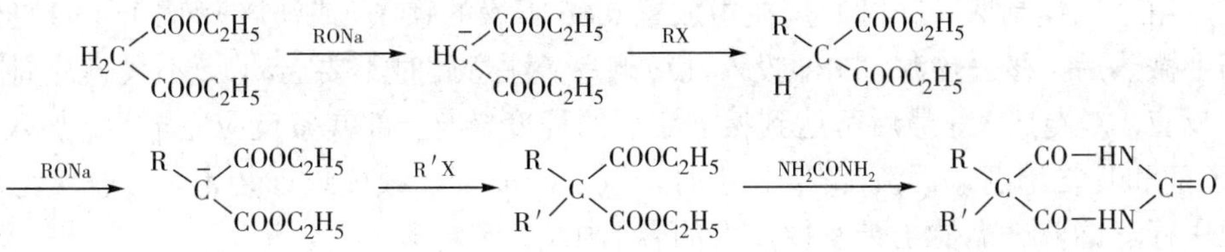

$$H_2C(COOC_2H_5)_2 \xrightarrow{RONa} \overset{-}{H}C(COOC_2H_5)_2 \xrightarrow{RX} RHC(COOC_2H_5)_2$$

$$\xrightarrow{RONa} R\overset{-}{C}(COOC_2H_5)_2 \xrightarrow{R'X} RR'C(COOC_2H_5)_2 \xrightarrow{NH_2CONH_2} RR'C(CO-HN)_2C=O$$

5-丁基巴比妥酸进入人体很快分解，因此不能作为镇静安眠药物，其可用于合成巴比妥类药物。

丙二酸二乙酯生成碳负离子时需要用绝对无水乙醇作溶剂，因此烷基化前先要制备绝对无水乙醇。由于乙醇和水形成共沸物，因此含量为95%的工业乙醇尚含有约5%的水。若要得到含量较高的乙醇，在实验室中加入氧化钙（生石灰）加热回流，生成不挥发的氢氧化钙除去水分，然后再蒸馏，这样制得的无水乙醇纯度最高可达99.5%，已能满足一般实验。如果要得到纯度更高的绝对乙醇，可用金属镁或金属钠进行处理。

第一步　绝对无水乙醇的制备

【反应方程式】

$$2\,C_2H_5OH + Na \longrightarrow C_2H_5ONa + 1/2\,H_2\uparrow$$

$$C_2H_5ONa + 2\,H_2O \rightleftharpoons C_2H_5OH + NaOH$$

或 $$2\,C_2H_5OH + Mg \longrightarrow (C_2H_5O)_2Mg + H_2\uparrow$$

$$(C_2H_5O)_2Mg + 2\,H_2O \longrightarrow 2\,C_2H_5OH + Mg(OH)_2$$

【仪器与试剂】

仪器：带有干燥管的回流装置1套；带有干燥管的防潮蒸馏装置1套。

试剂：95%乙醇；生石灰；99.5%乙醇；金属钠；镁条；碘片；邻苯二甲酸二乙酯。

【实验步骤】

1. 无水乙醇（含量99.5%）的制备　在500ml圆底烧瓶中，放置200ml 95%乙醇和50g生石灰，安装回流冷凝管，其上端接氯化钙干燥管，在水浴上回流加热2～3小时。稍冷却后取下冷凝管，改为蒸馏装置。蒸去前馏分后，用干燥蒸馏瓶接收，真空接收器的支管口接氯化钙干燥管干燥，使与大气相通。用电热套加热，蒸馏至几乎无液滴流出为止。称量无水乙醇的重量或量其体积，计算回收率。

2. 绝对无水乙醇（含量99.95%）的制备

（1）用金属钠制取　在250ml圆底烧瓶中，放置2g金属钠和100ml纯度至少为99%的乙醇。安装回流冷凝管，其上端接氯化钙干燥管。加入1粒沸石，加热回流30分钟后，加入4g邻苯二甲酸二乙酯，再回流10分钟，取下冷凝管，改成蒸馏装置。按收集无水乙醇的要求进行蒸馏，产品储于带有橡皮塞的容器中。

（2）用金属镁制取　在圆底烧瓶中放置0.6g干燥的镁条（或镁屑）和10ml 99.5%乙醇。在水浴上微热后，移去热源，立即投入几粒碘片（注意此时不要摇动），不久碘片周围乙醇即发生反应，慢慢扩大，最后可达到相当激烈的程度。当全部镁条反应完毕后，加入100ml 99.5%乙醇和几粒沸石，回流加热1小时，取下冷凝管，改成蒸馏装置。按收集无水乙醇的要求进行蒸馏，产品储于带有橡皮塞的容器中。

纯净乙醇的沸点78.5℃，折光率1.3611。

【附注与注意事项】

1. 本实验中所用仪器均需彻底干燥。由于无水乙醇具有很强的吸水性，故操作过程中和存放时必须防止水分浸入。

2. 一般用干燥剂干燥有机溶剂时，在蒸馏前应先过滤除去干燥剂。但氧化钙与乙醇中的水反应生成的氢氧化钙在加热时不分解，故可留在瓶中一起蒸馏。

3. 取用金属钠时应用镊子，先用双层滤纸吸去金属钠黏附的溶剂油后，用小刀切去表面的氧化层，再切成小条。切下来的钠屑应放回原瓶中，切勿与滤纸一起投入废物缸内，并严禁将大量金属钠与水接触，以免引起燃烧爆炸事故。

4. 加入邻苯二甲酸二乙酯的目的是，利用它和氢氧化钠进行如下反应而消除乙醇和氢氧化钠生成乙醇钠和水的作用。这样制得的乙醇可达到极高的纯度。

$$C_6H_4(COOC_2H_5)_2 + 2\,NaOH \longrightarrow C_6H_4(COONa)_2 + 2\,C_2H_5OH$$

5. 所用乙醇的水分不能超过 0.5%，否则反应进行得相当困难。

6. 碘粒可加速反应进行，若加碘粒后反应仍不开始，可再加几粒，或可适当加热促使反应进行。

第二步　正丁基丙二酸二乙酯的制备

【反应方程式】

$$H_2C(COOC_2H_5)_2 \xrightarrow{C_2H_5ONa} \overset{-}{H}C(COOC_2H_5)_2 \xrightarrow{C_4H_8Br} n\text{-}C_4H_9(H)C(COOC_2H_5)_2$$

【仪器与试剂】

仪器：回流装置 1 套；减压蒸馏装置 1 套；100ml 三口烧瓶。

试剂：丙二酸二乙酯；正溴丁烷；金属钠；绝对无水乙醇；无水碘化钾；无水硫酸镁；乙酸乙酯。

【实验步骤】

先安装搅拌装置，并在回流冷凝管上口接无水氯化钙干燥管。在 100ml 三口烧瓶中加入 20ml 绝对无水乙醇，将 1.4g（0.06mol）金属钠切成小片，逐片投入反应瓶中以控制反应不间断。金属钠完全反应后，加入 0.7g 干燥的碘化钾粉末。搅拌，小火加热至沸腾后，慢慢滴加 7.5ml（11.5g，0.05mol）新蒸的丙二酸二乙酯，滴完后继续回流 10 分钟。然后滴加新蒸馏的 5.5ml（6.9g，0.05mol）正溴丁烷，加完后继续搅拌回流 40 分钟。固体物逐渐增多。待冷却至室温后，加入 50ml 水，使固体溶解。反应物转移到分液漏斗中，分出酯层，用乙酸乙酯萃取水层两次，每次 20ml。萃取液与酯层合并，用无水硫酸镁干燥。常压蒸馏乙酸乙酯后，改换减压蒸馏装置，收集 125～135℃（20mmHg，

2.666kPa）馏分。

纯正丁基丙二酸二乙酯为无色透明液体，沸点235～240℃，折光率为1.4250。

【附注与注意事项】

1. 本实验所用仪器必须是干燥的。
2. 注意金属钠的安全使用。
3. 无水碘化钾最好在110℃的烘箱中烘2小时后使用。
4. 试剂丙二酸二乙酯须重新蒸馏，去掉前馏分再用。
5. 正溴丁烷用无水硫酸镁干燥，蒸馏后再用。

第三步　5-丁基巴比妥酸的制备

【反应方程式】

$$H_2C(COOC_2H_5)_2 \xrightarrow{C_2H_5ONa} \bar{H}C(COOC_2H_5)_2 \xrightarrow{n-C_4H_9Br} (n-C_4H_9)(H)C(COOC_2H_5)_2$$

【仪器与试剂】

仪器：抽滤装置1套；100ml三口瓶。

试剂：正丁基丙二酸二乙酯（自制）；金属钠；尿素；绝对无水乙醇；浓盐酸；石油醚（60～90℃）。

【实验步骤】

在100ml三口瓶中加入44ml绝对无水乙醇，将0.5g金属钠切成小片，逐片加入三口瓶中以保持反应不间断。金属钠完全反应后，慢慢滴加由第一步制备的4.3g正丁基丙二酸二乙酯，搅拌混合均匀。加入1.2g干燥的尿素，搅拌回流反应1.5小时，有固体生成。冷却后加入15ml水使固体溶解，然后加入2ml浓盐酸酸化至pH=2～3，蒸馏回收乙醇。当烧瓶中反应液浓缩为约20ml时，停止蒸馏。用冰水浴冷却，产物呈无色晶体析出。抽滤，用少量乙醇洗涤，干燥。粗产物用水重结晶，测定熔点，熔点209～210℃。计算产率。

【附注与注意事项】

1. 使用的仪器必须是干燥的。
2. 金属钠与乙醇反应生成醇钠，作为缩合反应的催化剂。
3. 尿素须在110℃烘箱中烘烤45分钟以上，放到干燥器中冷却，备用。

【思考题】

1. 制备正丁基丙二酸二乙酯的实验会产生什么副产物？如何减少副产物的产生？
2. 最终反应液为什么要酸化后再浓缩？
3. 粗产物用水重结晶是为了除去什么杂质？
4. 金属钠在三个反应中分别起什么作用？
5. 第二步实验中为什么要加无水碘化钾粉末？是否可以不加碘化钾粉末？

6. 制备无水试剂时应注意哪些事项？为什么制备无水乙醇在加热回流和蒸馏时冷凝管的顶嘴和接收器支管上要装置氯化钙干燥管？

7. 工业上是怎样制备无水乙醇的？

实验五十　食品防腐剂——苯甲酸的制备

【实验目的】

1. 了解防腐剂的作用原理。

2. 学习苯甲酸的实验室制备方法。

【实验提要】

在食品中经常要加入防腐剂，是为了防止食品在贮存、流通过程中因微生物繁殖引起变质、延长食用价值。

苯甲酸是一种应用广泛且毒性低的酸性防腐保鲜剂。在医药、染料、化工等领域都有广泛应用。并可用于酱油、醋、果汁类、果酱类、果子露、罐头等食品中，在国家规定的用量范围内对人体并没有伤害。苯甲酸是食品领域不可或缺的防腐剂之一，市场需求量极大，如何获得苯甲酸成为人们关注的焦点。

苯甲酸，又名安息香酸，因最初从安息香胶制得而得名。本品为白色鳞片状或针状结晶，无味或微有安息香味，在100℃升华。溶于热水、乙醇、氯仿、乙醚、丙酮、二硫化碳和挥发性或非挥发性油中，熔点122.4℃，沸点249.2℃。加热至370℃分解产生苯和二氧化碳。

苯甲酸的杀菌、抑菌能力随介质酸度增高而增强，在碱性介质中会失去杀菌、抑菌作用；食品工业中主要用于酱油、醋、果汁、果酱、葡萄酒、琼脂软糖、汽水、低盐酱菜、面酱、蜜饯、山楂糕等，一般最大用量不超过2g/kg。此外，也可用于制备媒染剂、增塑剂、香料等。

苯甲酸可由甲苯在二氧化锰存在下直接氧化，或由邻苯二甲酸加热脱羧，或由次苄基三氯水解而制得。本实验采用甲苯经高锰酸钾氧化、再酸化制备苯甲酸。

【反应方程式】

$$C_6H_5CH_3 + KMnO_4 \longrightarrow C_6H_5COOK \xrightarrow{HCl} C_6H_5COOH$$

【仪器与试剂】

仪器：搅拌器；冷凝管；三口瓶；加热套。

试剂：高锰酸钾；甲苯；盐酸；亚硫酸钠。

【实验步骤】

在装有回流冷凝器、温度计及搅拌器的三口反应烧瓶中加入2.7ml甲苯和70ml水，加热至沸腾，分三次加入 8.5g 高锰酸钾，加完后继续加热回流，直到甲苯层几乎消失、回流液不再出现油珠为止。将反应物趁热过滤，滤液若仍呈紫色，过剩的高锰酸钾中可加入少量亚硫酸钠使紫色褪去，二氧化锰沉淀用少量热水洗涤。合并洗液和滤液，冷却，盐酸酸化，析出苯甲酸，过滤，用少量冷水洗涤产品，干燥得到苯甲酸，粗品可在水中进行重结晶提纯。

【附注与注意事项】

高锰酸钾不宜加入太快，避免反应太剧烈。

实验五十一　防腐剂——对羟基苯甲酸正丁酯的制备

【实验目的】

1. 掌握对羟基苯甲酸正丁酯的制备方法。
2. 了解酯化方法及特点。

【实验提要】

对羟基苯甲酸正丁酯又称尼泊金丁酯，稍有涩味，为无色或白色晶体粉末，无臭，熔点 69～72℃，难溶于水，易溶于乙醇、丙二醇、丙酮、乙醚、花生油中。对羟基苯甲酸酯（又名尼泊金酸酯）是世界上用途最广、用量最大、应用频率最高、高效、低毒、安全的新型防腐剂，因其具有广谱、高效、易配伍、pH 适宜范围宽等优点，被广泛应用于食品、饲料、医药、胶片、化妆品、日用化工及各种工业防腐方面，同时也是一种重要的有机合成中间体。目前，广泛使用的尼泊金酸酯主要有尼泊金甲酯、尼泊金乙酯、尼泊金丙酯、尼泊金丁酯及尼泊金庚酯等，其中尼泊金丁酯的抗菌作用优于丙酯和乙酯，防腐效果最佳。

本实验是以对羟基苯甲酸为原料，与正丁醇在硫酸存在下酯化制得对羟基苯甲酸正丁酯。

【反应方程式】

$$HO-C_6H_4-COOH + n\text{-}C_4H_9OH \longrightarrow HO-C_6H_4-COOC_4H_9\text{-}n + H_2O$$

【仪器与试剂】

仪器：回流冷凝管；搅拌器；分水器；三口烧瓶。

试剂：对羟基苯甲酸；正丁醇；硫酸；甲苯；碳酸钠；氢氧化钠。

【实验步骤】

在装有搅拌器、回流冷凝器、分水器（水在下层而油在上层）及温度计的烧瓶中加入 9.3g（0.067mol）对羟基苯甲酸、17.3g（0.23mol）正丁醇、5ml 甲苯和 0.1g（0.001mol）浓硫酸。加入甲苯的目的是为了共沸脱水，促使酯化反应平衡向右移动。将混合物在搅拌下加热至回流，反应 1 小时，酯化反应结束，回收过量的正丁醇和甲苯。用质量分数为 5%的氢氧化钠调 pH 为 6。在析出晶体之后，加入质量分数为 10%的碳酸钠水溶液，使 pH

为7～8。抽滤、水洗，于50℃以下干燥，得到白色对羟基苯甲酸正丁酯晶体，计算收率。

【附注与注意事项】

1. 须及时排出分水器中脱出的水。
2. 干燥时温度不宜过高，否则产品会熔化。

实验五十二 杀菌剂——2,6-二氯-4-硝基苯胺的制备

【实验目的】

1. 掌握2,6-二氯-4-硝基苯胺的制备方法。
2. 掌握氯化反应的机制和氯化条件的选择。
3. 了解2,6-二氯-4-硝基苯胺的性质和用途。

【实验提要】

本品主要用于生产分散黄棕3GL、分散黄棕2RFL、分散棕3R、分散棕5R、分散橙GR、分散大红3GFL、分散红玉2GFL等。还可以为农用杀菌剂使用，可防治甘薯、样麻、黄瓜、莴苣、棉花、烟草、草莓、马铃薯等的灰霉僵腐病，油菜、葱、桑、大豆、西红柿、莴苣、甘薯等的菌核病，甘薯、棉花、桃子的软腐病，马铃薯和西红柿的晚疫病，杏、扁桃及苹果的枯萎病，小麦的黑穗病，蚕豆的花腐病。

根据引入卤素的不同，卤化反应可分为氯化、溴化、碘化和氟化反应。因为氯代衍生物的制备成本低，所以氯化反应在精细化工生产中应用广泛；碘化反应用较少；由于氟的活泼性过高，通常以间接方法制得氟代衍生物。

卤化剂包括卤素（氯、溴、碘）、盐酸和氧化剂（空气中的氧、次氯酸钠、氯酸钠等）、金属和非金属的氯化物（三氯化铁、五氯化磷等）。硫酰二氯（SO_2Cl_2）是高活性氯化剂，也可用光气、卤酰胺（RSO_2NHCl）等作为卤化剂。卤化反应有三种类型，即取代卤化、加成卤化、置换卤化。

由对硝基苯胺制备2,6-二氯-4-硝基苯胺有多种合成方法，包括直接氯气法、氯酸钠氯化法、硫酰二氯法、次氯酸法、过氧化氢法。工业生产一般采用直接氯气法，其优点是原材料消耗低、氯吸收率高、产品收率高、盐酸可回收循环使用。本实验采用过氧化氢法。

【反应方程式】

$$\text{4-}NO_2C_6H_4NH_2 + 2\,H_2O_2 + 2\,HCl \longrightarrow \text{2,6-}Cl_2\text{-4-}NO_2C_6H_2NH_2 + 4\,H_2O$$

【仪器与试剂】

仪器：控温磁力搅拌器1套；250ml三口烧瓶；温度计；滴液漏斗；抽滤装置1套。

试剂：对硝基苯胺；水；浓盐酸；过氧化氢。

【实验步骤】

在装有搅拌器、温度计和滴液漏斗（预先检查滴液漏斗是否严密，不能泄漏）的 150ml 三口瓶中，加入 2.3g 对硝基苯胺，再加入 25ml 水，搅拌下慢慢滴加 8ml 浓盐酸，加热至 40℃，于搅拌下 20 分钟内滴加 6ml 质量分数为 30%的过氧化氢，滴加过程中温度控制在 35～55℃。加完后，在 40～50℃下继续反应 1 小时。随着反应的进行，逐渐产生黄色沉淀。反应结束后，抽滤，水洗，烘干，称重，计算收率，测熔点。

【附注与注意事项】

1. 纯过氧化氢是淡蓝色的黏稠液体，可以任意比例与水混溶。极易分解，不宜久存。使用前要注意生产日期。

2. 2,6-二氯-4-硝基苯胺为黄色针状结晶，熔点 192～194℃。难溶于水，微溶于乙醇，溶于热乙醇和乙醚。有毒，温血动物急性口服 LD_{50} 为 1500～4000mg/kg，小白鼠急性口服 LD_{50} 为 3603mg/kg。

【思考题】

1. 简述常见芳环上的氯化方法，各有何优缺点。
2. 写出本实验的反应机制。

实验五十三　杀菌剂——三溴水杨酰苯胺的制备

【实验目的】

1. 掌握三溴水杨酰苯胺的制备方法。
2. 了解三溴水杨酰苯胺的性质和应用。
3. 掌握气体吸收装置的安装和使用。

【实验提要】

三溴水杨酰苯胺为无色至浅棕色针状结晶，熔点 227～228℃，不溶于水，微溶于乙醇，易溶于 *N,N*-二甲基甲酰胺，可用作肥皂和化妆品的杀菌剂，亦可用作棉织物的防霉剂，其钠盐对于塑料、橡胶、纤维，聚氯乙烯薄膜、涂料、黏合剂、皮革等材料的防霉特别有效。药用级产品可用于治疗皮肤瘤病和药品的防腐。

【反应方程式】

(OH)C₆H₄–COOH + C₆H₅–NH_2 $\xrightarrow{PCl_3}$ (OH)C₆H₄–CONH–C₆H₅ $\xrightarrow{Br_2}$ (Br)₂(OH)C₆H₂–CONH–C₆H₄–Br

【仪器与试剂】

仪器：回流装置；搅拌器；恒压滴液漏斗；三口烧瓶。

试剂：水杨酸；苯胺；三氯化磷；氢氧化钠；冰乙酸；液溴；甲醇。

【实验步骤】

在装有回流装置的 250ml 三口烧瓶中加入 27.6g 水杨酸和 18.6ml 新蒸馏苯胺，搅拌下加热至 100～120℃，待水杨酸完全溶化后将温度降至 90～100℃，继续搅拌下缓慢滴加 10g 三氯化磷，反应生成的氯化氢气体用 5%氢氧化钠溶液吸收。三氯化磷滴加完后升温至 140～150℃反应 3 小时，然后将反应物加入到水中，即有白色沉淀生成。沉淀物用水洗至中性，过滤，干燥，得到水杨酰苯胺粗品。

在装有回流装置的 250ml 三口烧瓶中加入 140ml 50%乙酸和 4.3g 新制备的水杨酰苯胺，在搅拌下加热至 55℃，恒温状态下缓慢滴加 3.1ml 液溴，加完后维持 55℃搅拌 1 小时，使完全溴化、冷却至室温、抽滤，沉淀用甲醇洗涤 3 次，干燥后得 3,4′,5-三溴水杨酰苯胺粗品。

【附注与注意事项】

1. 三氧化磷挥发性强，量取三氯化磷应在通风橱中进行，并装入恒压滴液漏斗中滴加。三氯化磷的滴加速度要慢，防止反应过程中产生大量的气泡引起冲料。

2. 液溴挥发性强，量取液溴应在通风橱中进行，并装入恒压漏斗中滴加。

3. 三氧化磷、苯胺、氢氧化钠、液溴均有腐蚀性，操作时切勿溅到手上和衣物上。

实验五十四 建筑胶水工艺

【实验目的】

1. 了解建筑胶水的基本配方。

2. 掌握建筑胶水的制备工艺。

【实验提要】

建筑胶水主要用于胶凝材料增强剂，配制内外墙腻子，粘贴石膏线、壁纸等。用建筑胶水调制腻子透气性好，施工性好，涂膜平整，对人体无害，综合性能优良，广泛被施工人员和用户所认可。

【反应方程式】

+ HCHO →(acid) 半缩醛 + 分子内缩醛 + 分子间缩醛

【仪器与试剂】

仪器：三口烧瓶；机械搅拌器；温度计；加热套；涂-4 杯。

试剂：聚乙烯醇（型号 1750 或其他型号）；甲醛；尿素；盐酸；氢氧化钠。

【实验步骤】

1. **实验配方** 详见表 4－1。

表 4－1 实验配方

原料	重量（%）
聚乙烯醇	10
水	85
甲醛	3.4
尿素	适量
盐酸	0.74～10.53
氢氧化钠	中和用量

2. **生产工艺** 将水加入反应锅中，升温至 70℃，然后徐徐加入聚乙烯醇，并升温至 90～95℃，使聚乙烯醇完全溶解。将聚乙烯醇溶液冷却至 80～85℃，在不断搅拌下，以细流方式加入盐酸调节 pH＝2，再搅拌 20 分钟，加入甲醛进行缩合，约需 60 分钟。降温并调节 pH＝10 左右，加入尿素进行氨基化处理，经取样检验合格后，把 pH 调至中性，降温 40～50℃，出料。

3. **产品应符合下列标准**

外观：微黄或无色透明液体。

固体份：11%～12%。

游离甲醛含量：≤1%。

pH：7～8。

比重：1.05。

实验五十五　金属缓蚀剂——苯并三唑的制备

【实验目的】

1. 掌握苯并三唑的制备方法。
2. 掌握重氮化的反应机制。

【实验提要】

苯并三唑是白色或浅褐色针状结晶体，熔点 96.5℃，微溶于冷水，易溶于热水，以及甲醇、丙酮和乙醚等溶剂。其水溶液呈弱酸性，pH 为 5.5～6.5，与碱金属离子可以生成稳定的金属盐。苯并三唑可由邻苯二胺重氮化、环化制得，也可由邻硝基苯肼和苯并咪唑酮

合成，被广泛用于铜质、银质设备的缓蚀剂，在电镀中用于表面纯化银、铜、锌，具有防变色作用。此外。苯并三唑是良好的紫外光吸收剂，可用作黑白胶片和相纸的显影防灰雾剂。

【反应方程式】

$$\text{C}_6\text{H}_4(\text{NH}_2)_2 \xrightarrow[\text{HOAc}]{\text{NaNO}_2} \text{C}_6\text{H}_4(\text{N{=}N{-}OH})(\text{NH}_2) \xrightarrow{-\text{H}_2\text{O}} \text{苯并三唑 (N, N, N–H)}$$

【仪器与试剂】

仪器：回流冷凝管；搅拌器；烧杯；三口烧瓶。

试剂：邻苯二胺；冰乙酸；亚硝酸钠。

【实验步骤】

在装有回流装置的 250ml 三口烧瓶中加入 21.6g（0.2mol）邻苯二胺、23ml 冰乙酸和 42ml 蒸馏水，搅拌下加热至 50～60℃，得到无色透明溶液。然后冰水冷却至 5℃，搅拌下加入由 15g（0.22mol）亚硝酸钠和 20ml 蒸馏水配成的溶液，反应体系慢慢变成暗绿色，体系温度自发热升温至 70～80℃，溶液颜色变为透明的橘红色。将反应体系自然冷却，静置 0.5 小时，粗产物苯并三唑以油状物形式析出，在冰水中搅拌反应体系直至凝固成固体。在冰浴中继续冷却 2 小时、抽滤，用冰水洗涤，产品在 40～50℃干燥，得到黄褐色固体。

【附注与注意事项】

重氮化反应应在低温下进行，尽量避免副反应的发生。

实验五十六　荧光增白剂——EBF 的制备

【实验目的】

1. 掌握荧光增白剂 EBF 的制备方法。
2. 掌握重结晶的原理和方法。
3. 掌握利用萃取洗涤和蒸馏的方法纯化液体有机物的操作技术。

【实验提要】

荧光增白剂 EBF 为黄色结晶粉末，微溶于水，溶于乙醇，熔点 218～219℃，属苯并噁唑类增白剂，能耐硬水、酸、碱，主要用于涤纶的增白，日晒牢度优异，也可用于塑料、涂料、醋酸纤维、锦纶、氯纶等的增白。

本实验中采用邻氨基苯酚与氯乙酸（或称 2-氯乙酰氯）在吡啶催化下生成 2-氯甲基苯并噁唑，在硫化钠作用下进行缩合反应，最后与乙二醛反应，即得荧光增白剂 EBF。

【反应方程式】

$$\text{邻氨基苯酚} + ClCH_2COCl \longrightarrow \text{2-氯甲基苯并噁唑}(-CH_2Cl) \xrightarrow{Na_2S} \text{苯并噁唑}-CH_2SCH_2-\text{苯并噁唑} \xrightarrow{CHOCHO} \text{EBF}$$

【仪器与试剂】

仪器：回流装置；减压蒸馏装置；气体吸收装置；通氮气装置；250ml 三口烧瓶 1 个；100ml 滴液漏斗 1 个；100ml 试剂瓶 1 个。

试剂：氯苯；氯乙酰氯；邻氨基苯酚；邻甲苯磺酸；吡啶；硫化钠；十二烷基二甲基苄基氯化铵；二氯甲烷；甲醇；甲醇钠；无水硫酸钠；二甲亚砜；乙二醛水合物。

【实验步骤】

配制氯乙酰氯–氯苯溶液：在 25ml 氯苯中加入 10.6ml 氯乙酰氯，摇匀静置。

在装有回流装置的 250ml 三口烧瓶中加入 50ml 氯苯，搅拌下加入 13.6g 邻氨基苯酚，再加入 0.1ml 吡啶，通入氮气 30 分钟后滴加氯乙酰氯–氯苯溶液，大约 10 分钟滴完，将反应体系升温至 80℃反应 0.5 小时，再加热至 100℃，产生的氯化氢气体用 5%氢氧化钠溶液吸收。反应 2 小时后，加入 0.8g 邻甲苯磺酸，在通氮气条件下搅拌回流 5 小时。产物真空干燥，得到浅棕色油状物 2-氯甲基苯并噁唑，计算收率。

在 250ml 锥形瓶中加入含有 16g 硫化钠的 60ml 蒸馏水和 0.3g 十二烷基二甲基苄基氯化铵，搅拌下冷却至 10℃，加入含 21g 2-氯甲基苯并噁唑和 50ml 二氯甲烷混合液，搅拌 3 小时，分出水层，有机层用蒸馏水洗至中性，用无水硫酸钠干燥，减压蒸馏除去二氯甲烷，得到苯并噁唑-2-甲基硫醚，用甲醇重结晶。

将 39ml 的甲醇钠冷却至 0℃，在 10 分钟内滴加由 38ml 二甲亚砜、1.1ml 乙二醛水合物和 7.4g 苯并噁唑-2-甲基硫醚组成的溶液。在 0℃下搅拌 4 小时，反应液用稀盐酸酸化，过滤，滤饼用蒸馏水洗至中性，真空干燥，得到浅黄色结晶粉末，经氯苯重结晶，得 EBF，计算收率。

【附注与注意事项】

1. 为了使反应顺利进行，氯乙酰氯需先溶解在氯苯中。
2. 缩醛化反应需在低温下进行，避免副产物的产生。

实验五十七　表面活性剂——月桂醇硫酸钠的制备

【实验目的】

1. 了解阴离子表面活性剂的结构、性能和制备。
2. 了解磺化反应原理及其反应特点。

【实验提要】

月桂醇硫酸钠是阴离子硫酸酯类表面活性剂的典型代表，易溶于水，无毒，熔点为180～185℃，超过185℃开始分解，是白色或奶油色结晶鳞片或粉末。月桂醇硫酸钠具有良好的乳化性、起泡性、水溶性，以及可生物降解，耐碱、耐硬水，在较宽 pH 的水溶液中的稳定性较好和易于合成、价格低廉等特点，广泛应用于化妆品、洗涤剂、纺织、造纸、润滑以及制药、建材、化工、采油等工业领域，还可应用于正负离子表面活性剂复配体系的性质、胶团催化、分子有序组合体等基础研究方面。

月桂醇硫酸钠可用磺化试剂如发烟硫酸、浓硫酸或氯磺酸与月桂醇进行反应制得。

【反应方程式】

硫酸酯化反应：

$$CH_3(CH_2)_{11}OH + H_2SO_4 \longrightarrow CH_3(CH_2)_{11}OSO_3H + H_2O$$

中和反应：

$$CH_3(CH_2)_{11}OSO_3H + NaOH \longrightarrow CH_3(CH_2)_{11}OSO_3Na + H_2O$$

【仪器与试剂】

仪器：搅拌器；滴液漏斗；温度计；三口烧瓶；烧杯。

试剂：浓硫酸；月桂醇；氢氧化钠（20%水溶液）；双氧水（30%）。

【实验步骤】

在装有搅拌器、温度计、滴液漏斗的干燥三口瓶内加入9.5g月桂醇，开动搅拌器，瓶外用冷水浴（0～10℃）冷却，然后缓慢滴加5.5g浓硫酸。控制滴加速度，使保持在30～35℃下进行反应，滴加完后再继续在30～35℃搅拌下反应、老化60分钟。

在烧杯内加入18ml 20%氢氧化钠水溶液，杯外用冷水冷却，搅拌下将上述磺化产物慢慢加入，控制中和温度在50℃以下，加料完毕调节pH＝8～9。加入约0.5g 30%双氧水搅拌漂白，得到稠状月桂醇硫酸钠。

【附注与注意事项】

1. 严格控制反应温度。磺化反应是一个剧烈的放热反应，为了避免由于局部高温而引起氧化、焦油化、成醚等多种副反应的发生，需在冷却和强烈搅拌下通过控制加料速度来避免整体或局部物料过热。

2. 正确取用浓硫酸。

实验五十八　增塑剂——邻苯二甲酸二丁酯的制备

【实验目的】

1. 了解增塑剂的增塑原理。

2. 了解酯化反应特点及控制方法。

【实验提要】

增塑剂是一种与塑料或合成树脂兼容的化学品，它能使塑料变软并降低脆性，可简化塑料的加工过程，并赋予塑料某些特殊性能。

邻苯二甲酸二丁酯（DBP）是一种优良的通用型增塑剂，为无色油状液体，微具芳香味，沸点 340℃，毒性低，主要用于聚氯乙烯加工，可赋予制品良好的柔软性，还可用于制造油漆、黏接剂、人造革、印刷油墨、安全玻璃、赛璐珞、染料、杀虫剂、香料溶剂、织物润滑剂等。由于其相对廉价且易于加工，对多种树脂具有很强溶解力，所以使用非常广泛。此外，它还可用于提高聚醋酸乙烯酯胶黏剂的黏合力或用作醇酸树脂的增塑剂。

近年来，邻苯二甲酸酯类增塑剂已被认为是环境激素（又称内分泌扰乱物质或环境荷尔蒙），增加了环境污染的严重性，使用时应注意。

【反应方程式】

$$\text{(邻苯二甲酸酐)} + 2n\text{-}C_4H_9OH \longrightarrow C_6H_4(COO\text{-}C_4H_9\text{-}n)_2$$

【仪器与试剂】

仪器：分水器；三口烧瓶；回流冷凝管；温度计。

试剂：正丁醇；邻苯二甲酸酐；浓硫酸；碳酸钠；硫酸镁。

【实验步骤】

在预先装有 2.4ml 正丁醇的分水器及其上端装有回流冷凝器的三口烧瓶中，放入 14.8g 邻苯二甲酸酐、25ml 正丁醇、4 滴浓硫酸，搅拌，缓慢加热至固体的邻苯二甲酸酐消失。升温至沸腾，待酯化反应进行到一定程度时，可观察到从冷凝管滴入到分水器的冷凝液中出现水珠。随着反应进行，分出水层增多，反应温度逐渐升高，待分水器中水层不再增加时，从分水器中放出正丁醇。当反应混合物温度升到 160℃时，停止反应，冷却反应物至常温，倒入分液漏斗中，用饱和食盐水洗涤一次，接着用 5%碳酸钠中和后，再用清水洗涤有机层至中性，分离出油状粗产物，以无水硫酸镁干燥。减压条件下蒸去正丁醇，再收集 200～210℃/2866Pa 或 180～190℃/1333Pa 馏分，即为邻苯二甲酸二丁酯产品。

【附注与注意事项】

反应器及原料应尽量避免带入水。

实验五十九　抗氧化剂——BHT的制备及含量测定

【实验目的】

1. 熟悉抗氧化剂的概念和作用原理。
2. 掌握 Friedel-Crafts 烷基化反应制备抗氧化剂 BHT 的方法。

【实验提要】

1. 抗氧化剂　许多有机化合物都会和空气中的氧发生自动氧化反应，尤其是在加热和光照时，氧化反应速率加快。这种氧化过程是有机化合物先与空气中的氧气缓慢地发生反应，生成过氧化物，然后过氧化物分解生成自由基，自由基一旦生成，会通过自由基链反应导致有机化合物很快地降解、变质。

自动氧化的主要反应包括自由基引发反应、链传递反应。主要反应步骤如下：

引发阶段：

$$RH + X\cdot \rightarrow R\cdot + HX \tag{1}$$

链传递阶段：

$$R\cdot + O_2 \rightarrow RO_2\cdot \tag{2}$$

$$RO_2\cdot + RH \rightarrow RO_2H + R\cdot \tag{3}$$

$$RO_2H \rightarrow RO\cdot + OH\cdot \rightarrow \text{过氧化降解产物} \tag{4}$$

在这个反应过程中过氧基 $RO_2\cdot$ 和氢过氧化物 RO_2H 是重要的中间体。氢过氧化物的分解为反应（1）提供了更多的自由基，并会产生多种最终产物。

在橡胶、塑料等制品以及脂肪食品等有机化合物中，若含有 C—O 或 C═C 键，较容易生成过氧化物，这种自动氧化反应特别容易进行，导数橡胶、塑料用品很快老化发脆，食品很快失去香味或变质。因此，如果加进某种能捕获活性自由基的物质，使链反应中止或者能分解自动氧化过程中产生的过氧化物，则可大大增加橡胶、塑料制品的使用寿命，减缓食物的变质，这种物质就是抗氧化剂。

抗氧化剂有很多类型，酚类抗氧化剂是其中一大类。2,6-二叔丁基-4-甲基苯酚（2,6-二叔丁基羟基甲苯，butylated hydroxy toluene，简称 BHT，或“264”）就是一种常用酚类抗氧化剂，为白色粉末，无臭无味，熔点 69.5～71.5℃，对热和光较稳定。易溶于乙醇、乙醚、石油醚及油脂，不溶于水及丙二醇。对小鼠的半数致死量 LD_{50} 为 1600～3200mg/kg，已被广泛应用于高分子材料防老化及食品的抗氧化防腐中。

2. Friedel-Crafts 烷基化制备 BHT　Friedel-Crafts 烷基化是指某些芳香族化合物和卤代烃、烯烃和醇等在酸性催化剂存在下反应生成烷基苯的反应。

烷基化反应的限制较多，一是因为反应经过正碳离子，会引起重排；二是烷基可使苯环活化，常导致多取代。若用卤代烷或烯烃作烷基化试剂，需加适量的 Lewis 酸如 $AlCl_3$ 作催化剂；若用醇作烷基化试剂，由于醇会与 $AlCl_3$ 等酸起反应，应用含质子的酸作为催化剂。常用酸性催化剂的催化活性次序为：$HF > H_2SO_4 > H_3PO_4$。其反应机制均为先生成碳正离子，然后进攻苯环，发生芳环上的亲电取代反应。

工业上 BHT 用异丁烯在硫酸催化下实现烷基化。本实验通过对甲苯酚和叔丁醇在浓 H_2SO_4 催化下进行烷基化反应而制备 BHT。

【反应方程式】

$$\text{OH-C}_6\text{H}_4\text{-CH}_3 + 2(CH_3)_3COH \xrightarrow{H_2SO_4} (H_3C)_3C\text{-}C_6H_2(OH)(CH_3)\text{-}C(CH_3)_3 + 2H_2O$$

【仪器与试剂】

仪器：搅拌装置 1 套；温度计；四口烧瓶；天平；烧瓶；量筒；滴液漏斗；回流冷凝管；分液漏斗；茄形瓶；抽滤装置 1 套；旋转蒸发装置 1 套；熔点仪。

试剂：对甲苯酚；冰乙酸；叔丁醇；浓硫酸；乙醚；氢氧化钾；无水硫酸钠；95% 乙醇。

【实验步骤】

1. BHT 的制备 在装有机械搅拌器、温度计、冷凝管和滴液漏斗的 50ml 四口烧瓶中分别加入 2.2g 对甲苯酚（0.02mo1）、1ml 乙酸和 5.6ml 叔丁醇（4.4g，0.06mol）。开动搅拌器使固体溶解，然后将烧瓶置于冰浴中冷却，使反应物冷却至 0～2℃。在搅拌下缓慢滴加 5ml 浓硫酸。若反应物变成粉红色，应暂停加浓硫酸。浓硫酸加完后，烧瓶仍置于冰浴中继续搅拌 20 分钟使反应完全。加入冰水至刚充满烧瓶，将瓶内混合物倒入分液漏斗中，分别用 30ml 乙醚萃取 2 次。醚层用 20ml 水分 2 次洗涤，再用 10ml 2%氢氧化钾溶液洗涤，无水硫酸钠干燥。干燥后的醚液滤入 50ml 茄形瓶中，减压旋转蒸发除去乙醚和低沸点物质（二聚异丁烯，沸点为 101～105℃），得一油状物，冷却使结晶析出。抽滤，并用 95%乙醇重结晶，得无色棱状结晶。

2. BHT 的含量测定 BHT 的测定可用气相色谱法、分光光度法等。分光光度法中，可利用 BHT 与 α,α'-联吡啶三氯化铁生成的橘红色络合物在 520nm 处有吸收峰来测定，也可利用 BHT 在 277～283nm 处有吸收峰，直接用紫外分光光度法进行测定。本实验用紫外分光光度法进行测定。

（1）标准曲线的绘制 将每毫升含 1mg BHT 的标准溶液用无水乙醇稀释成每毫升含 10mg 的 BHT 标准工作溶液。分别吸取标准工作液 0.0ml、0.5ml、1.0ml、1.5ml、2.0ml、2.5ml 于 10ml 的棕色容量瓶中用乙醇稀至刻度，摇匀，用紫外分光光度计于 280nm 处测定吸光度，绘制标准曲线。

（2）样品测定 准确称取实验制得的产品 0.01g，加入少量乙醇溶解后，在 100ml 棕色容量瓶中，用无水乙醇定容至 100ml。吸取此溶液 1ml 再稀释到 100ml，摇匀，用紫外分光光度计于 280nm 处测定吸光度，从标准曲线上查得相应 BHT 的浓度，并计算产品中 BHT 的百分含量。

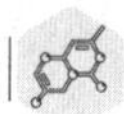

3. 结果处理　称重，并根据测定的含量结果，计算产率，测定产品熔点，文献值为69.5～71.5℃。

【思考题】

1. 举例说明还有哪些酚类抗氧化剂。
2. 写出对甲苯酚与叔丁醇在浓硫酸作用下生成BHT的反应机制。

实验六十　水质稳定剂——聚丙烯酸钠的制备

【实验目的】

1. 掌握低分子量聚丙烯酸钠的合成。
2. 了解不同相对分子质量的聚丙烯酸的用途。

【实验提要】

聚丙烯酸钠是水质稳定剂的主要原料之一。高分子量的聚丙烯酸（相对分子质量在几万到几十万以上）多用于皮革工业、造纸工业等方面。低分子量的聚丙烯酸（相对分子质量在一万以下）常用作阻垢剂。聚丙烯酸相对分子质量的大小对阻垢效果影响非常大。试验表明，低分子量的聚丙烯酸阻垢作用非常显著，而相对高分子量的聚丙烯酸逐渐丧失阻垢作用。

丙烯酸单体极易聚合，可以通过本体聚合、溶液聚合、乳液聚合和悬浮聚合等方法得到聚丙烯酸。符合一般的自由基聚合反应规律，本实验采用溶液聚合法，通过控制引发剂用量和应用调聚剂异丙醇合成低分子量的聚丙烯酸。

【反应方程式】

$$CH_2{=}CHCOOH \xrightarrow[\text{异丙醇}]{\text{过硫酸铵}} \left[\begin{array}{c} -\underset{H}{C}{=}\underset{COOH}{\underset{|}{C}}- \end{array} \right]_n$$

【仪器与试剂】

仪器：搅拌装置1套；三口烧瓶或四口烧瓶；天平；温度计；量筒；滴液漏斗2个；回流冷凝管。

试剂：蒸馏水；过硫酸铵；丙烯酸；异丙醇；氢氧化钠。

【实验步骤】

在带有回流冷凝管和两个滴液漏斗的500ml三口瓶中放入250ml蒸馏水和2g过硫酸铵。待过硫酸铵溶解后，加入10g丙烯酸单体和16g异丙醇。开动搅拌器，加热使瓶内温度达到65～70℃。在此温度下把80g丙烯酸单体和5g过硫酸铵加入40ml水中形成的溶液分别由漏斗慢慢滴入反应瓶内。由于聚合过程中放出热量，反应瓶内温度有所升高，反应液逐渐回流，滴完丙烯酸和过硫酸铵溶液约需0.5小时。其后在94℃继续回1小时，反应

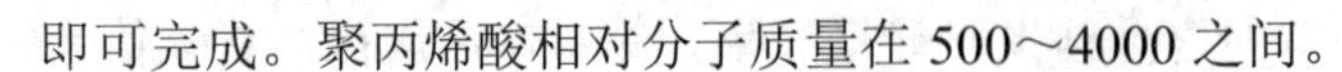

即可完成。聚丙烯酸相对分子质量在500～4000之间。

如果要得到聚丙烯酸钠盐，在已制得的聚丙烯酸水溶液中，加入浓氢氧化钠水溶液（质量分数为30%），边搅拌边进行中和，使溶液的pH达到10～12即停止，制得聚丙烯酸钠盐。

【附注与注意事项】

1. 本实验可以采用三口瓶，引发剂可以采用人工加入的方式或采用从冷凝管口中直接滴加的方式，如果无法插入温度计，则可以通过不定期的测定反应体系的温度来控制温度。

2. 可以通过直接加入固体碱的方式，也可以通过加入30%碱液的方式进行中和。其碱的用量可以通过加入的丙烯酸的物质的量来进行比较，约10g。最后调节碱量使其达到pH＝10～12即得到聚丙烯酸钠盐。

【思考题】

1. 简述相对分子量的大小对聚丙烯酸钠阻垢作用的影响。

2. 对高分子物质分子量的测定有哪些方法？

实验六十一　染料——酸性纯天蓝A的制备

【实验目的】

1. 了解酸性染料的性质、用途和使用方法。

2. 掌握酸性纯天蓝A制备的实验原理。

【实验提要】

染料酸性纯天蓝A又名酸性蒽醌艳兰，染料索引号为C.I.Acid Blue 25（C.I.62055）。外观为蓝色粉末，溶于丙酮和醇类，微溶于苯和四氢化萘，不溶于硝基苯和二甲苯。溶于浓硫酸中呈暗蓝色，稀释后呈蓝色沉淀。主要用于毛、丝、锦纶及其混纺的染色，也可用于皮革、皮毛的染色以及电化铝和香皂的着色。主要用于染锦纶，为锦纶配套染料。

酸性纯天蓝A为强酸性染料，按化学结构分类，属于蒽醌型染料。这类染料的特点是有良好的日晒牢度；色谱为深色，以蓝、紫为主，因为在蒽醌的α位上含有供电子基——氨基，具有深色效应。酸性纯天蓝A是由溴氨酸与苯胺在催化剂存在下，发生乌尔曼缩合反应而制得的。

【反应方程式】

$$\text{(O, O, }NH_2\text{, }SO_3H\text{, Br)} + H_2N\text{—C}_6\text{H}_5 \xrightarrow[80\sim90℃]{Na_2CO_3,\ CuSO_4} \text{(O, O, }NH_2\text{, }SO_3H\text{, HN—C}_6\text{H}_5\text{)} + NaBr + H_2O + CO_2\uparrow$$

 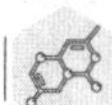

【仪器与试剂】

仪器：机械搅拌装置 1 套；250ml 四口瓶；温度计；回流冷凝管；抽滤装置 1 套。

试剂：溴氨酸；碳酸钠；硫酸铜；苯胺；盐酸；氯化钠；蒸馏水；正丁醇；乙醇；氨水。

【实验步骤】

在装有机械搅拌装置、温度计、回流冷凝管的 250ml 四口瓶中，加水 30ml、溴氨酸 3.2g（0.008mol）、碳酸钠 1.1g、硫酸铜 0.67g、苯胺 3g。在搅拌下打浆，约 10 分钟升温至 80℃；在 80～85℃保温 45 分钟，在 95℃保温 45 分钟，然后将反应物降温至 50℃。

趁热抽滤，滤饼用质量分数为 20%的盐酸 120ml 分数次洗涤，直到滤液呈淡红色。然后将滤饼加至 80ml 水中，加入碳酸钠约 0.33g，调染料溶液 pH＝7～8，升温至 80～85℃后，加入总体积 4%的氯化钠（约 3.3g），进行盐析，并趁热抽滤。

再在搅拌下将滤饼置于 80ml 水中，加入碳酸钠 0.07g，升温至 80～85℃，加入总体积 4%的氯化钠（约 3.3g），进行盐析。

趁热抽滤，滤饼用含有质量分数为 5%的碳酸钠及质量分数为 5%的氯化钠的溶液约 80ml 洗涤，至滤液接近无色。然后，用纸色谱法检验产品纯度，展开剂（体积比）：正丁醇:乙醇:氨水＝6:2:3。染料成品在 80～85℃干燥，称重。

【思考题】

1. 什么是酸性染料？酸性染料分为几类？
2. 强酸性染料的结构特征是什么？
3. 请简述酸性染料的染色机制。
4. 合成产物用 20%盐酸洗涤，目的是什么？是否会洗掉产物，为什么？
5. 碳酸溶液洗涤的目的是什么？

附录

附录一 常用化学元素的相对原子质量

元素符号	元素名称	相对原子质量	元素符号	元素名称	相对原子质量
Ag	银	107.8682	K	钾	39.0983
Al	铝	26.981538	Li	锂	6.941
Ar	氩	39.948	Mg	镁	24.3050
B	硼	10.811	Mn	锰	54.938049
Ba	钡	137.327	N	氮	14.0067
Br	溴	79.904	Na	钠	22.989770
C	碳	12.0107	Ni	镍	58.6934
Ca	钙	40.078	O	氧	15.9994
Cl	氯	35.453	P	磷	30.973761
Cr	铬	51.9961	Pb	铅	207.2
Cu	铜	63.546	Pd	钯	106.42
F	氟	18.9984	Pt	铂	195.078
Fe	铁	55.845	S	硫	32.066
H	氢	1.00794	Si	硅	28.0855
Hg	汞	200.59	Sn	锡	118.710
I	碘	126.90447	Zn	锌	65.39

注：相对原子质量录自 2001 年国际原子量表，以 $^{12}C=12$ 为基准。

附录二　常用酸碱溶液的相对密度和浓度

盐酸

HCl	相对密度	100ml 水溶液中	HCl	相对密度	100ml 水溶液中
质量百分数	(d_4^{20}) g/cm^3	含 HCl 克数	质量百分数	(d_4^{20}) g/cm^3	含 HCl 克数
1	1.0032	1.003	22	1.1083	24.38
2	1.0082	2.006	24	1.1187	26.85
4	1.0181	4.007	26	1.1290	29.35
6	1.0279	6.167	28	1.1392	31.90
8	1.0376	8.301	30	1.1492	34.48
10	1.0474	10.47	32	1.1593	37.10
12	1.0574	12.69	34	1.1691	39.75
14	1.0675	14.95	36	1.1789	42.44
16	1.0776	17.24	38	1.1885	45.16
18	1.0878	19.58	40	1.1980	47.92
20	1.0980	21.96			

硫酸

H_2SO_4	相对密度	100ml 水溶液中	H_2SO_4	相对密度	100ml 水溶液中
质量百分数	(d_4^{20}) g/cm^3	含 H_2SO_4 克数	质量百分数	(d_4^{20}) g/cm^3	含 H_2SO_4 克数
1	1.0051	1.005	70	1.6105	112.7
2	1.0118	2.024	80	1.7272	138.2
3	1.0184	3.055	90	1.8144	163.3
4	1.0250	4.100	91	1.8195	165.6
5	1.0317	5.159	92	1.824	167.8
10	1.0661	10.66	93	1.8279	170.2
15	1.1020	16.53	94	1.8312	172.1
20	1.1394	22.79	95	1.8337	174.2
25	1.1783	29.46	96	1.8355	176.2
30	1.2185	36.56	97	1.8364	178.1
40	1.3028	52.11	98	1.8361	179.9
50	1.3951	69.76	99	1.8342	181.6
60	1.4983	89.90	100	1.8305	183.1

续表

硝酸					
HNO_3	相对密度	100ml 水溶液中	HNO_3	相对密度	100ml 水溶液中
质量百分数	(d_4^{20}) g/cm^3	含 HNO_3 克数	质量百分数	(d_4^{20}) g/cm^3	含 HNO_3 克数
1	1.0036	1.004	65	1.3913	90.43
2	1.0091	2.018	70	1.4134	98.94
3	1.0146	3.044	75	1.4337	107.5
4	1.0201	4.080	80	1.4521	116.2
5	1.0256	5.128	85	1.4686	124.8
10	1.0543	10.54	90	1.4826	133.4
15	1.0842	16.26	91	1.4850	135.1
20	1.1150	22.30	92	1.4873	136.8
25	1.1469	28.67	93	1.4892	138.5
30	1.1800	35.40	94	1.4912	140.2
35	1.2140	42.49	95	1.4932	141.9
40	1.2463	49.85	96	1.4952	143.5
45	1.2783	57.52	97	1.4974	145.2
50	1.3100	65.50	98	1.5008	147.1
55	1.3393	73.66	99	1.5056	149.1
60	1.3667	82.00	100	1.5129	151.3

乙酸					
CH_3COOH	相对密度	100ml 水溶液中	CH_3COOH	相对密度	100ml 水溶液中
质量百分数	(d_4^{20}) g/cm^3	含 CH_3COOH 克数	质量百分数	(d_4^{20}) g/cm^3	含 CH_3COOH 克数
1	0.9996	0.9996	65	1.0666	69.33
2	1.0012	2.002	70	1.0685	74.8
3	1.0025	3.008	75	1.0696	80.22
4	1.004	4.016	80	1.070	85.6
5	1.0055	5.028	85	1.0689	90.86
10	1.0125	10.13	90	1.0661	95.95
15	1.0195	15.29	91	1.0652	96.93
20	1.0263	20.53	92	1.0643	97.92
25	1.0326	25.82	93	1.0632	98.88
30	1.0384	31.15	94	1.0619	99.82
35	1.0438	36.53	95	1.0605	100.7
40	1.0488	41.95	96	1.0588	101.6
45	1.0534	47.40	97	1.0570	102.5
50	1.0575	52.88	98	1.0549	103.4
55	1.0611	58.36	99	1.0524	104.2
60	1.0642	63.85	100	1.0498	105

续表

氢氧化钠					
NaOH	相对密度	100ml 水溶液中	NaOH	相对密度	100ml 水溶液中
质量百分数	(d_4^{20}) g/cm^3	含 NaOH 克数	质量百分数	(d_4^{20}) g/cm^3	含 NaOH 克数
1	1.0095	1.010	26	1.2848	33.40
2	1.0207	2.041	28	1.3064	36.58
4	1.0428	4.171	30	1.3279	39.84
6	1.0648	6.389	32	1.3490	43.17
8	1.0869	8.695	34	1.3696	46.57
10	1.1089	11.09	36	1.3900	50.04
12	1.1309	13.57	38	1.4101	53.58
14	1.1530	16.14	40	1.4300	57.20
16	1.1751	18.80	42	1.4494	60.87
18	1.1972	21.55	44	1.4685	64.61
20	1.2191	24.38	46	1.4873	68.42
22	1.2411	27.30	48	1.5065	72.31
24	1.2629	30.31	50	1.5253	76.27

氢氧化钾					
KOH	相对密度	100ml 水溶液中	KOH	相对密度	100ml 水溶液中
质量百分数	(d_4^{20}) g/cm^3	含 KOH 克数	质量百分数	(d_4^{20}) g/cm^3	含 KOH 克数
1	1.0083	1.008	28	1.2695	35.55
2	1.0175	2.035	30	1.2905	38.72
4	1.0359	4.144	32	1.3117	41.97
6	1.0514	6.326	34	1.3331	45.83
8	1.0730	8.584	36	1.3549	48.78
10	1.0918	10.92	38	1.3769	52.32
12	1.1108	13.33	40	1.3991	55.96
14	1.1299	15.82	42	1.4215	59.70
16	1.1493	19.70	44	1.4443	63.55
18	1.1688	21.04	46	1.4673	67.50
20	1.1884	23.77	48	1.4907	71.55
22	1.2084	26.58	50	1.5143	75.72
24	1.2285	29.48	52	1.5382	79.99
26	1.2489	32.47			

续表

氨水					
NH_3	相对密度	100ml 水溶液中	NH_3	相对密度	100ml 水溶液中
质量百分数	(d_4^{20}) g/cm^3	含 NH_3 克数	质量百分数	(d_4^{20}) g/cm^3	含 NH_3 克数
1	0.9939	9.94	16	0.9362	149.8
2	0.9895	19.97	18	0.9295	167.3
4	0.9811	39.24	20	0.9229	184.6
6	0.9730	58.38	22	0.9164	201.6
8	0.9651	77.21	24	0.9101	218.4
10	0.9575	95.75	26	0.9040	235.0
12	0.9501	114.0	28	0.8980	251.4
14	0.9430	132.0	30	0.8920	267.6
碳酸钠					
Na_2CO_3	相对密度	100ml 水溶液中	Na_2CO_3	相对密度	100ml 水溶液中
质量百分数	(d_4^{20}) g/cm^3	含 Na_2CO_3 克数	质量百分数	(d_4^{20}) g/cm^3	含 Na_2CO_3 克数
1	1.0086	1.009	12	1.1244	13.49
2	1.0190	2.038	14	1.1463	16.05
4	1.0398	4.159	16	1.1682	18.50
6	1.0606	6.364	18	1.1905	21.33
8	1.0816	8.653	20	1.2132	24.26
10	1.1029	11.03			

附录三　常用有机溶剂的沸点和相对密度

名称	沸点（℃）	相对密度（d_4^{20}）	名称	沸点（℃）	相对密度（d_4^{20}）
甲醇	64.96	0.7914	1,4-二氧六环	101.750	1.0337
乙醇	78.5	0.7893	苯	80.1	0.87865
乙醚	34.51	0.71378	甲苯	110.6	0.8669
丙酮	56.2	0.7899	邻二甲苯	144.4	0.8802
乙酸	117.9	1.0492	间二甲苯	139.1	0.8642
乙酐	139.55	1.0820	对二甲苯	138.4	0.8611
乙酸乙酯	77.06	0.9003	三氯甲烷	61.7	1.4832
四氯化碳	76.54	1.5940	二硫化碳	46.25	1.2632
硝基苯	210.8	1.2037	正丁醇	117.25	0.8098

附录四　不同温度下水的饱和蒸气压

温度（℃）	蒸气压（mmHg）	温度（℃）	蒸气压（mmHg）	温度（℃）	蒸气压（mmHg）	温度（℃）	蒸气压（mmHg）
1	4.926	26	25.21	51	97.20	76	301.4
2	5.294	27	26.74	52	102.1	77	314.1
3	5.685	28	28.35	53	107.2	78	327.3
4	6.101	29	30.04	54	112.5	79	341.0
5	6.543	30	31.82	55	118.0	80	355.1
6	7.013	31	33.70	56	123.8	81	369.7
7	7.513	32	35.66	57	129.8	82	384.9
8	8.045	33	37.73	58	136.1	83	400.6
9	8.609	34	39.90	59	142.6	84	416.8
10	9.209	35	42.18	60	149.4	85	433.6
11	9.844	36	44.56	61	156.4	86	450.9
12	10.52	37	47.07	62	163.8	87	468.7
13	11.23	38	49.69	63	171.4	88	487.1
14	11.99	39	52.44	64	179.3	89	506.1
15	12.79	40	55.32	65	187.5	90	525.76
16	13.63	41	58.34	66	196.1	91	546.06
17	14.53	42	61.50	67	205.0	92	566.99
18	15.48	43	64.80	68	214.2	93	588.60
19	16.48	44	68.26	69	223.7	94	610.90
20	17.54	45	71.88	70	233.7	95	633.90
21	18.65	46	75.65	71	243.9	96	657.62
22	19.83	47	79.60	72	254.6	97	682.07
23	21.07	48	83.71	73	265.7	98	707.27
24	22.38	49	88.02	74	277.2	99	733.24
25	23.76	50	92.51	75	289.1	100	760.00

附录五　常用有机溶剂的性质及纯化

化学合成实验经常会用到溶剂，溶剂不仅作为反应介质，产物的纯化和后处理如重结晶、萃取、层析等操作也经常用到溶剂。由于溶剂的用量总是比较大，即使溶剂中含微量杂质也会对反应和产物的纯化带来一定的影响。一些有机反应（如 Grignard 反应等）对溶剂的要求更高，溶剂中含有微量的水和醇都会使反应难以发生。因此，在使用溶剂前应检验其纯度，需要时应将其纯化。下面介绍常用有机溶剂的物理性质和一般纯化方法。

1. 石油醚　石油醚为轻质石油产品，是低分子量的烃类（主要是戊烷和己烷）的混合物。其沸程为 30～150℃，收集的温度区间一般为 30℃，有 30～60℃、60～90℃、90～120℃等沸程规格的石油醚。石油醚中含有少量不饱和烃，沸点和烷烃相近，用蒸馏法无法分离，必要时可用浓硫酸和高锰酸钾将其除去。通常将石油醚用其体积 1/10 的浓硫酸洗涤 2～3 次，再用 10%的硫酸加入高锰酸钾配成的饱和溶液洗涤，直至水层中的紫色不再消失为止，然后再用水洗，经无水氯化钙干燥后蒸馏。如需绝对干燥的石油醚则再用金属钠进一步干燥（见无水乙醚的制备）。

2. 苯　b.p.80.1℃，m.p.5.5℃，d_4^{20} 0.87865，n_D^{20} 1.5011。

普通的苯含有少量的水（20℃时，苯能溶解 0.06%的水），苯和水形成的共沸混合物在 69.25℃沸腾，含有 91.17%的苯。由煤焦油加工得到的苯还含有少量的噻吩（沸点 84℃）。欲除去水和噻吩，可用等体积的 15%硫酸洗涤，直至酸层为无色或浅黄色，或检查无噻吩为止（取 5 滴苯，加入 5 滴浓硫酸及 1～2 滴 1% α,β-吲哚醌−浓硫酸溶液，振荡，如酸层呈墨绿色或蓝色，表示有噻吩存在）。苯层再依次用水、10%Na_2CO_3 水溶液、水洗涤，无水氯化钙干燥过夜后，蒸馏。若要高度干燥可加入金属钠进一步除水。

3. 甲苯　b.p.110.6℃，d_4^{20} 0.8669，n_D^{20} 1.4961。

甲苯与水形成共沸混合物，在 84.1℃沸腾，含 81.4%的甲苯。一般甲苯中还可能含有少量甲基噻吩。用浓硫酸（甲苯:酸＝10:1）振荡 30 分钟（温度不要超过 30℃），甲苯层依次用水、10% Na_2CO_3 水溶液、水洗涤，无水 $CaCl_2$ 干燥过夜后，蒸馏。若要高度干燥可加入金属钠进一步除水。

4. 二氯甲烷　b.p.40℃，d_4^{20} 1.3255，n_D^{20} 1.4246。

二氯甲烷与水形成共沸混合物，在 38.1℃沸腾，含 98.5%的二氯甲烷。二氯甲烷与乙醚的沸点相近，溶解性能也较好，它比水重，不易燃烧，有时可代替乙醚使用。其主要杂质是醛类。先用浓硫酸洗至酸层不变色，水洗除去残留的酸，再用 5%～10% NaOH（或 Na_2CO_3）溶液洗涤 2 次，水洗至中性，无水 $MgSO_4$ 干燥过夜，蒸馏。收集于棕色瓶避光储存。

二氯甲烷（以及氯代烷类）不能与金属钠接触，否则有爆炸的危险。

5. 三氯甲烷　b.p.61.2℃，d_4^{20} 1.4832，n_D^{20} 1.4455。

三氧甲烷在空气和光的作用下，分解生成剧毒的光气，一般加入 0.5%～1%的乙醇以防止光气的生成。为了除去乙醇，将三氧甲烷用少量浓硫酸（三氯甲烷体积的 5%）洗涤 2 次，水洗至中性，经无水 $CaCl_2$（或无水 Na_2SO_4）干燥后蒸馏，收集于棕色瓶避光储存。

6. 四氯化碳 b.p.76.5℃，d_4^{20} 1.5940，n_D^{20} 1.4601。

四氯化碳与水形成共沸混合物，在 66℃沸腾，含 95.9%的四氯化碳。四氯化碳可直接蒸馏，水以共沸物而被除去。有时四氯化碳中含有少量 CS_2，在四氯化碳中加入 5% NaOH 溶液回流 1～2 小时，水洗，干燥后蒸馏。

7. 1,2-二氯乙烷 b.p.83.7℃，d_4^{20} 1.2531，n_D^{20} 1.4448。

1,2-二氯乙烷与水形成共沸混合物，在 72℃沸腾，含 81.5%的 1,2-二氯乙烷。1,2-二氯乙烷常含有少量酸性物质、水分及氯化物等。可依次用浓硫酸、水、5% NaOH 溶液和水洗涤，用无水 $CaCl_2$ 或 P_2O_5 干燥，然后蒸馏。

8. 甲醇 b.p.65.15℃，d_4^{20} 0.7914，n_D^{20} 1.3288。

市售试剂级甲醇纯度能达 99.85%，含水量约为 0.1%，含丙酮约为 0.02%，一般可满足应用。如欲制得无水甲醇，可用金属镁处理（见“绝对乙醇的制备”）。

9. 乙醇 b.p.78.5℃，d_4^{20} 0.7893，n_D^{20} 1.3611。

乙醇与水形成共沸混合物，在 78.15℃沸腾，含 95.5%的乙醇，通常工业用的 99.5%乙醇不能直接蒸馏制取无水乙醇。如欲制得无水乙醇（含量 99.5%），取 200ml 工业乙醇和 50g 生石灰在沸水浴上加热回流 3 小时后蒸馏（生石灰和乙醇中的水生成氢氧化钙，因加热时不分解，氢氧化钙不用滤出）。绝对乙醇（含量 99.95%）可用金属镁处理来制备：在 250ml 的圆底烧瓶中加入 0.6g 干燥纯净的镁屑，10ml 99.5%乙醇，装上带有氯化钙干燥管的回流冷凝管，沸水浴加热至微沸，移去水浴，立刻加入几粒碘，引发反应。乙醇和镁反应是缓慢的，如所用的乙醇含水量超过 0.5%则反应更加困难。在加碘之后反应仍不发生，则可再加入几粒碘，有时反应很慢，则需加热。待镁全部反应完后，加入 100ml 99.5%乙醇和几粒沸石，回流 1 小时后蒸馏。

$$2C_2H_5OH + Mg \longrightarrow (C_2H_5O)_2Mg + H_2\uparrow$$

$$(C_2H_5O)_2Mg + 2H_2O \longrightarrow 2C_2H_5OH + Mg(OH)_2\downarrow$$

10. 乙醚 b.p.34.51℃, d_4^{20} 0.7138, n_D^{20} 1.3526。

在 15℃时乙醚中能溶解 1.2%的水，与水形成的共沸混合物含水 1.26%，在 34.15℃沸腾。在空气中受光作用，乙醚容易形成爆炸性的过氧化物。制备无水乙醚时首先要检查有无过氧化物存在，其方法是：取少量乙醚和等体积的 2%碘化钾溶液，加入几滴稀盐酸一起振摇，如能使淀粉溶液呈蓝色或紫色，即证明有过氧化物存在。除去过氧化物可在分液漏斗中加入乙醚和相当乙醚体积 1/5 的新配制的硫酸亚铁溶液（取 100ml 水，慢慢加入 6ml 浓硫酸，再加入 60g 硫酸亚铁溶解而成）。制备无水乙醚时，将除去过氧化物的乙醚先用 $CaCl_2$ 干燥过夜，过滤、蒸馏，储于棕色瓶中，再用金属钠干燥至无气泡发生为止（可用无水硫酸铜检查脱水是否完全）。如需要纯度更高的乙醚时，用 5% $KMnO_4$ 溶液共振摇，使其中的醛类氧化成酸，破坏不饱和化合物，然后依次用 5%NaOH 溶液、水洗涤，经干燥、蒸馏后再用金属钠干燥，至不再有气泡放出，同时钠的表面较好（钠有剩余），则可储存备用。用前过滤蒸缩即可。

11. 二氧六环 b.p.101.5℃，m.p.12℃，d_4^{20} 1.0336，n_D^{20} 1.4224。

二氧六环中含有少量乙酸、水、乙醚和乙二醇缩乙醛，久储的二氧六环还可能含有过氧化物。向二氧六环中加入10%的浓盐酸，回流3小时，同时缓慢通入氮气，以除去生成的乙醛。分去酸层，用粒状氢氧化钾干燥过夜，过滤，再加金属钠回流1小时，蒸馏，加钠丝储存。

12. 四氢呋喃 b.p.65.4℃，d_4^{20} 0.8892，n_D^{20} 1.4070。

四氢呋喃与水混溶，与水的共沸混合物在63.2℃沸腾，含四氢呋喃94.6%。四氢呋喃特别容易自动氧化生成过氧化物。过氧化物可用酸化的碘化钾来检查（见"乙醚"）。如要制得无水无过氧化物的四氢呋喃，在氮气保护下将其与氢化锂铝回流（通常1000ml需2～4g 氢化锂铝），然后蒸馏。这样提纯的四氢呋喃一般应立即使用，如要保存，则要加入钠丝，瓶塞须附有氯化钙干燥管以通大气。

13. 丙酮 b.p.56.2℃，d_4^{20} 0.7899，n_D^{20} 1.3588。

普通丙酮中往往含有少量水及甲醇、乙醛等还原性杂质，可在1000ml丙酮中加入5g高锰酸钾回流，以除去还原性杂质，若高锰酸钾的紫色很快消失，需再加入少量高锰酸钾继续回流，至紫色不再消失为止。蒸出丙酮，用无水K_2CO_3或无水$CaSO_4$干燥，过滤，蒸馏，收集55～56.5℃的馏分。

14. 乙酸 b.p.118℃，m.p.16.6℃，d_4^{20} 1.0498。

乙酸与水混溶，可用反复冷冻的方法脱出其中的水分，但冷却温度不能过低，否则水和其他杂质也将结晶析出。用冷却的漏斗过滤，并充分压干，但不能洗涤。另一种纯化的方法是加入2%～5% $KMnO_4$溶液与其一起回流2～6小时，分馏，用P_2O_5除去微量的水分。

15. 乙酸乙酯 b.p.77.06℃，d_4^{20} 0.9003，n_D^{20} 1.3723。

乙酸乙酯常含有少量水、乙醇和乙酸。可用下述方法精制；①取100ml乙酸乙酯、10ml乙酸酐和1滴浓硫酸，加热回流4小时，分馏。再用无水碳酸钾干燥，过滤后蒸馏。如此可得到纯度为99.7%的乙酸乙酯。②将乙酸乙酯先用等体积的5%碳酸钠溶液洗涤，再用饱和氯化钙溶液洗涤，无水碳酸钾干燥后蒸馏。

16. *N*, *N*-二甲基甲酰胺 b.p.153.0℃，d_4^{20} 0.9487，n_D^{20} 1.4305。

N,*N*-二甲基甲酰胺常含有少量的胺、氨、甲醛和水。在常压蒸馏时有些可分解，生成二甲胺和一氧化碳。可用下述的方法纯化：分馏由250g *N*,*N*-二甲基甲酰胺、30g苯和12g水所组成的混合物，首先蒸出的是苯、水、胺和氨，然后减压蒸馏，可得到纯的无色无臭的*N*,*N*-二甲基甲酰胺。

17. 二甲亚砜 b.p.189℃，m.p.18.5℃，d_4^{20} 1.1014，n_D^{20} 1.4783。

二甲亚砜中通常含有约0.5%的水和微量的甲硫醚和二甲砜，减压蒸馏一次即可应用。如果向500g二甲亚砜中加入氧化钙2～5g，加热回流数小时，在氮气流下减压蒸馏，即可得到干燥的二甲亚砜。

18. 吡啶 b.p.115.5℃，d_4^{20} 0.9819，n_D^{20} 1.5095。

分析纯吡啶的纯度大于 99.5%，可供一般使用。如须制得无水吡啶，可与粒状氢氧化钠或氢氧化钾一起加热回流，然后在隔绝潮气下蒸馏。无水吡啶吸水性很强，最好在精制后的吡啶中放入粒状氢氧化钾保存。吡啶具有恶臭，全部操作必须在通风橱中进行，尾气出口须通入水槽。

附录六　文献中有机化合物中英文名称对照

aa	acetic acid	醋酸	cat.	catalyst	催化剂
abs	absolute	绝对的	c	cold	冷的（塑料表面）无光（彩）
Ac	acetyl	乙酰基	chem	chemistry	化学的，化学
ac	acid	酸	chl	chloroform	氯仿
ace	acetone	丙酮	CMC	carboxymethyl cellulose	羧甲基纤维素
AcOH	acetic acid	乙酸	co	columns	柱、塔、列
addi	additional	附加的	col	colorless	无色
al	alcohol	醇（通常指乙醇）	comb	combine	混合，结合，化合，组合
alk	alkali	碱	comp	compound	化合物
Am	amyl［pentyl］	戊基	con	concentrated	浓的
amor	amorphous	无定形的	Cp	cyclopentadienyl	环戊二烯基
anal	analysis	分析	cr	crystals	结晶、晶体
anh	anhydrous	无水的	DCC	dicyclohexyl carbodiimide	二环己基碳二亚胺
anhyd	anhydride	酐	dd	double	双的，双重的
aq	aqueous	水的、含水的	dec	decompose	分解
Ar	aryl	芳基	deg	degree	度
as	asymmetric	不对称的	den	density	密度
atm	atmosphere	大气，大气压	detn	determination	测定
avg	average	平均	dia	diagram	图，图表
b	boiling	沸腾	dil	diluted	稀释、稀的
bipym	bipyramidal	双锥体的	diox	dioxane	二噁烷、二氧杂环己烷
bk	black	黑（色）	diq	deliquescent	潮解的、易吸湿气的
bl	blue	蓝（色）	distb	distillable	可蒸馏的
Bn	benzyl	苄基	dist	distill	蒸馏
bp	boiling point	沸点	dk	dark	黑暗的，暗（颜色）
br	brown	棕（色），褐（色）	DMF	dimethyl formamide	二甲基甲酰胺
bt	bright	嫩（色），浅（色）	DMSO	dimethyl sulphoxide	二甲亚砜
Bu	butyl	丁基	DNP	dinitrophenyl	2,4-二硝基苯基
Bz	benzene	苯	et.ac.	ethyl acetate	乙酸乙酯
Bz	benzoyl	苯甲酰基	Et	ethyl	乙基

续表

eth	ether	醚、（二）乙醚	Inter.	Intermediate	中间体，中间产物
exp	explodes	爆炸	IR	infrared	红外
Fc	ferrocenyl	二茂铁基	isom	isomer	异构体
fl	flakes	絮片体	J	Joule	焦耳
flr	fluorescent	荧光的	lab	laboratory	实验室
fr.p.	freezing point	冰点、凝固点	LAH	lithium aluminium hydride	氢化铝锂
fr	freezes	冻、冻结	LD_{50}	medium lethal dose	半数致死量
fum	fuming	发烟的	lic	licence	许可证，特许
gel	gelatinous	胶凝的	lim	limit	极限，限度
gl	glacial	冰的	liq	liquid	液体、液态的
glyc	glycerin	甘油	liter	literature	文献
gold	golden	（黄）金的、金色的	lt	light	轻的、浅（色）的
gran	granular	粒状	m.p	melting point	熔点
gr	green	绿的，新鲜的	max	maximal	最大的
gy	gray	灰（色）的	MCPBA	m-chloroperoxy benzoic acid	间氯过氧苯甲酸
hex	hexagonal	六方形的	Me	methyl	甲基
h	hot	热	mg	milligram	毫克
HI	hazard index	危害指数	micro	microscopic	显微（镜）的、微观的
HMPA	hexamethyl phosphoru-striamide	六甲基膦酰三胺	mix	mixture	混合物
hp	heptane	庚烷	mL	milliliter	毫升
hx	hexane	己烷	m	melting	熔化
hyd	hydrate	水合物	m	meta	间位（有机物命名）、偏（无机酸）
Hz		赫兹	mol	mole	摩尔
I.No.	iodine number	碘值	MS	mass spectrum	质谱
IER	ino-exchange resin	离子交换树脂	mut	mutarotatory	变旋光（作用）
ig p	ignition point	着火点	NBS	N-bromo-succinimide	N-溴代丁二酰亚胺
ign	ignites	点火、着火	nd	needle	针状晶体
i	insoluble	不溶（解）的	neu	neutral	中性的，中和的
i	iso-	异	NMR	nuclear magnetic resonance	核磁共振
inflam	inflammable	易燃的	n	normal chain refractive index	正链折光率
infus	infusible	不熔的	Nu	nucleophile	亲核

续表

oct	octahedral	八面体	ref	reference	参考，参考资料
og	orange	橙色的	rhd	rhombohedral	菱形的
o	ortho-	正、邻（位）	rh	rhombic	正交（晶）的
opt.	optical	光（学）的，旋光的	rt	room temperature	室温
ord	ordinary	普通的	satd	saturated	饱和的
org	organic	有机的	sep	separation	分离
orh	orthorhombic	斜方（晶）的	sf	soften	软化
par	partial	部分的	sily	silvery	银的、银色的
PCC	pyridinium chlorochromate	吡啶氯铬酸盐	sol	solution	溶液、溶解
PEG	Polyethyle-ne glycol	聚乙二醇	solv	solvent	溶剂、有溶解力的
PE	polyethylene	聚乙烯	so	solid	固体
peth	petroleum ether	石油醚	sph	sphenoidal	半面晶形的
Ph	phenyl	苯基	s	secondary	仲、第二的
pk	pink	桃红	s	soluble	可溶解的
pois	poisonous	有毒的	st	stable	稳定的
PPA	polyphos phoric acid	聚磷酸	sub	sublimes	升华
p	para-	对（位）	sub	substitute	取代，代替
prep	prepare	准备，制备	suc	supercooled	过冷的
prog	progress	进展的，进度	sulf	sulfuric acid	硫酸
pr	prism	棱镜、棱柱体、三棱形	sym	symmetrical	对称的
pr	propyl	丙基	syn	synthetic	合成的
purp	purple	红紫（色）	ta	tablet	平片体
pw	powder	粉末、火药	tcl	triclinic	三斜（晶）的
pym	pyramid	棱锥形、角锥	tetr	tetragonal	四方（晶）的
Py	pyridine	吡啶	tet	tetrahedron	四面体
qual	qualitative	定性的	TFA	trifluoroa cetic acid	三氟乙酸
quan	quantitative	定量的	Tf	trifluorome thanesulfonyl	三氟甲烷磺酰基
rac	recemic	外消旋的	THF	tetrahydrofuran	四氢呋喃
rect	rectangular	长方（形）的	THP	tetrahydropyran	四氢吡喃
red	reduction	还原	TLC	thin-layer chromatography	薄层色谱
ref	reflux	回流	TMS	tetramethyl silicane	四甲基硅烷

续表

to	toluene	甲苯	VC	vinyl chloride	氯乙烯
tox	toxic	有毒的，中毒的	visc	viscous	黏（滞）的
tr	transparent	透明的	volat	volatile	挥发（性）的
Ts	p-toluenesulfonyl	对甲苯磺酰基	vt	violet	紫色
t	tertiary	特、叔、第三的	wh	white	白（色）的
undil	undiluted	未稀释的	wr	warm	温热的、加（温）
unst	unstable	不稳定的	W	water	水
uns	unsymmetrical	不对称的	wx	waxy	蜡状的
vac	vacuum	真空	xyl	xylene	二甲苯
var	vapor	蒸汽	yel	yellow	黄（色）的

全国高等医药院校实验教学特色教材

有机化学实验

YOUJI HUAXUE SHIYAN

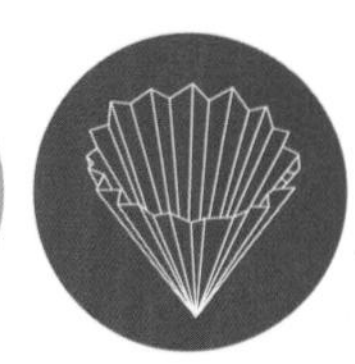

责任编辑　刘丽英

封面设计　王英磊